JN243591

群馬から発信する
交通・まちづくり

湯沢 昭　森田 哲夫 編著
塚田 伸也　西尾 敏和　橋本 隆　目黒 力 著

上毛新聞社

はじめに

我が国においては、戦後の高度経済成長期を経てバブルの崩壊、リーマンショックによる経済活動の混乱、東日本大震災などの大規模災害から国土の安全を守るための国土の強靭化政策、さらには本格的な少子高齢社会の到来や人口減少などにより都市計画や交通計画の戦略的な見直しが必要とされています。群馬県や前橋市においてもコンパクトなまちづくりの必要性や公共交通の再編、さらには中心市街地の再生など都市計画や交通計画に関する課題が山積しています。

前橋工科大学地域・交通計画研究室の主な研究分野は都市計画や交通計画であり、特に群馬県や前橋市を主な対象地域として実証的な研究を行ってきました。本書は、地域・交通計画研究室の研究成果の中で、学会等の論文集に掲載された学術研究論文、博士・修士論文及び卒業研究論文の中からぐんまのまちづくりに関連する論文を抜粋し簡潔にまとめたものです。具体的な内容としては、公共交通とまちづくり、コンパクトなまちづくり、市民参加によるまちづくり、公園とまちづくり、市町村合併によるまちづくり、世界遺産のまちづくり、防災まちづくりなど都市を取り巻く様々な課題を取り上げています。これらのまちづくりは、いずれも私たちの生活と密接な関係にあるため、従来のような行政主導型のまちづくりには限界があり市民主導型のまちづくりが求められています。その原点はまちづくりは地域に住む市民が主役であるという本質論であり、そのためには私たち市民も積極的に地域の様々な課題に関心を持ち地域との関わりを強める必要があります。このような背景から本書の出版目的は、都市計画や交通計画の専門家を対象としたものではなく、都市計画や交通計画の初学者や行政の若手職員、さらにはまちづくりに関心がある市民を対象として取りまとめたものです。従いまして可能な限り専門的な内容等は省略しましたが、より詳しく勉強をしたいと思われる人は、巻末に掲載しました学術研究論文を参照してください。

本書で紹介しました内容は必ずしも普遍的なものではなく、群馬県や前橋市といった地域を対象とした実証研究の成果を取りまとめたものですが、これからのまちづくりを考える上で何らかの参考になれば望外の幸せです。また本書は、地域・交通計画研究室の博士課程修了生と学部卒業生の研究成果が大きな礎となっております。従いまして、本書の内容は全て執筆者の責任で記述しており、行政などの見解とは異なっていることをお断りしておきます。

調査や研究の実施にあたっては、前橋工科大学工学部社会環境工学科 地域・交通計画研究室の卒業生・修了生をはじめ関係各位に多大なるご協力を得ました。ここに記して深甚なる謝意を表すと共にこれからの益々のご活躍を祈念しております。

平成29年3月　湯沢　昭

目　　　　　　　次

群馬県の市町村別人口（平成27年国勢調査）

	人口 [人]	平成22年からの 増減数[人]	平成22年からの 増減率[%]
県計	1,973,476	-34,592	-1.7
市部計	1,679,197	-24,010	-1.4
郡部計	294,279	-10,582	-3.5
前橋市	336,199	-4,092	-1.2
高崎市	370,751	-551	-0.1
桐生市	114,760	-6,944	-5.7
伊勢崎市	208,838	1,617	0.8
太田市	219,896	3,431	1.6
沼田市	48,697	-2,568	-5.0
館林市	76,676	-1,932	-2.5
渋川市	78,426	-4,904	-5.9
藤岡市	65,723	-2,252	-3.3
富岡市	49,760	-2,310	-4.4
安中市	58,529	-2,548	-4.2
みどり市	50,942	-957	-1.8
北群馬郡	35,424	1,253	3.7
榛東村	14,338	-32	-0.2
吉岡町	21,086	1,285	6.5
多野郡	3,184	-474	-13.0
上野村	1,228	-78	-6.0
神流町	1,956	-396	-16.8

	人口 [人]	平成22年からの 増減数[人]	平成22年からの 増減率[%]
甘楽郡	22,823	-2,129	-8.5
下仁田町	7,633	-1,278	-14.3
南牧村	1,980	-443	-18.3
甘楽町	13,210	-408	-3.0
吾妻郡	56,413	-4,696	-7.7
中之条町	16,842	-1,374	-7.5
長野原町	5,477	-540	-9.0
嬬恋村	9,787	-396	-3.9
草津町	6,512	-648	-9.1
高山村	3,679	-232	-5.9
東吾妻町	14,116	-1,506	-9.6
利根郡	34,749	-3,018	-8.0
片品村	4,390	-514	-10.5
川場村	3,648	-250	-6.4
昭和村	7,355	-265	-3.5
みなかみ町	19,356	-1,989	-9.3
佐波郡	36,653	-883	-2.4
玉村町	36,653	-883	-2.4
邑楽郡	105,033	-635	-0.6
板倉町	15,024	-682	-4.3
明和町	11,042	-167	-1.5
千代田町	11,331	-142	-1.2
大泉町	41,213	956	2.4
邑楽町	26,423	-600	-2.2

我が群馬

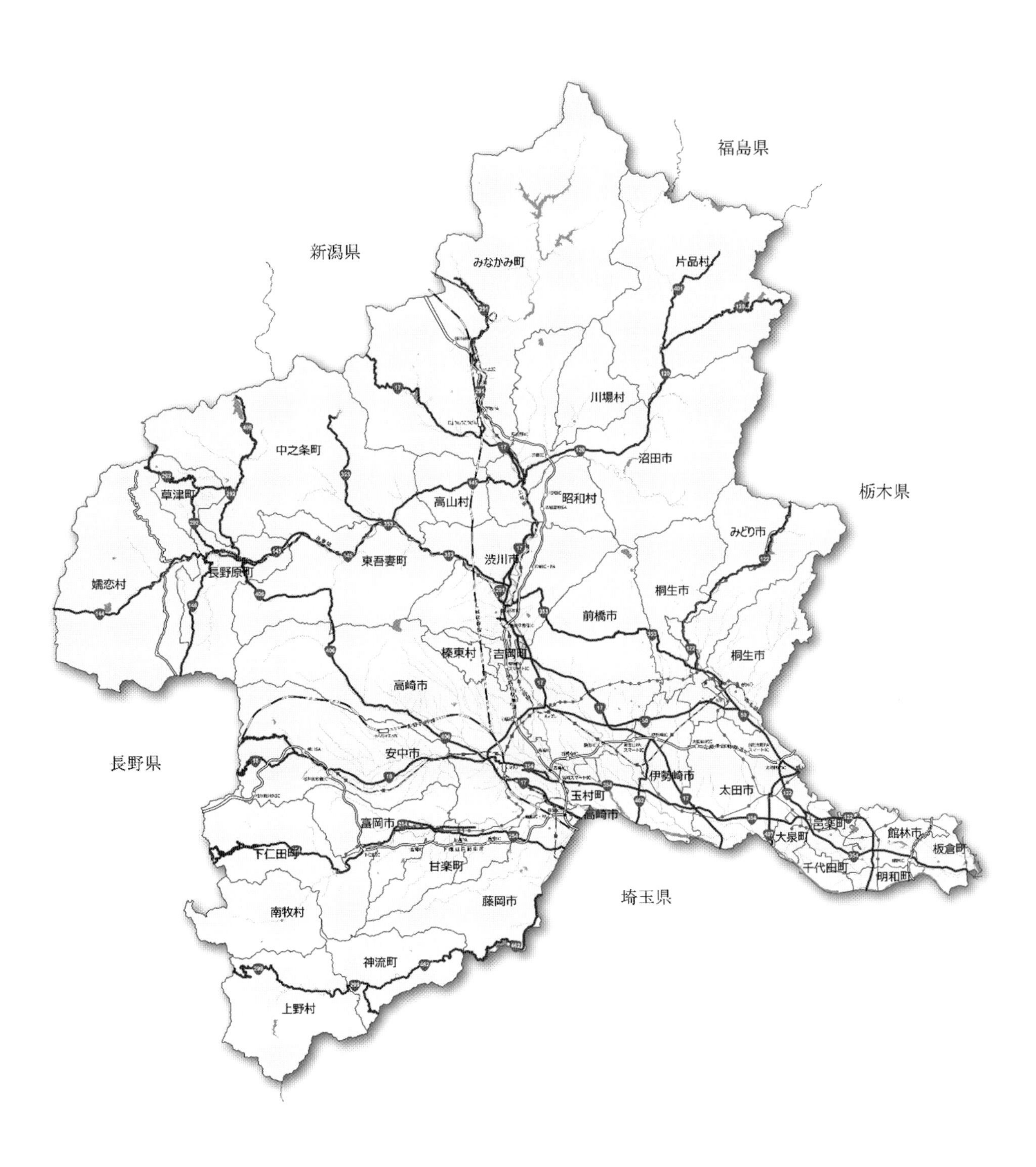
福島県
新潟県
みなかみ町
片品村
川場村
沼田市
栃木県
中之条町
草津町
昭和村
高山村
みどり市
東吾妻町
渋川市
長野原町
嬬恋村
桐生市
前橋市
榛東村
吉岡町
桐生市
高崎市
長野県
安中市
伊勢崎市
太田市
玉村町
高崎市
富岡市
邑楽町
館林市
大泉町
板倉町
下仁田町
千代田町
明和町
甘楽町
埼玉県
藤岡市
南牧村
神流町
上野村

読者の皆さんへ

本書は、高校生から大学生、都市計画の初学者、行政の若手職員の皆さん、まちづくりに興味のある方を読者として想定しています。

私たち著者は、群馬県内の都市計画（まちづくり）、交通計画（交通まちづくり）の事例、調査、研究成果を、群馬から発信しようと考えました。内容は、前橋工科大学の地域・交通計画研究室の研究成果をもとにし、客観的な資料やデータに基づき記述するように心がけました。そのために、専門的な部分もあるので、難しいところは読み飛ばして構いません。興味のあるところから読んでください。交通・まちづくりのヒントを数多く示し、まちづくりに興味をもってもらいたいと願っています。各節最後の四角囲みの内容は、著者が特に伝えたい内容です。

より詳しく知りたい場合は、もとになった学術研究論文を参照してください。下記ホームページに掲載してあります。

前橋工科大学 地域・交通計画研究室ホームページ

http://www.maebashi-it.ac.jp/~tmorita/

著者一同

本書の構成

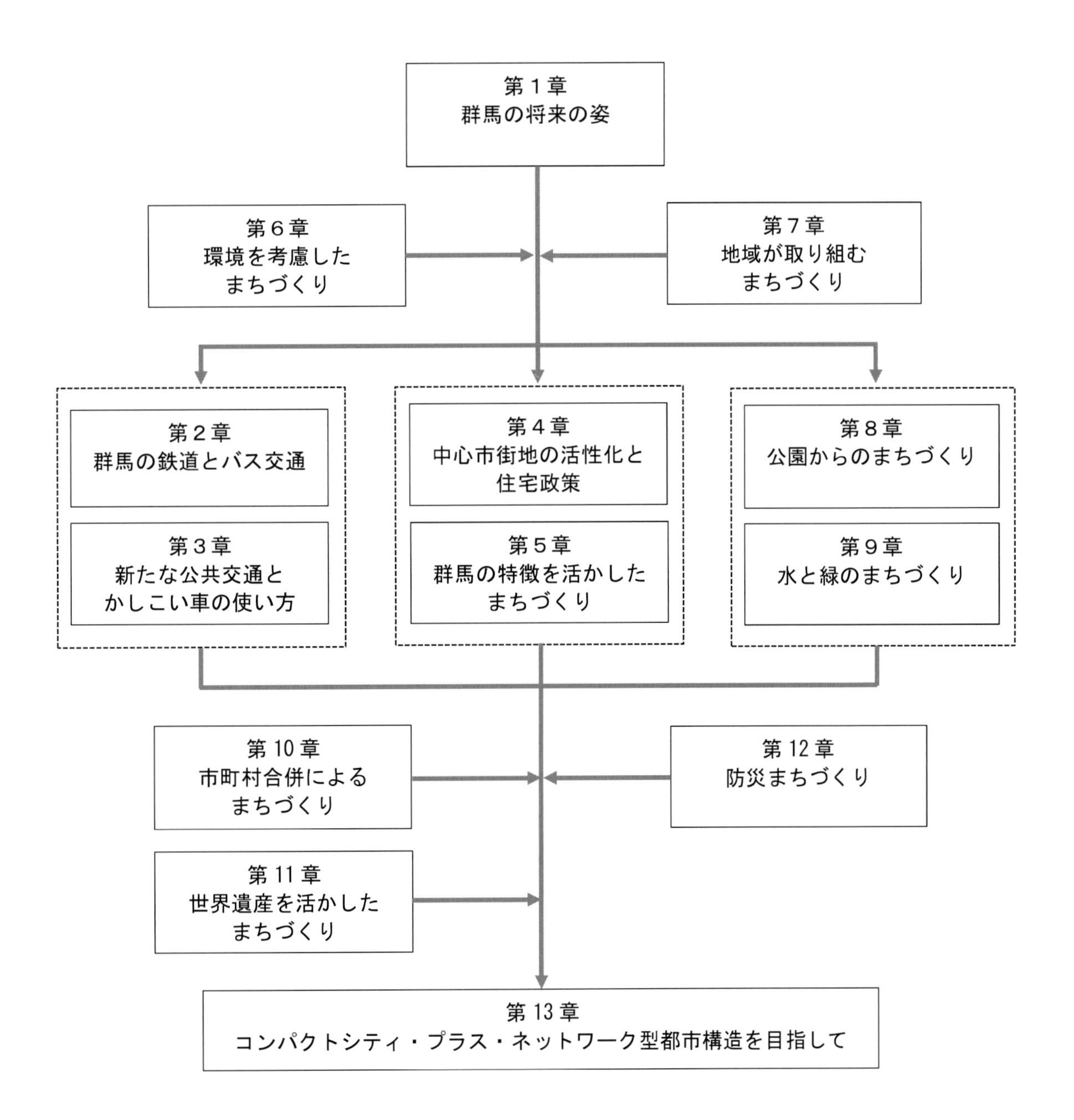

第１章
群馬の将来の姿
第６章
環境を考慮した
まちづくり
第７章
地域が取り組む
まちづくり
第２章
群馬の鉄道とバス交通
第３章
新たな公共交通と
かしこい車の使い方
第４章
中心市街地の活性化と
住宅政策
第５章
群馬の特徴を活かした
まちづくり
第８章
公園からのまちづくり
第９章
水と緑のまちづくり
第 10 章
市町村合併による
まちづくり
第 12 章
防災まちづくり
第 11 章
世界遺産を活かした
まちづくり
第 13 章
コンパクトシティ・プラス・ネットワーク型都市構造を目指して

第１章　群馬の将来の姿

1－1　人口から見る群馬の将来

(1) 群馬の将来人口

地域や都市の特性を把握する方法は、地図や統計データを使用したり、現地調査や聞き取り調査をするなど様々な方法があります。その中で、人口の統計データを使って群馬を見てみましょう。地域の活動の主体は人です。人口に着目することで地域の概略を把握することができます。地域にはどのくらいの人が住んでいるか、年齢階層はどうか、どの地区に住んでいるか、将来人口はどうなるのか。まちづくりを考える上での最も重要な情報です。

群馬県の人口は（図 1-1-1）、終戦後の増加、昭和 35 年（1960 年）以降の高度成長期の増加を経て、平成 16 年（2004 年）7 月に 203 万 5 千人にピークを迎え、その後は減少傾向にあります。国立社会保障・人口問題研究所では、群馬県の人口は、平成 20 年（2010 年）から平成 52 年（2040 年）の約 30 年間で 37 万 8 千人減少し、163 万人になると推計しています。年齢階層別に見てみると、年少人口（0～14 歳）、生産年齢人口（15～64 歳、労働力となり得る人口）が減少し、老齢人口（65 歳以上）が増加しています。人口が減少することは、地域や都市にどのような影響を与えるのでしょうか。

次に、年齢階層別の人口推計（図 1-1-2）を詳しく見てみましょう。今後、2040 年までに年少人口と生産年齢人口が減少し、老年人口が増加します。2010 年は、生産年齢人口 125 万 9 千人に対し、年少人口 27 万 5 千人、老齢人口 47 万 4 千人です。生産年齢の 125 万 9 千人が、年少・老齢人口 74 万 9 千人の生活を支えています。30 年後の 2040 年には、生産年齢の 86 万 4 千人が、年少・老齢人口 76 万 5 千人の生活を支えます。生産年齢人口が減少することにより税収が減ります。これまでのように、道路や水道などの社会基盤施設を維持していくことは困難になります。これからは費用のかからないまちづくりが必要になります。

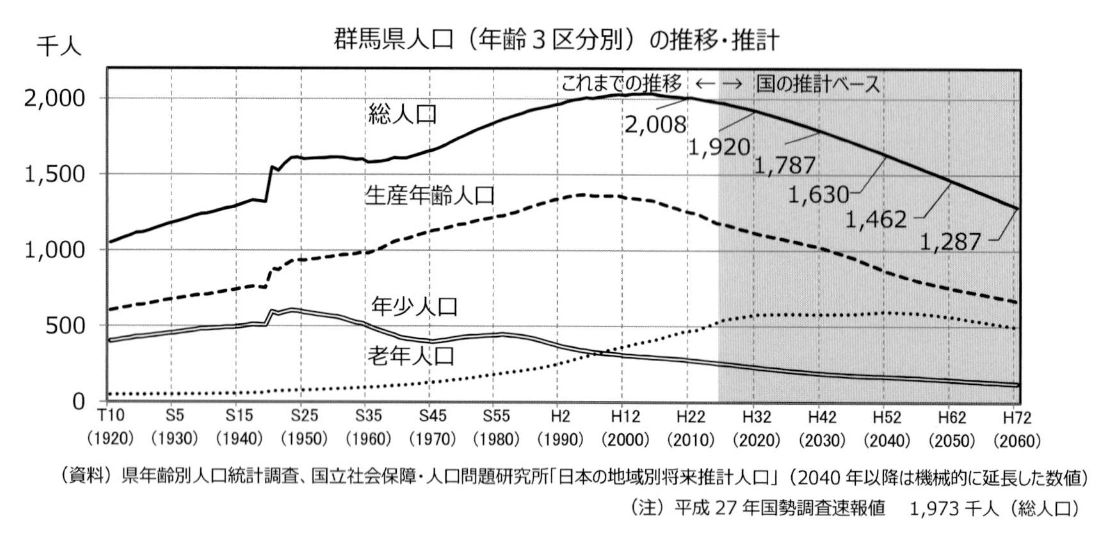

図 1-1-1　群馬県の人口推移・推計（出典：群馬県，第 15 次群馬県総合計画，2016）

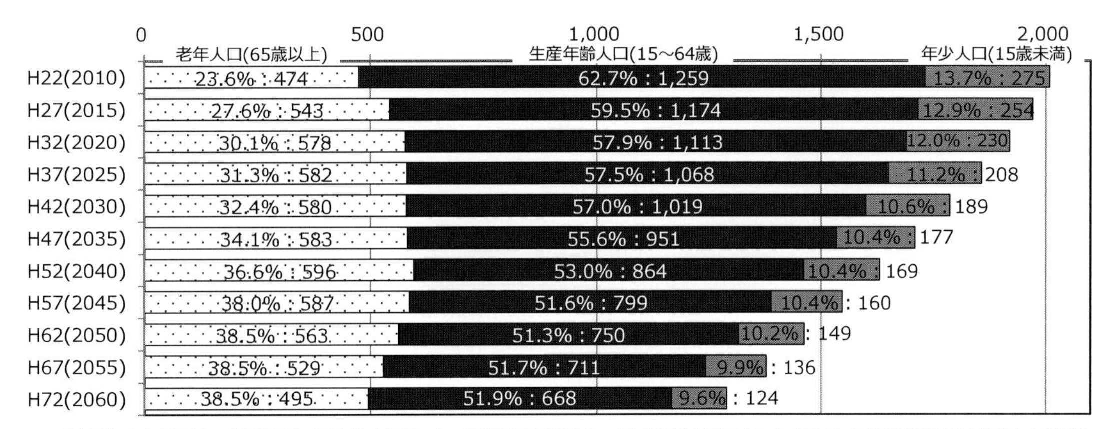

図 1-1-2　群馬県の年齢階層別人口推計（出典：群馬県，第 15 次群馬県総合計画，2016）

(2) 人口の減少要因

人口減少や少子高齢化の原因な何でしょうか。子どもが生まれなくなっている、群馬を離れる人が増えている、寿命が延びているなど、いくつかの原因が考えられています。群馬県の出生・死亡数（**図 1-1-3**）を見ると、出生数は 1970 年代以降、減少を続けています。一方、1980 年頃から死亡数が増加を続け、2005 年には死亡数が出生数を上回りました。ちょうど、群馬県で人口減少が始まった時期です。なお、1966 年は丙午（ひのえうま）の年で、出生数が減少しました。出生数減少の原因として出生率の低下があげられます。合計特殊出生率（**図 1-1-4**、女性が生涯に産む平均子ども数）を見ると 2010 年には 1.46 人となっています。少なくとも 2 人以上でないと人口は減少するわけですから人口減少の直接的な原因です。女性の年齢階層別に見ると、20 歳代後半で低下が顕著であり、30 歳代はゆるやかに上昇しており、晩産化の傾向が見られます。若年人口（15～49 歳男女）の減少、有配偶率の低下、晩婚化が人口減少の大きな原因となっています。

図 1-1-3　群馬県の出生・死亡数の推移・推計（出典：群馬県，第 15 次群馬県総合計画，2016）

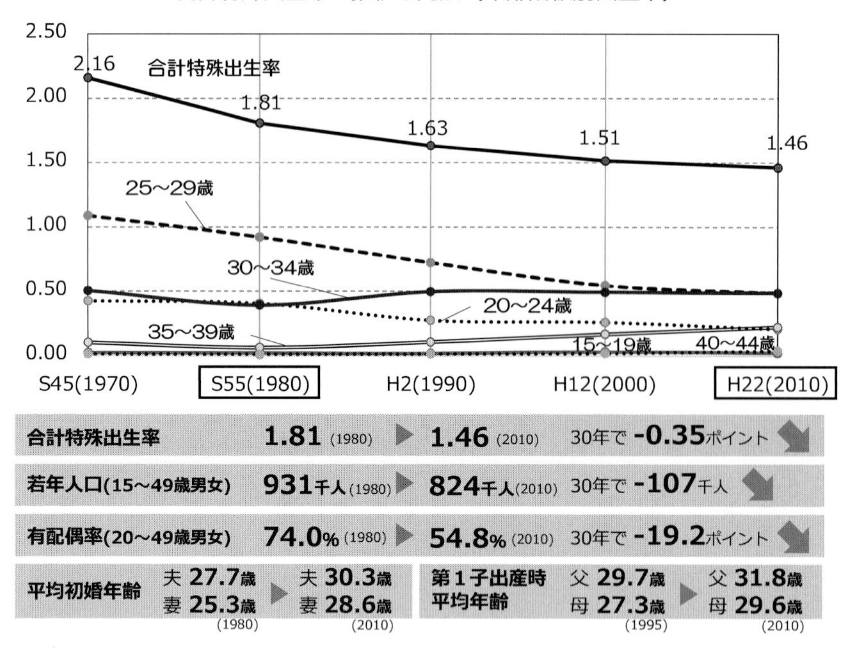

図 1-1-4　群馬県の合計特殊出生率の推移（出典：群馬県，第 15 次群馬県総合計画，2016）

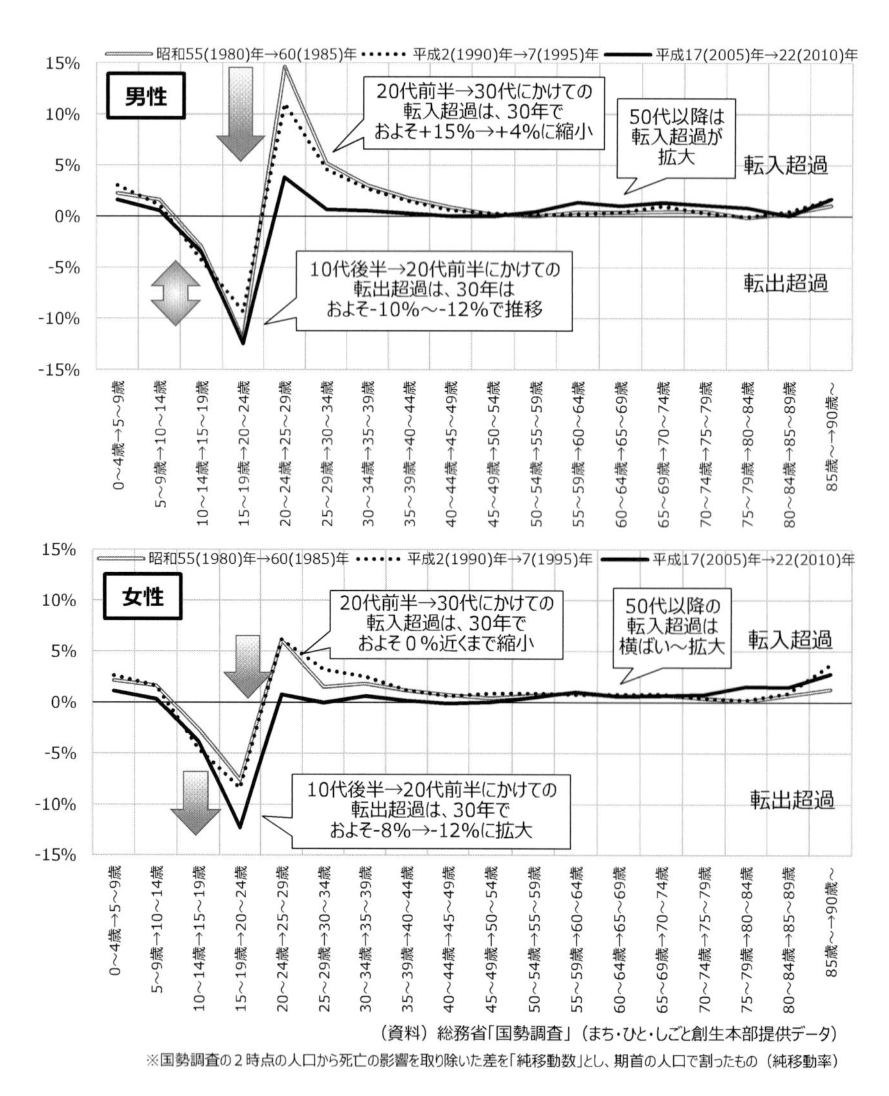

図 1-1-5　群馬県の年齢階層別転出入割合の推移（出典：群馬県，第 15 次群馬県総合計画，2016）

次に、群馬県の転出・転入の動向（**図 1-1-5**）を見てみましょう。男女ともに、進学の時期である10歳代後半に群馬県から転出し、20歳代前半に群馬県に転入してきます。近年、男性の20歳代前半の転入が減少し、転出超過となっています。女性では20歳代前半での転入超過は、近年はほとんどありません。群馬県で生まれ県外に進学した人たちが、就職期に群馬に戻ってきていない傾向が分かります。最近は、50歳代以降の転入が見られるようになってきました。

このように群馬県の総人口は減少を続け少子高齢化の傾向が強まることが明らかになりました。その原因は、結婚の減少や晩婚化などによる出生数の減少、群馬県外への転出の増加です。人口減少は全国的な傾向でもあり、上毛かるたの「力あわせる二百万」に復活するのは困難だと考えられます。

(3) 人口から見たまちづくり

少子高齢化や人口減少は、それ自体が問題なのではありません。少子高齢化、人口減少の社会は必ず訪れるのですから、このような条件の中で、将来も住み続けられるまちづくりを考えていくことが重要なのです。しかし、交通や環境に関する課題、人々の生活の質の課題に取り組んでいくためには都市の構造を変え、皆さんの生活のしかたを変更していくことを検討しなければならない時期に来ています。これまでのように自動車を利用した生活は、エネルギーを使い、環境負荷を高めます。人口減少社会では働く人も減り、税収も減少します。道路や水道などの社会基盤を維持していくことが、将来にわたり可能でしょうか。人々の生活様式や志向も多様化しています。高齢者を含め、だれでもが生活し移動できる社会をどのように築いていったらよいのでしょうか。本書を読んで、これからのまちづくりを考えてみてください。

将来も愛着をもって快適に安全に住むことのできるまちを作りましょう。今後の群馬のまちづくりを人口の変化から考えると、女性が働きやすく夫婦で子育てしやすいまち、地域で子育てを支援するまち、群馬で生活基盤を築きいつまでも住んでもらえる魅力あるまちづくりが必要です。

参考文献

群馬県：第15次群馬県総合計画「はばたけ群馬プランII」，2016

1-2　交通から見る群馬の将来

(1) 三大都市圏と地方都市圏の都市交通の動向

地域に人が居住し生活を営むと、通勤や通学、買物や通院のための交通が発生します。本節では、人々の交通に焦点をあて群馬の将来を考えます。

全国の都市交通の動向を把握できる調査として、国土交通省が実施している「全国都市交通特性調査」があります。1日の人の動き（パーソントリップ、Person Trip）を調査しています。**図1-2-1** の代表交通手段分担率は、交通手段の利用率を意味します。三大都市圏（東京都市圏、中京都市圏、京阪神都市圏）と地方都市圏を比較すると、地方都市圏は鉄道、バスの分担率が低く、自動車の分担率が高い傾向があります。そして、地方都市圏では、平日、休日とも、自動車の分担率が年々高くなっています。一方、三大都市圏では、近年になって鉄道、バスの利用率が高くなり、自動車の分担率が低くなってきました。

地方都市圏の規模を細かく分類したものが**図 1-2-2** です。前橋市、高崎市は「地方中核都市圏（中心都市 40 万人未満）」に属します。前橋市、高崎市は、全国の都市の中でも自動車の利用率が高く、鉄道、バスの利用率の低い都市です。徒歩や自転車で行くことのできる範囲以外は、ほとんど自動車を利用していると言ってよいでしょう。

〈三大都市圏〉

平　日

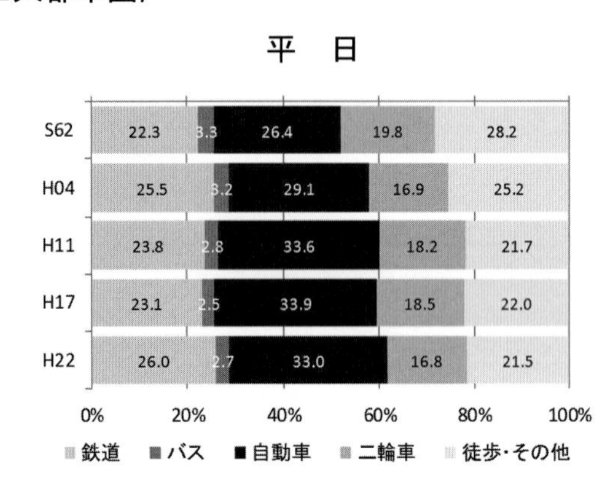

休　日

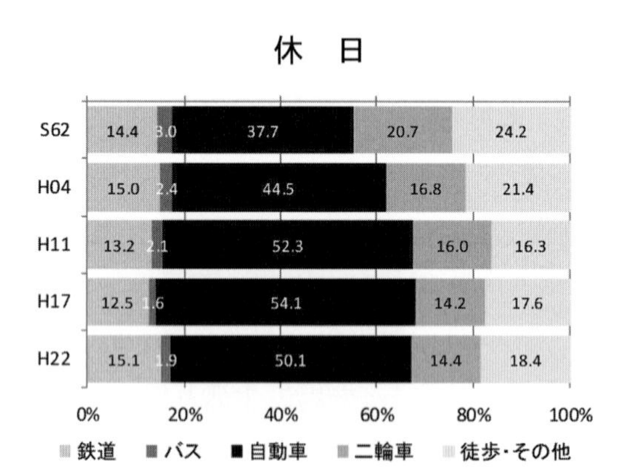

〈地方都市圏〉

平　日

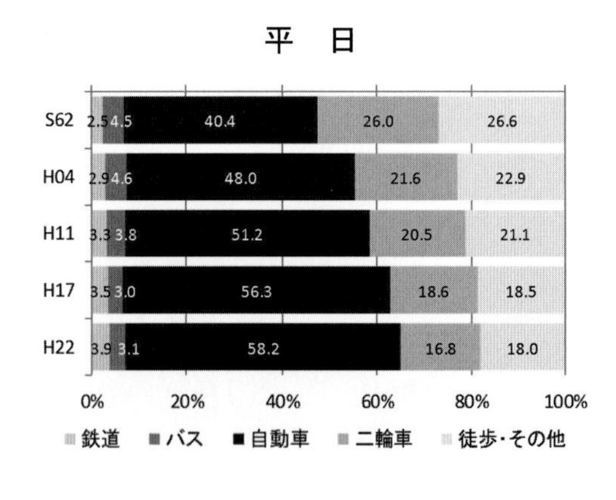

休　日

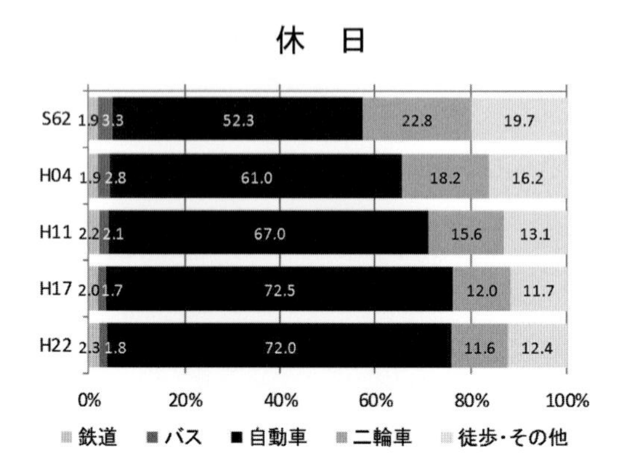

図 1-2-1　都市規模別の代表交通手段分担率の推移（出典：国土交通省，都市における人の動き，2012）

高齢者（65 歳以上）に着目して交通手段分担（**図 1-2-3**）を見ると、大都市圏、地方都市圏ともに自動車分担率が上昇しています。地方都市圏では、自動車分担率の上昇と公共交通分担率の低下が見られます。高齢者が日常的に自動車を利用する実態が浮かびあがってきました。

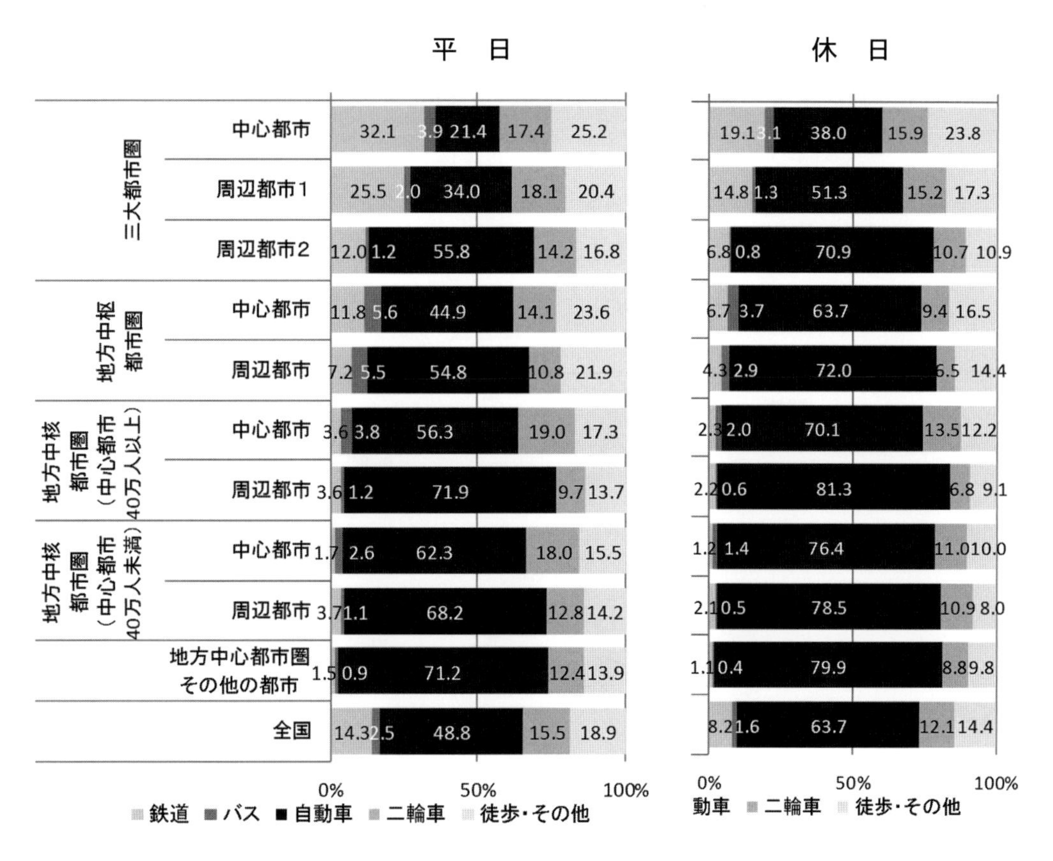

図 1-2-2　都市規模別の代表交通手段分担率（平成 22 年）（出典：国土交通省，都市における人の動き，2012）

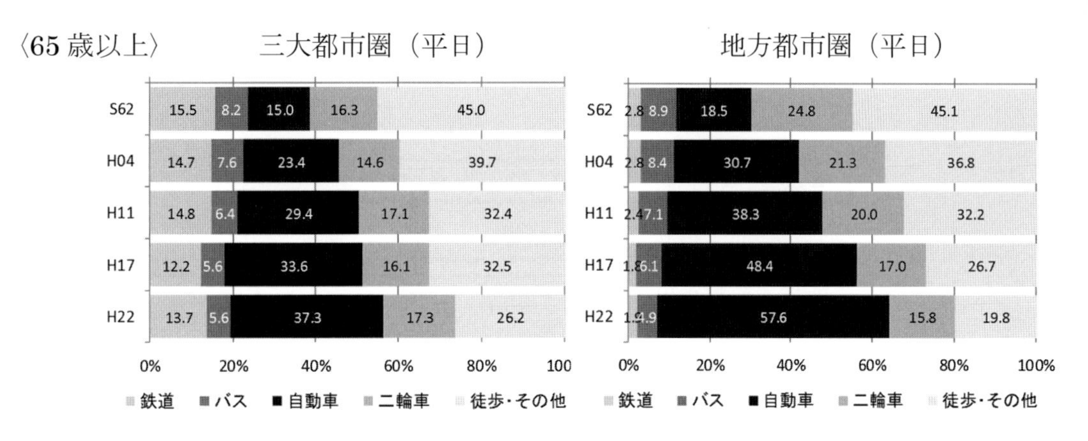

図 1-2-3　高齢者の代表交通手段分担率の推移（出典：国土交通省，都市における人の動き，2012）

(2) 群馬県の都市交通の実態

群馬県の都市交通の実態を把握できる調査として、平成 27 年（2015 年）に実施された「群馬県パーソントリップ調査」があります。地域間の交通（**図 1-2-4**）を見ると、前橋市－高崎市間、前橋市－伊勢崎市間、伊勢崎市－太田市間などの県内主要都市を結ぶ移動が多くなっています。

全体的に見ると、県庁所在地である前橋市に交通が集中しているのではなく、多くの都市が交通により結びついて地域が形成されていることが分かります。

交通手段分担率（**図 1-2-5**）を見ると、都市圏全体では、鉄道 2.5%、バス 0.3%、自動車 77.4%、二輪車（自転車、バイク）9.0%、徒歩 10.8%です。自動車の利用率は年々高くなってきています。まさに、「自動車王国 群馬」と言ってよいでしょう。

移動距離別に交通手段分担率（**図 1-2-6**）を見ると、100m 未満の移動でも 4 人に 1 人は自動車を利用しています。ゴミ出しや回覧板届けにも自動車を使っているのではないでしょうか。群馬の人は、冬でもコートが要らないと言います。自動車がコートがわり、ドア・トゥ・ドアで自動車を使う人が多いのでしょう。また、移動距離が 500m を超えると半分以上の人が自動車を利用し、5km までは公共交通利用がほとんどありません。公共交通は 5km 以上の移動に利用されています。

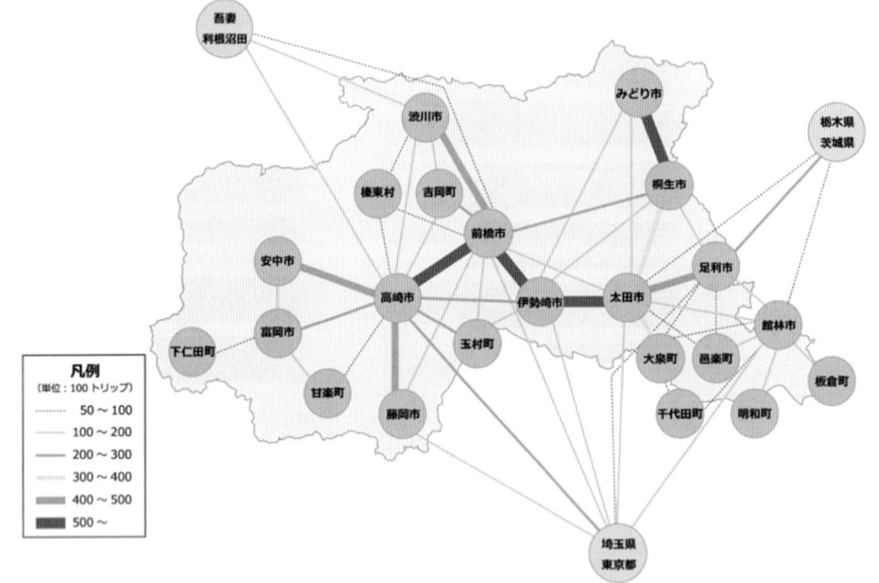

図 1-2-4 群馬県央地域の地域間の交通（出典：群馬県パーソントリップ調査，2015 年）

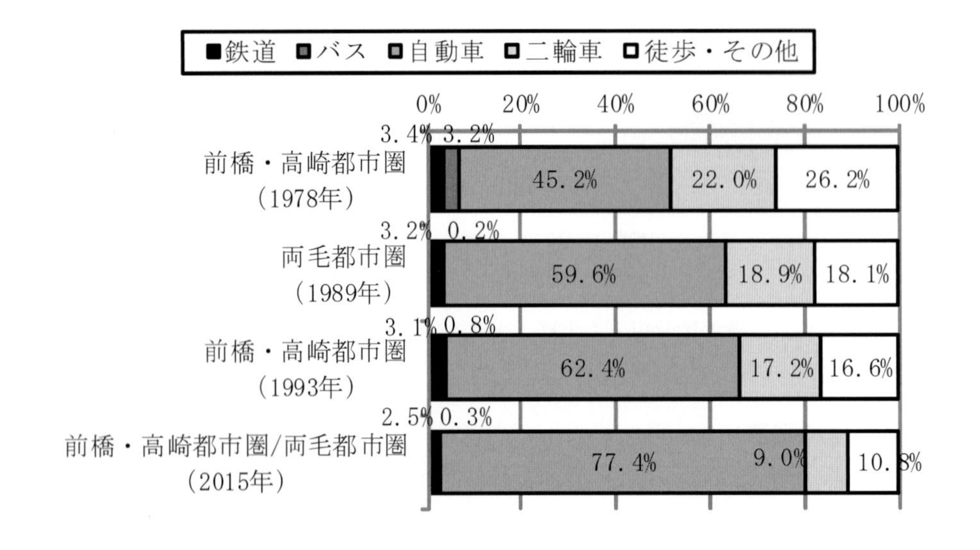

図 1-2-5 群馬県央地域の代表交通手段分担率の推移（出典：群馬県パーソントリップ調査，2015 年）

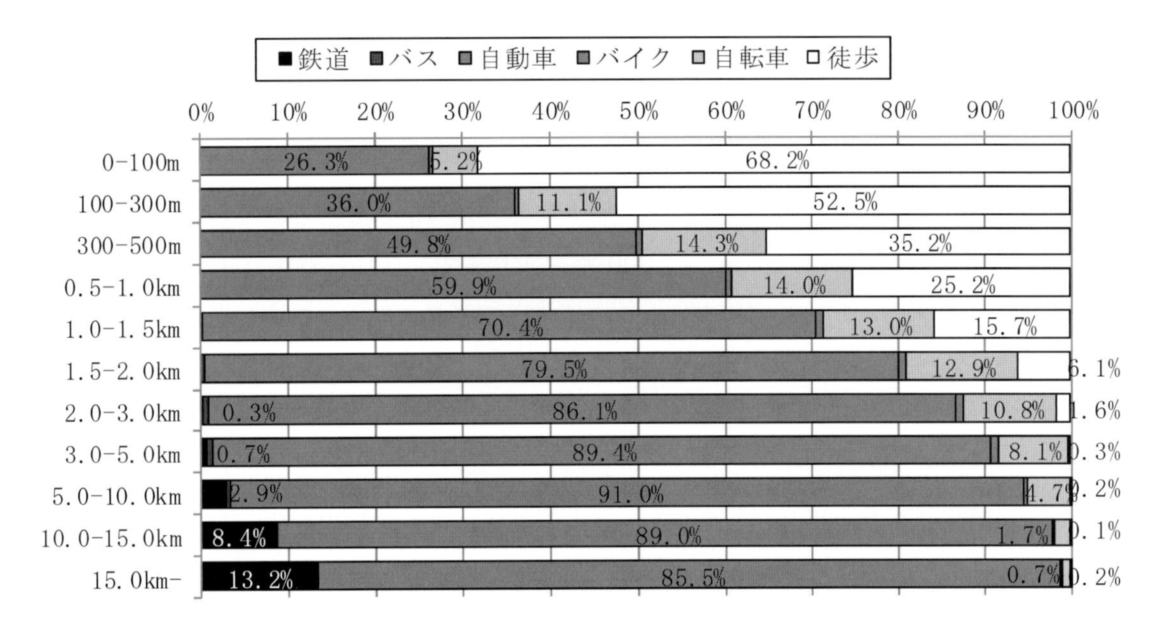

図 1-2-6 移動距離別の代表交通手段構成比（群馬県央地域）（出典：群馬県パーソントリップ調査，2015 年）

(3) 交通から見たまちづくり

地方都市圏の利用交通手段は、公共交通利用の減少、自動車利用の増加の傾向が続いています。群馬県ではこの傾向がより顕著であり、自動車の利用率が非常に高く、「自動車王国 群馬」の姿が明らかになりました。自動車が便利に利用できる地域はすばらしいとも言えますが、交通安全や環境面から考えるとどうでしょう。自動車は公共交通に比べ、エネルギー消費や温室効果ガス排出など環境負荷が大きいのです。

> 群馬の自動車利用の増加は行きつくところまで行ってしまいました。しかし、交通安全や環境面から見ると、自動車利用に加え、鉄道、バスなどの公共交通利用が選択可能なまちづくりを考えていく必要があります。高齢ドライバーによる重大な交通事故も増えています。ここまで自動車利用が増加してからの転換は簡単ではありませんが、今こそ、自動車利用のあり方を考える時です。その際、自動車の自動運転技術の向上、自動車の環境性能の向上、新たな公共交通システムの開発動向などを考慮して検討することが重要です。

参考文献

国土交通省都市局都市計画課都市計画調査室：都市における人の動き－平成 22 年全国都市交通特性調査集計結果から－，2012
群馬県総合都市交通計画協議会：群馬県パーソントリップ調査・調査結果（速報版），2016.9

1－3　道路から見たまちづくり

(1) 都市計画道路の整備状況と道路計画の検証

都市計画道路とは、都市計画法に基づいて計画された道路であり、地域の円滑で安全な交通の確保、安全な歩行者空間の必要性、防災性の向上などの観点から計画されています。群馬県内の都市計画道路は、総延長約 1,710km、約 800 路線あります。これらの都市計画道路は、昭和 11 年（1936 年）に初めて決定されて以来、人口の増加と交通量の増大、都市の発展や市街地の拡大に対応して計画されてきました。近年は、人口減少や少子高齢化により都市計画道路に求められる機能・役割が変化してきています。

都市計画道路の整備状況を見てみると、その約半分が依然として未整備の状態となっており、その一方で、道路計画の範囲内の土地では、都市計画法による建築の制限がなされています。県や市町村では、未整備の都市計画道路について、近年の社会状況に応じた見直し作業を進めています。今後、群馬の道路整備はどのような考え方で進めればよいのでしょうか。

全国の都道府県ではガイドラインを定め、都市計画道路の見直し作業を進めています。群馬県でも、「都市計画ガイドライン（都市計画道路の見直し編）」を作成しました。これまでは、急増する自動車交通量の増加に対応して整備を進めてきましたが、今後は、まちづくりの視点を取り入れたり、道路事業の実現性を考慮した検証が必要になりそうです。全国の都道府県のガイドラインを取り寄せ、評価指標を整理してみました（**表 1-3-1**）。自動車交通を円滑に処理するネットワーク機能に加え、まちづくりに関係する都市支援機能、都市空間機能、安全・安心機能も重要な評価指標としてあげられています。

表 1-3-1　都市計画道路の見直し評価指標

分類		評価指標
機能性	ネットワーク機能	都市間連結機能、環状道路機能、幹線道路アクセス機能、駅アクセス機能、施設アクセス機能
	都市支援機能	商業支援機能、中心市街地支援機能、区画整理支援機能、公共交通支援機能、プロジェクト支援機能
	都市空間機能	景観・歴史形成機能、歩行者・自転車支援機能、交通バリアフリー機能
	安全・安心機能	防災施設アクセス機能、緊急交通アクセス機能、防災道路機能
事業実現性		ボトルネックの解消、通学路の形成、地区内道路密度の適正化、要望・熟度への対応、歩行者・自転車の快適走行、自動車混雑の軽減

(2) 群馬県内の主要渋滞箇所と前橋市内の都市計画道路

国土交通省では、群馬県内の主要渋滞箇所を公表し、道路渋滞の解消に取り組んでいます。平成 25 年（2013 年）に 382 箇所の主要渋滞箇所（**図 1-3-1**）が公表され、平成 28 年（2016 年）時点で、事業完了 49 箇所（13%）、事業中 118 箇所（31%）となっています。長期を見込んだ道路計画も必要ですが、現に混雑が激しい箇所の整備も効果的です。人口減少、少子高齢化により、税収の減少が見込まれるため、近年は社会資本整備に関する予算が減少しています。効率的な道路整備のため、重点的な道路整備が望まれます。未対策の箇所については、前項でみたように、

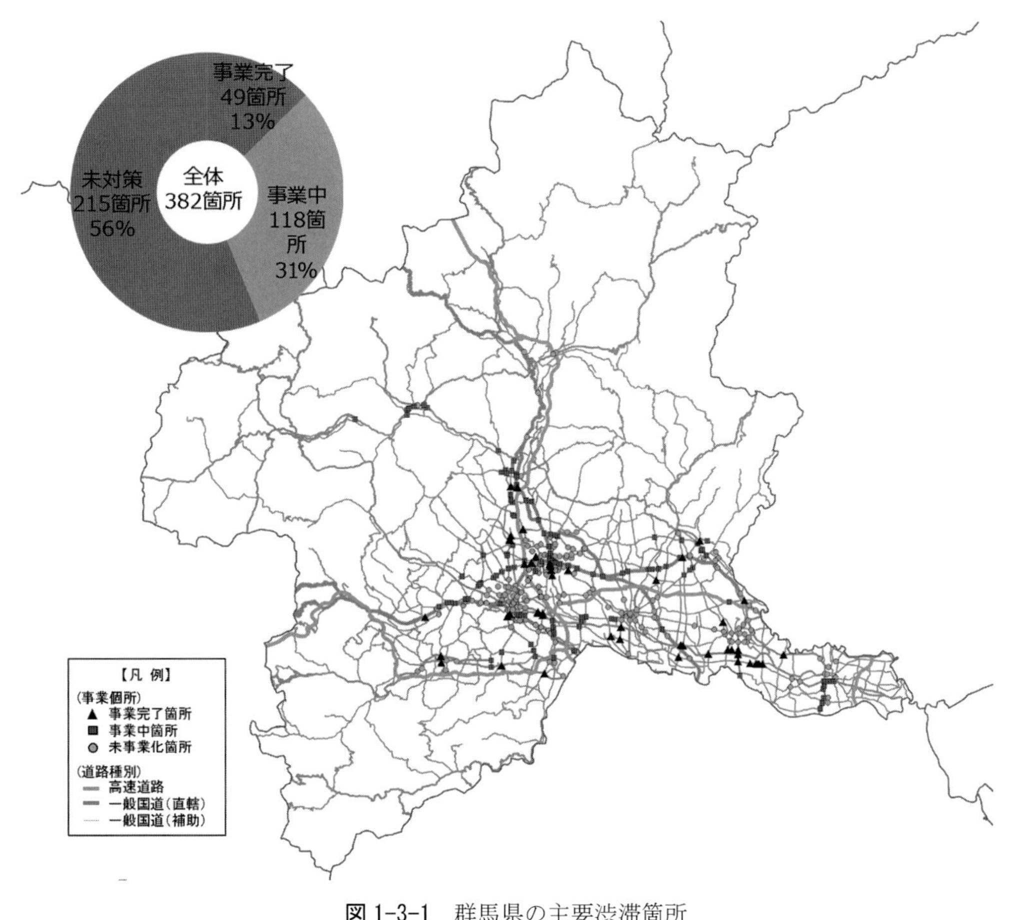

図 1-3-1　群馬県の主要渋滞箇所

(出典：国土交通省高崎河川国道事務所，群馬県域移動性(モビリティ)・安全性向上検討委員会資料，2016)

まちづくりに関係する都市支援機能、都市空間機能、安全・安心機能の視点を考慮し、優先的に整備する箇所を検討することが望まれます。

図 1-3-2 は前橋市中心部の都市計画道路ネットワークです。このように、点（交差点）と辺（道路の区間）で表した図を、「グラフ」と言います。数学の世界では、グラフ理論分野で古くから研究がおこなわれてきており、工学分野でのネットワーク分析の基礎となっています。実線は整備済で、点線が未整備の区間です。＋が総合病院、▲が地区の人口をまとめた点（人口代表点）を示し、楕円（これをグラフ理論では成分といいます）が病院と人口の組み合わせを示しています。市民の皆さんが、道路ネットワークを使って病院に行くために、未整備のどの区間を整備することが効率的か考えることにより、優先的に整備すべき道路の区間が分かってきます。道路は市民の皆さんが利用するものですので、市民の移動を考慮した道路を整備する必要があります。

(3) 世界遺産を支える交通まちづくり

平成 26 年（2014 年）に「富岡製糸場と絹産業遺産群」が世界遺産に登録され、富岡製糸場は群馬県初の国宝に指定されました。世界遺産として登録するためには資産としての価値を損なわないため、周辺に緩衝地帯（バッファゾーン）を設定する必要がありました。バッファゾーンは、遺産周辺の景観や環境を保護する区域です。世界遺産登録を実現するため、富岡製糸場周辺に計

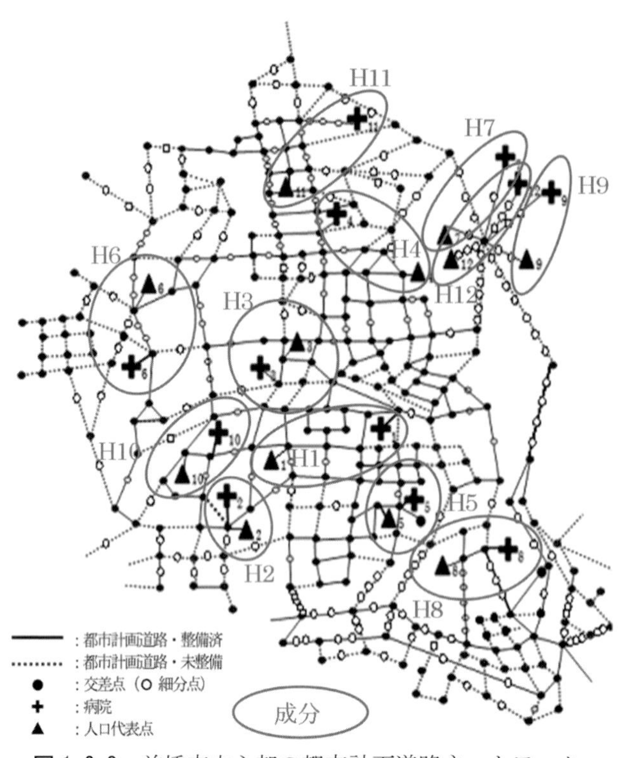

図 1-3-2　前橋市中心部の都市計画道路ネットワーク

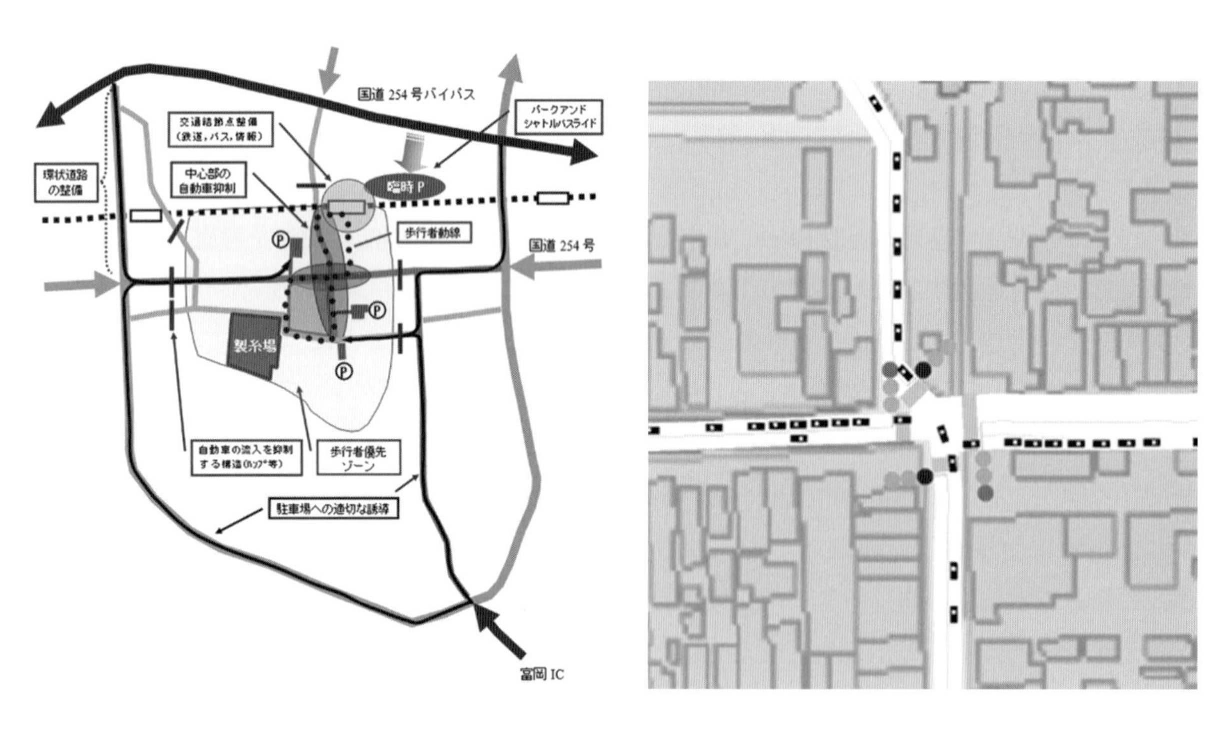

図 1-3-3　富岡交通まちづくり計画案

図 1-3-4　自動車通流のマイクロシシミュレーション

画されていた都市計画道路や土地区画整理事業を見直しました。富岡製糸場のある富岡市の中心市街地の都市計画道路の整備は遅れていたましたが、未整備のまま計画が廃止となりました。

一方、県内外からの観光客が増加し、道路交通渋滞が懸念されました。群馬県、富岡市では、大規模な道路整備を伴わない、最小限の交差点改良や駐車場整備等による交通計画案を検討しま

図 1-3-5　歩いて楽しむ交通まちづくり

した。富岡市には上信電鉄「上州富岡駅」があり、公共交通を活用した計画も盛り込みました（**図 1-3-3**）。この計画案の効果を分析するために、時々刻々の1台1台の動きをシミュレーションする「マイクロシミュレーション」で検討しました（**図 1-3-4**）。マイクロシミュレーションは、ドライバーがアクセルを踏んだり、前の車に近づきすぎるとブレーキを踏む動作を再現できます。また、交通信号に応じた自動車の走行、歩行者の横断、路上駐車の影響をシミュレーションでき、その結果を動画で見ることができます。マイクロシミュレーションを使い、「歩いて楽しむ富岡交通まちづくり」を提案しました（**図 1-3-5**）。

人口減少、少子高齢化により、今後、社会基盤整備に使うことのできる予算の減少が予想されます。このような状況においても将来にわたり持続可能な交通まちづくりが求められています。そのためには、市街地形成や観光まちづくりを支援する道路の整備、また、主要渋滞箇所など効果の大きい区間からの道路の整備が重要です。さらに、公共交通も含めた交通計画を推進し、歩いて楽しめるまちづくりを実現しましょう。

参考文献

塚田伸也・湯沢昭・森田哲夫：都市計画道路の再評価の現状と評価の検討－群馬県前橋市を事例として－都市計画論文集，No.44-3，pp.241-246，2009
松村裕太・森田哲夫・藤田慎也：グラフ理論を用いた都市計画道路ネットワークの評価手法に関する研究，土木学会論文集 D3，Vol.67，No.5，pp.813-821，2011
森田哲夫・塚田伸也・湯沢昭：観光地の都市計画道路見直し検討への交通マイクロシミュレーションの適用，交通工学研究発表会論文報告集，No.30，CD-ROM，2010

1－4　歩行者・子どもにやさしい道路

(1) 道路の機能

道路は自動車が通行するだけのためにあるのではありません。歩行者や自転車に対しても交通機能を提供する必要があります。また、道路には、交通に関する機能以外にも空間としての機能があり、市街地を形成したり、街路樹などの環境空間としての機能もあります（**表 1-4-1**）。次節では、歩行者や子どもにやさしい道路整備の事例を紹介します。

表 1-4-1　道路の機能

<table>
<tr><td rowspan="9">交通機能</td><td rowspan="6">トラフィック機能</td><td rowspan="6">自動車・自転車・歩行者などへの通行サービス</td><td>道路交通の安全確保</td></tr>
<tr><td>時間距離の短縮</td></tr>
<tr><td>交通混雑の緩和</td></tr>
<tr><td>輸送費の低減</td></tr>
<tr><td>エネルギー消費の節約</td></tr>
<tr><td>環境問題の軽減</td></tr>
<tr><td rowspan="3">アクセス機能</td><td rowspan="4">沿道の土地、建物、施設への出入りサービス</td><td>生活基盤の充実</td></tr>
<tr><td>土地利用の促進</td></tr>
<tr><td>地域開発の基盤整備</td></tr>
<tr><td colspan="2">土地利用誘導機能</td><td>新たな市街地形成</td></tr>
<tr><td colspan="2" rowspan="3">空間機能</td><td>防災空間</td><td>避難路・消防活動・延焼防止</td></tr>
<tr><td>生活環境空間</td><td>緩衝空間、緑化、通風、採光</td></tr>
<tr><td>公共公益施設の収容空間</td><td>ライフライン（下水・電気）、駐車場</td></tr>
</table>

(2) 市民の意見を取り入れた河畔緑地の整備

広瀬川は前橋市の中心市街地を流れ、前橋の顔として、長年、市民に親しまれてきました。広瀬川の両側には河畔緑地が整備されていますが、石張りの舗装の剥離をはじめとした施設の劣化、樹木の生長による防犯上の問題、バリアフリー化への対応が課題となっていました。これに対応するため、前橋市では、平成 19 年（2007 年）から平成 22 年（2010 年）まで広瀬川河畔緑地再整備検討委員会（学識経験者、商工関係者、肢体障害関係、まちづくり団体、町内会、公園愛護団体）を組織し、再整備のあり方を検討することになりました。合計 8 回の委員会で 161 個の発言がありました。

近年、自然言語処理分野でテキストマイニングの研究が進められ、文章や発言など文字の情報を定量的に分析することが可能になりました。委員会での発言をテキストマイニングで分析し、単語と単語のつながりから**図 1-4-1** を作成しました。この図を共起ネットワークといいます。委員会での意見を次のように整理しました。

意見グループ 1：歩道における舗装材の素材に関するもの

意見グループ 2：河畔空間の活用に関するもの

意見グループ 3：樹木の管理や利用マナーに関するもの

意見グループ 4：河畔緑地の整備に向けたコンセプトづくり

意見グループ 5：高齢者や身体的な障害者への配慮に関するもの

このような発言の分析結果と委員による現地調査に基づき、高齢者や障害者も歩きやすい舗装材に変更し、快適な歩行空間になるよう植樹を施すことにより再整備しました（**写真 1-4-1**）。

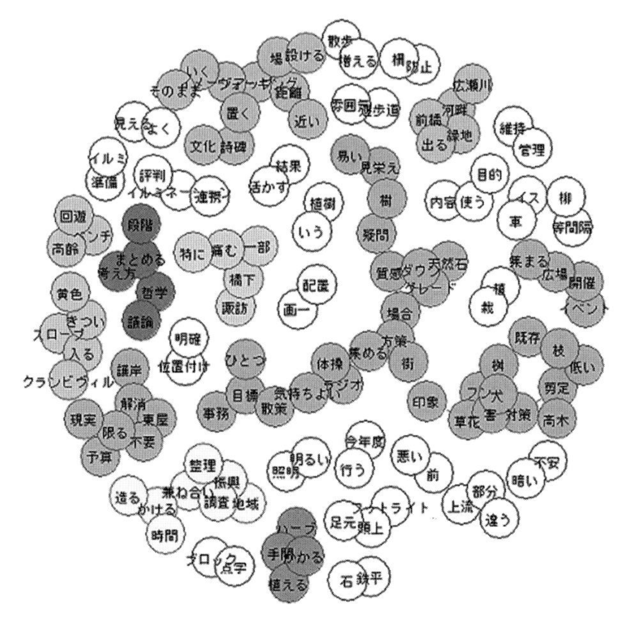

図 1-4-1　委員会発言の共起ネットワーク

写真 1-4-1　再整備された広瀬川河畔緑地

(3) 通学時の子どもを犯罪から守る取り組み

新聞、テレビで毎日のように報道されているとおり、子どもを対象とした犯罪への取り組みは、まちづくりの分野でも大きな課題です。この課題に対応するために、前橋市の中心市街地にある S 小学校を対象に通学時の子どもを犯罪から守る取り組みを検討しました。

子どもの通学時における犯罪不安感と防犯に関する意識、取り組みに対する評価を得るために保護者を対象に平成 22 年 1 月にアンケート調査を実施しました。289 票を配布し、189 票回収しました。犯罪不安感（**図 1-4-2**）については、調査を実施した時期と前後して近隣で子どもをねらった犯罪があったこともあり、「非常に心配している（39.3%）」、「心配している（57.1%）」を合わせて 96.4%の保護者が、子どもの安全を心配している結果となりました。家庭で実施している防犯対策（**図 1-4-3**）については、「行き先の把握（125 世帯）」が最も多く、「1 人で行動させない（82 世帯）」、「事件ニュースでの話し合い（58 世帯）」が続いています。

アンケート調査の犯罪不安感と防犯に関する意識、取り組みに対する評価を分析することにより、防犯対策の充実度を向上させる取り組みとして「防犯パトロールの実施」「防犯グッズの携帯」「子どもかけこみ 110 番」「安全マップの作成」が抽出されました。この結果をもとに、通学時の子どもの犯罪安心感をチェックするシートを作成しました（**図 1-4-4**）。配点はアンケート調査の分析結果から設定しました。このチェックシートを使えば、家庭で保護者と子どもが防犯対策について話し合いながら防犯安心度をチェックすることができます。

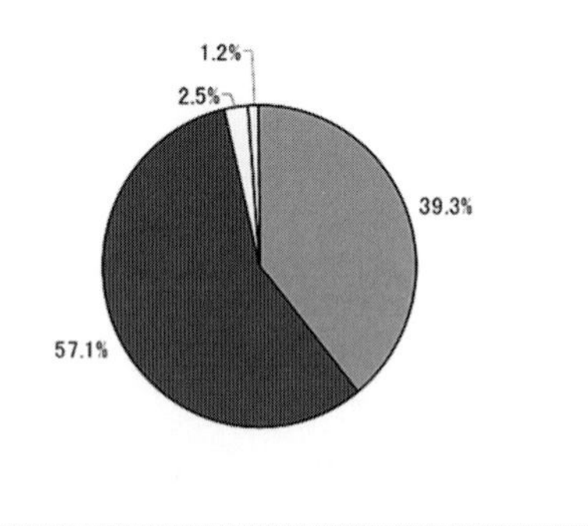

図 1-4-2　犯罪不安感

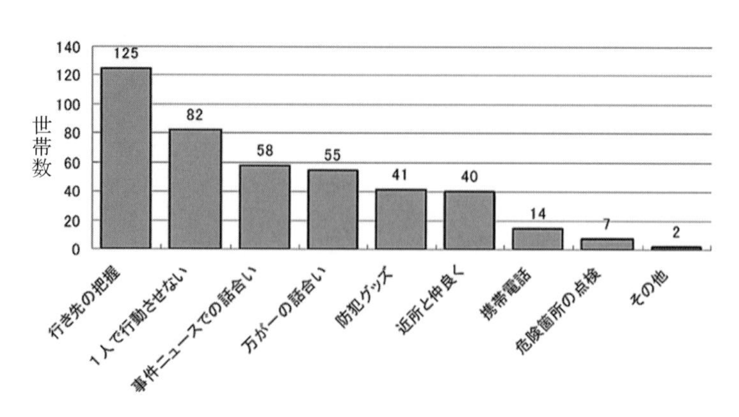

図 1-4-3　家庭で実施している防犯対策

学年: **2年　3組**　　　路線: **H**

名前: **赤城　太郎**　　　S小学校区: **S－1町**

評価項目			配点	得点	小計	合計
(1)防犯対策の充実度(共助)					**54.2** (65.1点満点)	**89.1** (100点満点)
	①防犯パトロール	■ 十分	14.2	**14.2**		
		□ 不十分	0.0			
	②防犯グッズ	■ 十分	5.2	**5.2**		
		□ 普通	5.0			
		□ 不十分	0.0			
	③かけこみ110番	■ 十分	2.3	**2.3**		
		□ 不十分	0.0			
	④かけこみ110番	■ 十分	30.2	**30.2**		
		□ 普通	8.2			
		□ 不十分	0.0			
	⑤安全マップ	□ 十分	13.2			
		■ 普通	2.3	**2.3**		
		□ 不十分	0.0			
(2)危険場所の認知度(自助)					**34.9** (34.9点満点)	
		■ 十分	34.9	**34.9**		
		□ 不十分	0.0			

図 1-4-4　子どもの犯罪安心感チェックシート

(4) 景観形成と防犯性の両立

美しい景観に人々が集い、そこで安心して過ごすことができる都市環境を創造するためには、景観性と犯罪に対する安心感の関係性を考慮し、その両立を図る必要があります。前橋市の広瀬川河畔緑地は、優れた景観が形成されていますが、防犯性はどうでしょうか。周辺地区を対象に、景観形成と防犯性の関係について検討してみました。

広瀬川河畔緑地の周辺地区では、平成 24 年に景観形成のための市民参加ワークショップが実施され、10 の方策が整理されました（**表 1-4-2**）。これらの方策に対する評価を得るため、平成 25 年に周辺地区の世帯を対象にアンケート調査を実施しました。景観形成のための方策として評価の高いのは④緑保全 47.6%であり、続いて③歴史・文化保存 36.6%、⑤住民参加型保全 30.7%でした（**図 1-4-5**）。次に、10 の方策について、景観形成と防犯性からみた評価について分析しました（**図 1-4-6**）。その結果、③歴史・文化保存、④緑保全、⑤住民参加型保全は、景観性と防犯性とが両立することが分かりました。①色彩・デザイン、②看板・案内板は防犯性の評価が高いものの景観性の評価は低く、⑦イベント活動、⑨一体性創造は景観性が高く防犯性は低いという結

表 1-4-2　良好な景観形成のための方策

①建物の色彩やデザインなど建物の誘導（ルール）による景観づくり【色彩・デザイン】
②看板や案内板などの色彩やデザインの誘導（ルール）による景観づくり【看板・案内板】
③歴史や文化を感じさせる建物を保存し、活用した景観づくり【歴史・文化保存】
④花壇や生垣など緑を保全し、活用した景観づくり【緑保全】
⑤住民による良好な景観の維持・保全を行うためのしくみづくり【住民参加型保全】
⑥景観に関する意識啓発などの情報発信による景観づくり【意識啓発】
⑦野外コンサートの実施やオープンカフェなどを通りに設けるなどの活動を通じた景観づくり【イベント活動】
⑧広瀬川の眺望や歴史の情報発信による景観づくり【眺望・歴史情報】
⑨川沿いの建物などの敷地と一体性を高めた景観づくり【一体性創造】
⑩イベントや美化活動を支える団体などの組織（コミュニティ）づくり【コミュニティ形成】

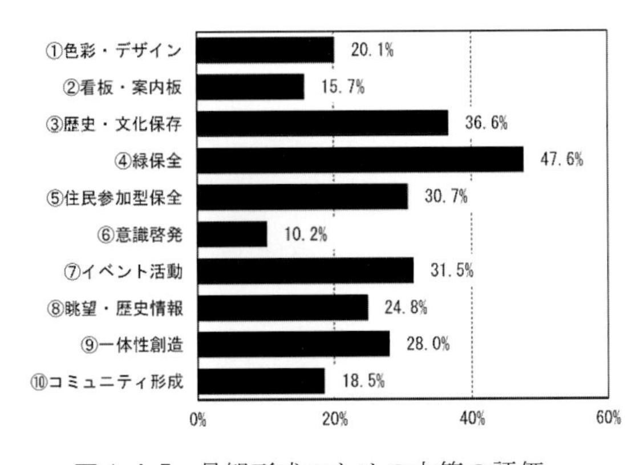

図 1-4-5　景観形成のための方策の評価

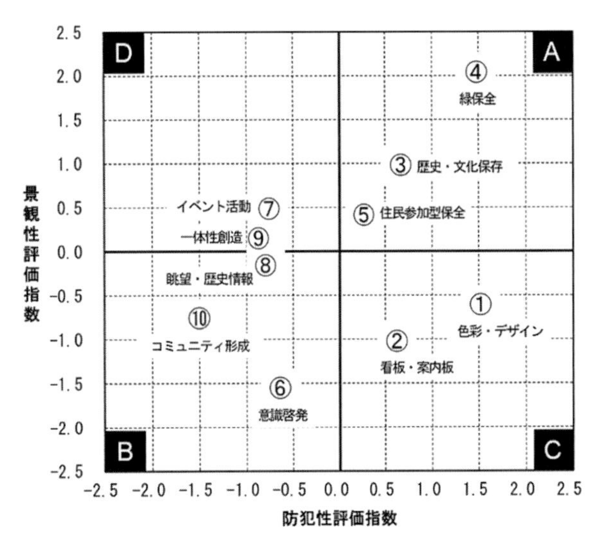

図 1-4-6　景観形成と防犯性による方策の評価の関係

果になりました。まちづくりを進めるにためには、景観性と防犯性の両立する方策から優先的に取り組んでいくと良いようです。

高度成長期において、自動車交通量の増加に追いつこうと道路整備が行われてきましたが、今後は人口減少により自動車交通量が減少する可能性もあります。これからの道路整備は、歩行者や自転車をより重視した道路整備が望まれます。

高齢者や障害者を含む誰でもが、快適に安全に通行したり立ち止まったり休憩できるよう、歩行空間のデザインを考えていきましょう。また、子どもや女性が安心して歩くことができ、かつ景観の優れた道路整備がこれからの課題です。

参考文献

塚田伸也・森田哲夫・湯沢昭：委員会の発言から捉えた歩行者の交通空間整備における検討，交通工学研究発表会論文報告集，No.31，pp.503-506，2011

塚田伸也・森田哲夫・湯沢昭：子どもの通学に対する保護者の犯罪不安感と取り組みに関する検討，交通工学研究発表会論文報告集，No.32，pp.337-342，2012

木梨真知子・森田哲夫・塚田伸也・猪八重拓郎：景観形成方策に対する住民意識からみた景観性と防犯性の関係－群馬県前橋市広瀬川河畔地区における事例研究－，地域安全学会論文集，No.28，pp.1-8，2016

第２章　群馬の鉄道とバス交通

２－１　上毛電気鉄道の現状と利用促進

(1)上毛電気鉄道の現状

群馬県の県庁所在地である前橋市と県東部の主要都市桐生市は明治時代から生糸・織物産地として発展してきましたが、明治時代中期に建設された国鉄両毛線（現在の JR 両毛線）は、やはり織物産業の要地である伊勢崎市をもカバーするため、前橋・桐生間で南方平野部へ迂回して敷設されました。そのため両毛線の北方にあたる赤城山南麓の農村地域は絹糸産業を支える養蚕地帯でしたが交通は不便で主要都市への交通の近代化が求められ、大正時代中期以降、電気鉄道建設の計画が複数の方面から立案されました。そして上毛電気鉄道（以下、上電）は昭和 3 年 11 月 10 日に中央前橋駅（前橋市）と西桐生駅（桐生市）間（営業距離 25.4km）が開業しました（**図 2-1-1**）。上電は、戦後に至るまで地域の主要な交通機関として利用されてきましたが、昭和 40 年代に入り急速に進展した農村部のモータリゼーションにより通学客以外の利用が減少しました（**図 2-1-2**）。利用者数は昭和 40 年の約 958 万人をピークに年々減少し続けており、利用者増加のための様々な利用促進対策を行っていますが、平成 24 年は約 159 万人と最盛期の約 6 分の 1 にまで落ち込んでいます。また、159 万人の内、約 70%に当たる 111 万人が通勤・通学定期利用者であり、沿線の高校の統廃合や少子化などを考慮すると今後とも厳しいものがあります。

(2)上電で実施されている利用促進策

上電では利用客の増加対策として様々な事業を実施しており、主なものは以下の通りです。

①パークアンドライド駐車場の整備：上電利用者に限り駅駐車場を無料で開放しており、無料駐車場がある駅は上泉駅、江木駅、大胡駅、北原駅、粕川駅、新里駅の 6 駅です。主に通勤・通学利用者に駐車場を開放していますが、当日利用のみの利用者にも駐車場を開放しています。

②サイクルトレインの実施：電車運賃のみで車内に自転車を持ち込むことができるサイクルトレインを実施しています（**写真 2-1-1**）。平成 15 年 4 月より試験的に実施し、平成 17 年 4 月から本格的にサイクルトレインの実施を進め、現在では年間 4 万台以上が利用されています。

③レンタサイクルの実施：中央前橋駅、大胡駅、赤城駅、西桐生駅では、自転車を持っていない人や駅から目的地へ自転車を利用したい人に対して上電利用者に限り、無料で自転車を貸し出しています。各駅で係員にレンタサイクルの利用を申し出て、申込用紙に記入すれば利用できます。貸し出し時間は午前 9 時からから午後 6 時までとなっています。

④パターンダイヤでの運行：30 分間隔のパターンダイヤで運行しています。例えば中央前橋駅発の列車は昼間では 15 分発と 45 分発ですが、朝の通勤・通学時間帯に限っては、昼間時間帯よりも本数を多く運行しています。発車分が同じになり、利用者にとっては記憶しやすいダイヤとなることで利便性の向上を目指しています。

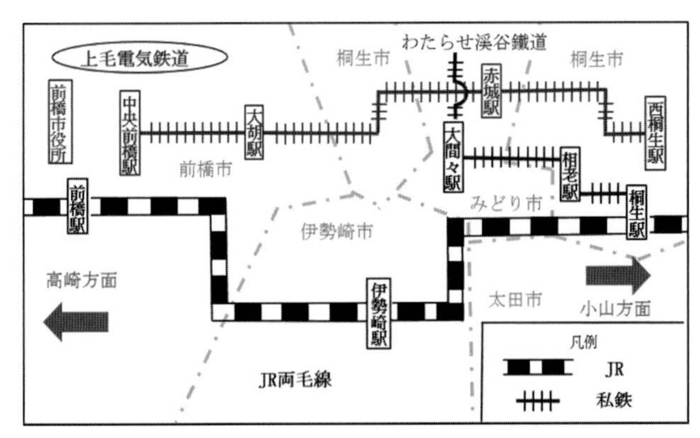

図 2-1-1　上電と JR 両毛線の位置関係

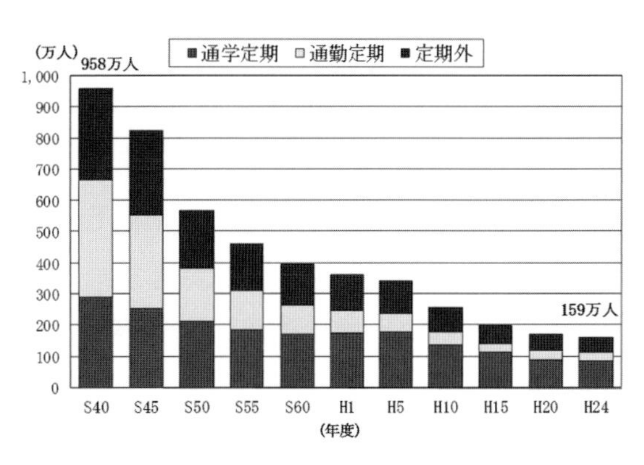

図 2-1-2　上電の乗車人数の推移

写真 2-1-1　サイクルトレイン（上電 HP）

写真 2-1-2　クリスマストレイン（上電 HP）

⑤サービスの向上：平日朝の通勤通学時間帯は、旅客係員が乗車して切符の販売や集札を行っており、休日の昼間時間帯は案内等のサービス業務に従事する客室乗務員（アテンダント）が乗務し、旅客サービスの向上を図っています。

⑥各種イベント等の実施：開業当時から使用されているデハ 101 号車の臨時運行及び貸切運行を行っており、料金は 1 日 1 往復で 10 万円です。また電車内外に装飾を施したデコレーション列車としては、「クリスマストレイン（**写真 2-1-2**）」や車内をギャラリーとして沿線の幼稚園・保育園の園児、小学生が描いた絵画を展示した「上電うごくギャラリー児童絵画展」を運行しています。また上電が主催となって沿線ハイキングやバスハイキングを開催したり、大胡駅や西桐生駅では毎年感謝フェアイベントを開催しており、電気機関車の試乗会やミニトレインの運行、鉄道グッズなどの販売会を行っています。

⑦割引切符の販売：一般の方も購入可能な普通割引回数乗車券、65 歳以上の人を対象とした特別寿割引回数乗車券があります。また大人 1,300 円、小児 650 円で当日限り利用可能な赤城南麓 1 日フリー切符や 5,000 円で通年利用できるマイレール回数乗車券（5,500 円分利用可能）などを販売しています。さらに上電では、通勤定期乗車券利用者が家族と同行する場合、その家族に対して運賃を割引する環境定期券制度を実施しており、家族 3 人までの利用なら 1 人あたり大人 200 円、小児 100 円で利用できます。

⑧上毛電鉄友の会の活動：上電を支援している市民団体に「上毛電鉄友の会」があります。友の会は自らの活動と沿線の市民団体などにより効果的な働きかけを行って上毛電鉄を側面から支え、同時にもっと上電に乗ってもらうための土俵作りをする目的で発足しました。活動の一環として、会員以外の市民の方も一緒に参加して駅の清掃活動を行っています。

(3) 上電利用者及び上電沿線住民による利用促進策

上電の利用客増加対策としてどのような施策が重要であるか、上電利用者と上電沿線住民を対象としたアンケート調査結果から検討します。ここでは二つの課題についての検討を行います。一つ目は中央前橋駅とJR前橋駅間のアクセスに関する改善策であり（上電利用者を対象）、二つ目は上電沿線住民の利用者増加対策です（沿線住民を対象）。調査概要は以下の通りです。

①上電利用者調査：平成26年7月9日実施、調査対象は中央前橋駅乗降客、直接配布・郵送回収、配布数520票、回収票127票（回収率24.4%）。

②上電沿線住民調査：平成27年7月実施、調査対象は上電沿線住民、直接配布・郵送回収方式、配布数1,990票、回収数371票（回収率19.5%）。

図2-1-3は、中央前橋駅とJR前橋駅間のアクセス改善に関する評価結果です。「上電をJR前橋駅まで延伸する」が「多少効果がある」と「非常に効果がある」の合計が71.4%、次いで「上電・バス・JRのいずれも利用可能なICカードを導入する」が67.7%、「シャトルバスの運行時間帯を延長する」が59.1%、「新たにシャトルバスを県庁・市役所方面へ運行する」が59.1%、「中

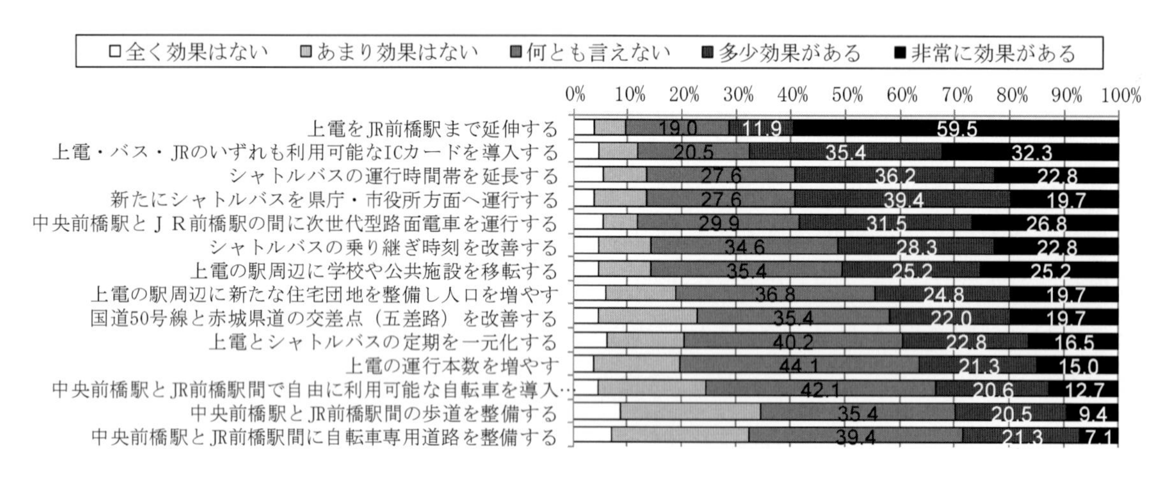

図2-1-3　中央前橋駅とJR前橋駅間のアクセス改善（対象：上電利用者）

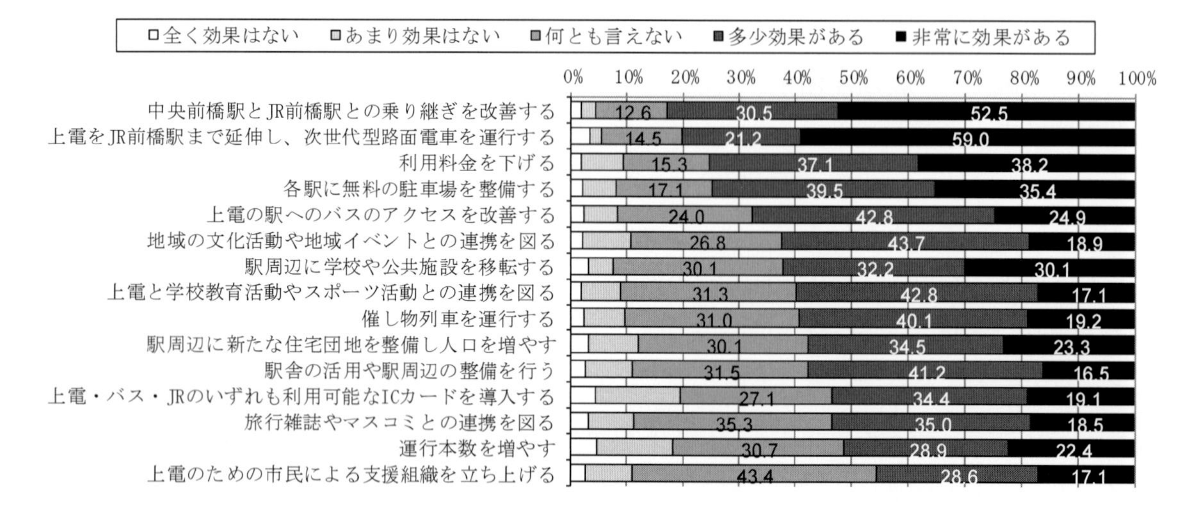

図2-1-4　上電の利用促進を図るための対策（対象：上電沿線住民）

央前橋駅とJR前橋駅の間に次世代型路面電車（LRT : Light Rail Transit）を運行する」が58.3%となっています。上電の延伸やICカードの導入による料金支払い方法の統一化、さらには次世代型路面電車の導入などがアクセス改善には効果があると評価していることが分かります。

図2-1-4は、上電の利用促進を図るための対策に関する評価結果です。「中央前橋駅とJR前橋駅の乗り継ぎを改善する」が最も効果が高く83.0%、次いで「上電をJR前橋駅まで延伸し、次世代型路面電車を運行する」が80.2%、「利用料金を下げる」が75.3%、「無料駐車場を整備する」が74.9%となっており、上電の沿線住民も中央前橋駅とJR前橋駅間のアクセス改善が利用促進につながると評価していることが分かります。

図2-1-5は、「上電を中央前橋駅からJR前橋駅まで延伸し合わせて運行車両を次世代型路面電車（LRT）にする」ことについて、上電利用者と沿線住民の結果を合わせて図示したものです。両者ともに評価が高い項目としては「高齢者や障害者も利用可能な公共交通の充実が必要である」が約60%以上と最も高く、次いで「前橋市まちづくりを進める上で必要な事業であると思うので検討を進める」となっています。逆に「LRTは前橋市には不必要なものである」との評価は非常に低い値となっています。ただし「建設費や維持費などを考慮すると慎重に検討したほうがよい」との考え方も3割程度あることから、LRTの計画にあたっては十分な市民合意を得ることが必要です。今後は人口減少と高齢社会が急速に進むため、高齢者や障害者にとっても利便性が高く安心して利用可能な公共交通の整備が求められています。

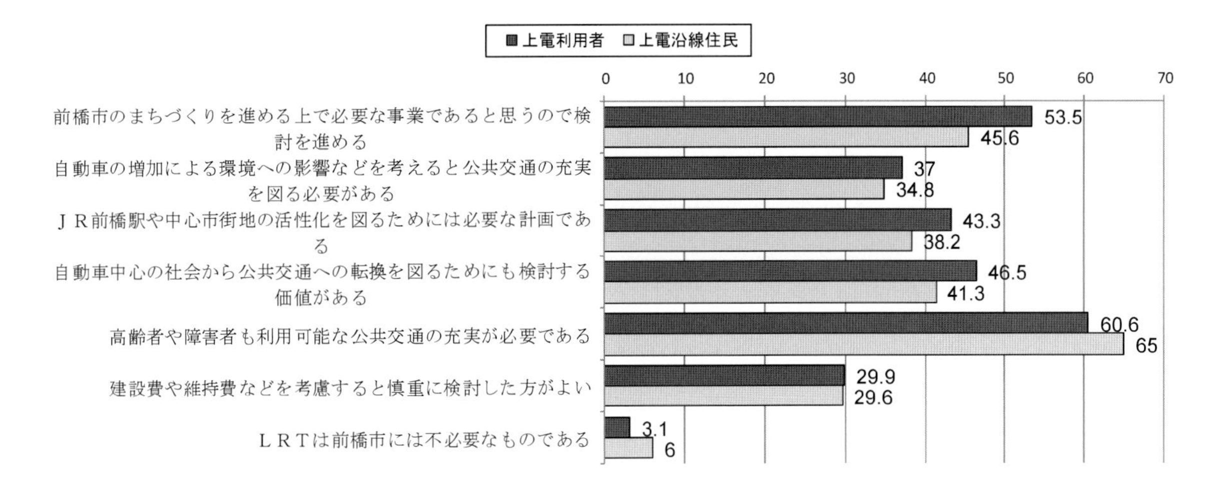

図2-1-5　次世代型路面電車（LRT）の導入に対する評価

> 上電の利用客数は年々減少傾向にあり、このままでは上電の存続も危うくなります。上電は群馬県や前橋市にとっては重要な社会基盤であり、これを存続させることは私たちの責務ではないでしょうか。しかし、人口減少や高齢社会の中で上電も変化せざるを得ないと思われます。その選択肢の一つが上電のLRT化ですが、その実現にはいくつかの困難が待ち受けています。私たちの住んでいる前橋市の将来の姿を思い描き、それを実現するためにはどのような交通体系が必要なのかを市民全体で考える時期ではないでしょうか。

2-2　吉岡町における公共交通再編と新駅設置

(1) 吉岡町における鉄道新駅設置の経緯と調査概要

吉岡町の公共交通の現状としては、JR 上越線とバス会社 4 社で運行されている 6 本のバス路線とショッピングセンターの巡回バス 1 路線があります。しかし自動車の普及によりバス利用者は年々減少傾向にあり、また JR 上越線が町内を通ってはいますが、町内に鉄道駅がなく町民は群馬総社駅（前橋市内）または八木原駅（渋川市内）を利用しています。そのため町内に新たな駅を設置してほしいとの要望があり、吉岡町の総合計画や都市計画マスタープランに盛り込んできた経緯があります。本調査は、地域の環境や高齢社会に向けて吉岡町における公共交通のあり方と新駅設置に関する調査・検討を行うものです。

吉岡町では「第 5 次吉岡町総合計画」の策定にあたり、平成 20 年 12 月に町民 2,000 人を対象とした町民アンケート調査を実施しました。その中の生活環境についての満足度・重要度の結果から、公共交通である鉄道とバスの重要度は高いものの、満足度は非常に低い値となっており、バス路線の見直しや新駅設置に関する検討を行う必要が生じました。なお、JR 上越線に新駅設置に関する経緯は以下の通りです。

- 平成 21 年 8 月　新駅設置に関する住民陳情書提出
- 平成 21 年 11 月　JR 東日本高崎支社との協議
- 平成 23 年 2 月　吉岡町地域交通連携講演会の開催
- 平成 23 年 3 月　吉岡町総合計画（2011～2020）策定
- 平成 24 年 6 月　吉岡町内全世帯を対象とした交通実態に関するアンケート調査実施
- 平成 24 年 6 月　群馬総社駅と八木原駅利用者を対象としたアンケート調査実施
- 平成 24 年 11 月　住民を対象とした交通実態調査中間報告会の実施（3 回実施）
- 平成 25 年 2 月　「吉岡町における公共交通に関する基礎的な調査」報告書提出

次節以降で用いる「吉岡町における交通行動実態に関する調査」の調査概要は以下の通りです。

- 吉岡町全世帯を対象としたアンケート方式による交通行動実態調査
- 配布・回収方法：直接配布（自治会から全世帯に直接配布）・郵送回収方式
- 配布日・回収期限：平成 24 年 6 月 1 日・平成 24 年 6 月末
- 調査票：配布数 6,858 票、回収数 2,238 票（回収率 32.6%）

(2) 吉岡町における公共交通整備に関する町民の意向

本調査の目的は、吉岡町における公共交通の再編と新駅設置に関する住民意向の把握、及び新駅設置をした場合の需要予測を行うことです。本節では、バスと鉄道に関する住民の意向について分析します。**図 2-2-1** は、本調査において提示した 14 項目に対する評価結果です（「非常に思う」と「多少思う」の合計の高い順の並べ替えてある）。最も評価の高かった項目としては、「高齢者や障害者が利用しやすいバスの運行を検討すべきである」であり、次いで「バス停から遠い人でも利用可能なバスの運行を検討すべきである」「吉岡町内の病院や公共施設などを巡回するバス

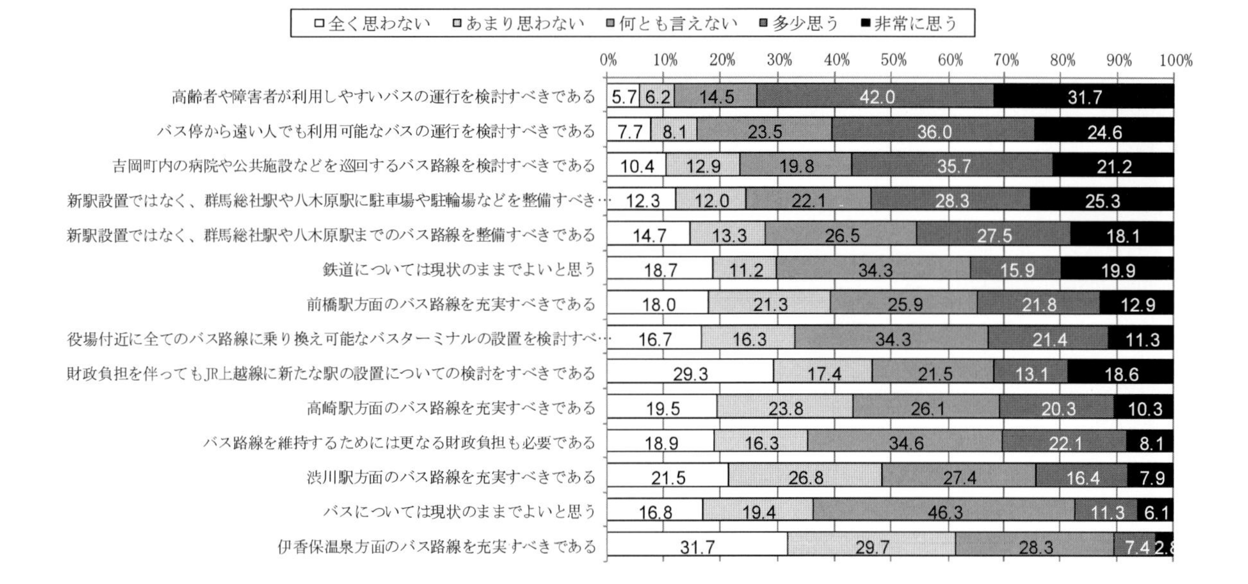

図 2-2-1　吉岡町における公共交通に関する町民の意向

路線を検討すべきである」などが上位に位置していることが分かります。新駅設置に関する項目として「財政負担を伴っても JR 上越線に新たな駅の設置についての検討をすべきである」は、反対が賛成を若干上回っている結果となりました。ただし、この結果については個人属性や地域により異なることが考えられます。**図 2-2-1** の結果から判断すると、吉岡町内における通院や買物などを支援するためのバス路線の充実を図ることが最優先であり、また鉄道については、JR 上越線の群馬総社駅や八木原駅へのバス路線の整備や駅前における駐車場・駐輪場の整備など、鉄道利用におけるアクセス交通手段の対策を希望していることが分かります。しかし、実際にはバスの利用比率は非常に低いことから、町民が利用可能なバスの運行形態についても十分検討することが必要です。鉄道の新駅設置については、吉岡町における長年に渡る懸案事項ですが、**図 2-2-2** から明らかなように地区により大きく評価が異なることが分かります。現在の JR 上越線沿線から遠い小倉地区や上野原地区などは「全く思わない」と「思わない」の合計が過半数を超えているのに対し、駒寄地区や漆原西地区（上越線が通過している地区）などでは、逆に過半数以上が「検討すべき」という結果です。また新駅設置に関する年代別評価では、年代が若いほど新駅設置の検討に積極的という結果が出ています。

(3) 鉄道新駅設置による需要予測

新駅設置にあたっての考え方は以下の通りです。

①検討対象駅は、JR 上越線の群馬総社駅と八木原駅とする（**図 2-2-3**）。

②駅勢圏は各駅から概ね 3km とする。ただし、吉岡町は全域を対象とする。

③駅勢圏をゾーンに分割する（前橋市・渋川市は町丁目単位、吉岡町は小字単位）。

④鉄道の利用率は駅からの距離が遠くなるほど小さくなる（利用者データから作成、**図 2-2-4**）。ただし、各駅からゾーンまでの距離は直線距離とする。

⑤各ゾーン別の利用駅は、最も近い駅を選択する。

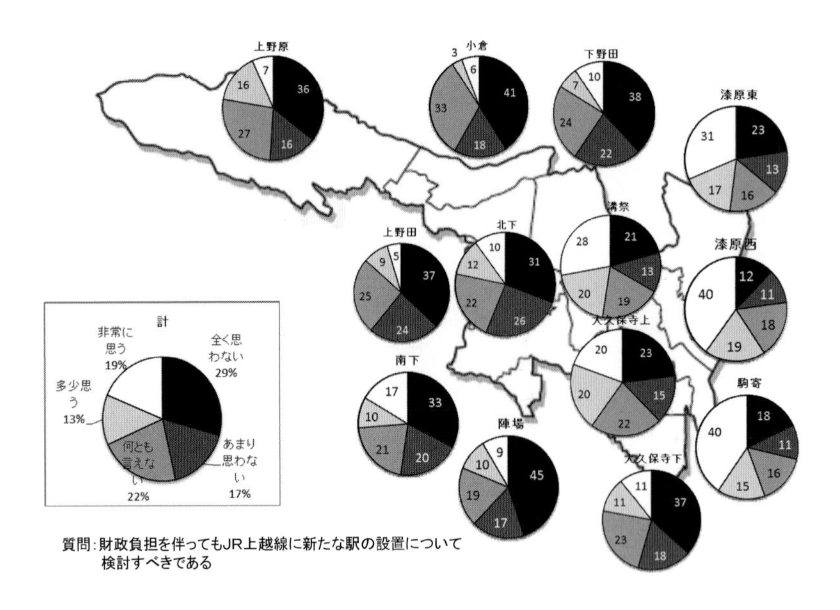

図 2-2-2　新駅設置に対する地区別の評価結果

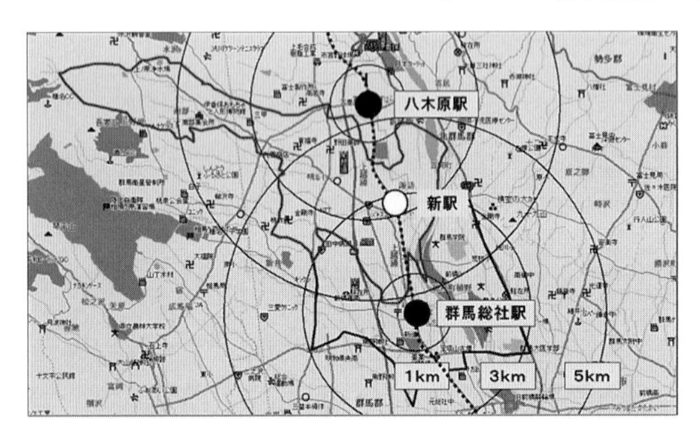

図 2-2-3　JR 上越線の新駅設置候補場所

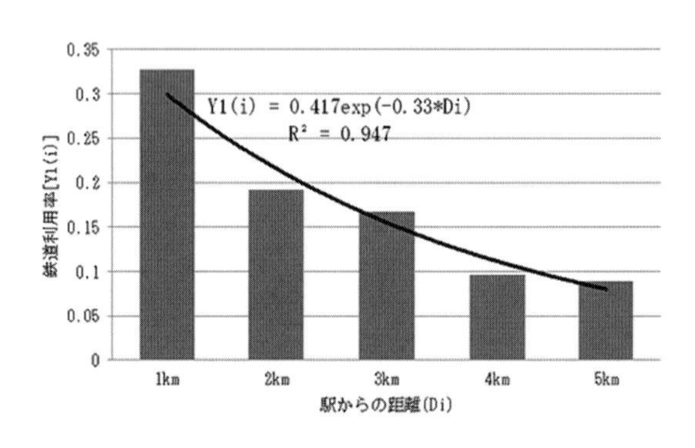

図 2-2-4　駅からの距離と鉄道利用率との関係

⑥新駅は群馬総社駅と八木原駅の中間とする（**図 2-2-3**）。

表 2-2-1 は、新駅設置による各駅別の乗客数を予測した結果です。新駅設置前の現状においては、群馬総社駅の一日あたりの平均乗客数を 1,500 人、八木原駅を 1,000 人としました。また、新駅設置により直接的に影響を受ける範囲を圏内とし（吉岡町全域と前橋市の一部）、それ以外を圏外とし、圏外においては新駅設置の影響を受けないと仮定しました。従って、新駅設置による需要予測は圏内の範囲において検討を行い、以下の 2 ケースについて実施しました。

①ケース 1 ：吉岡町の人口を平成 24 年度の 19,888 人とした場合。

②ケース 2 ：吉岡町の人口を平成 32 年の 21,830 人とし、平成 24 年度からの増加分 1,942 人を新駅周辺（漆原西諏訪地区）に居住するとした場合。

ケース 1 による結果は、年間乗車人数として群馬総社駅が 1,419 人（81 人減少）、八木原駅が 809 人（191 人減少）、そして新駅が 495 人となりました（全体では 223 人の増加）。ケース 2 の

表 2-2-1　新駅設置による駅別の需要予測結果（単位：人/日）

	群馬総社駅	八木原駅	新　駅	合　計	増　加
現　　状	1,500	1,000	－	2,500	0
新駅設置後 1	1,419	809	495	2,723	223
新駅設置後 2	1,419	809	596	2,824	324

新駅設置後 1 ：新駅のみ設置（ケース1）
新駅設置後 2 ：人口の増加分を新駅周辺に配置（平成32年：1,942人増加、ケース2）

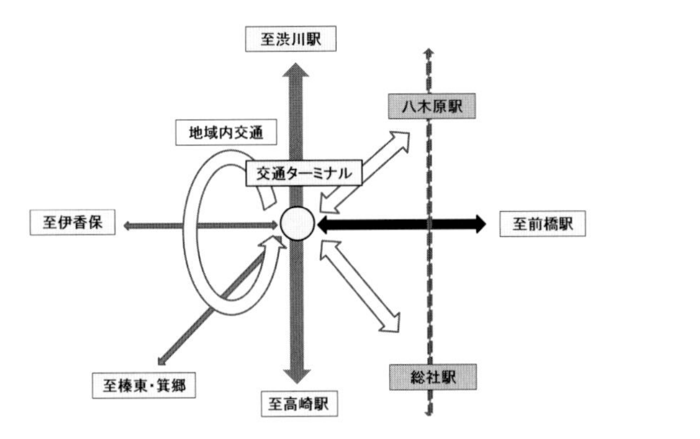

図 2-2-5　幹線バス方式（交通ターミナル設置）

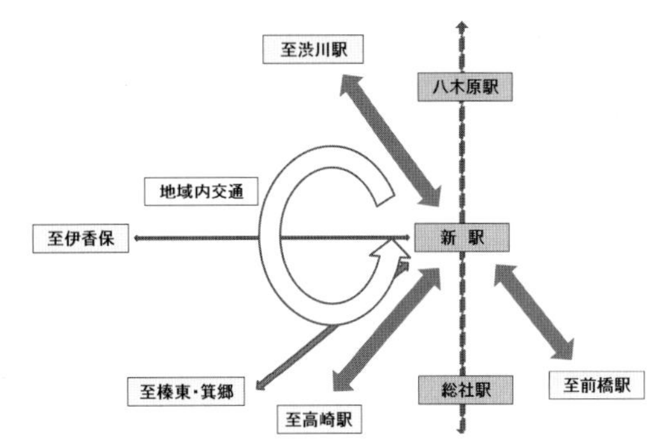

図 2-2-6　新駅設置方式

場合は、新駅の利用者だけが増加し、596 人となりました（全体では 324 人の増加）。以上の結果から判断して、新駅設置による利用者の増加はそれほど認められないことが分かります。

吉岡町は群馬県内でも数少ない人口増加自治体であり、その傾向は今後とも続くものと考えられます。しかし、現状では無秩序な土地開発の進行に伴う土地利用の混在化のためにスプロール的な土地利用となっており、道路や下水道などの都市施設の整備を考慮すると必ずしも望ましいことではありません。従って、今後は人口増加に合わせて計画的な市街化の誘導と土地利用誘導方策の検討が不可欠です。吉岡町における公共交通再編を検討する上で必要なことは、吉岡町の将来像を見据えてどのようなまちづくりを目指すかにあるものと思われる。そのためには以下のような流れに沿って検討を行うことが望まれます。

①増加する人口対策として、土地利用規制と誘導により人口集中地区（都心核）を形成する。なお、都心核として現状では役場付近（**図 2-2-5**）が望ましいが、新駅を想定するならば新駅周辺（**図 2-2-6**）を検討する。

②都心核の周辺に都市機能を集約する。

③都心核を中心とした公共交通の再編を行う。

> 吉岡町においては、新駅設置に関する要望がありますが、新駅設置には用地費や建設費、JR のシステム変更などの費用が合計で 10 億から 20 億程度必要となります。また新駅ができたとしてもその恩恵を直接的に受けられるのは駅から 2～3km 程度です。従って、吉岡町の多くの地区では新駅ができても現状と大きく変わることはありません。しかし、新駅の建設を契機として町の都市構造を大きく変革するのであれば検討する価値があるかと思います。そのためには、吉岡町の将来のあるべき姿についての合意形成が必要となります。

参考文献

塚田伸也・湯沢昭・森田哲夫：吉岡町を事例とした公共交通の整備方向に関する検討，第 34 回交通工学研究発表会論文集，pp.437-444，2014

２－３　群馬のバス交通の復活

(1) 群馬のバスの現況

群馬県に来県した人に、「群馬ってバス全然ないね」「車ないと動けないね」など言われたり、あるいは聞いたりしたことはないでしょうか。前橋市や高崎市などの中核市では、本来、バスが大活躍をしてもらわなければいけないのです。こうした状況は全国で同じなのでしょうか。皆さんは最近バスを利用したことはありますか。「そもそもバス路線やバス停がない」「時間通り来ない」「料金が高い」「どこに行くにも駅経由で時間がかかる」「ドア・トゥ・ドアじゃない」「荷物があったら乗車が大変」「スピードが遅い」「バス運行終了の時間が早すぎる」などなど不平不満を日常のように聞きます。ではバスは要らないものなのでしょうか。バス路線の廃止、休止などが実施されると地元から強い反対が起こることがしばしばです。どんなまちにおいても、誰でも手頃な料金を支払えば自由に利用できる乗り物「公共交通」が必要だということは共通認識としてあると思います。群馬県の公共交通はどのような利用状況で、他のまちに比べてどうなっているのでしょうか。

道路運送法（**表 2-3-1**）では、バスは乗合バスと貸切バスに分類されます。群馬県には乗合バス事業者として 29 の事業者があり、系統数は 707 系統です。546 台の車両が、年間 29,247（千km）もの距離を走り、約一千万人を運んでいます（平成 26 年度）。**表 2-3-2** は、平成 26 年度の群馬県と関東近県の乗合バスの利用状況を示したものです。群馬県は他県に比べて 1 日 1 車あたりの走行距離が長く、輸送人員が少なく、かつ営業収入も 4 県の中では最下位となっています。長い距離を走るのにも関わらず乗客が少なく、運行効率が低い状態となっています。

バス輸送は、長い間需要と供給のバランスを図るため様々な制度や参入に対して規制を行ってきました。その目的は、過当競争を防ぐこと、安全性の確保、路線の維持と住民サービスの確保とされています。しかし、時代の変遷とともに都市への人口集中や地方の過疎化、そしてモータリゼーションの進展による自動車の普及等により、特に地方を中心としたバス輸送の経営環境は悪化してしまいました。こうした現状から、政府は平成 14 年 2 月に様々な規制の見直しや廃止などを行いました。

路線バス（乗合バス事業）の事業参入については、需給調整規制を前提とした免許制から、輸送の安全等に関する資格要件をチェックする許可制へ移行し、退出（路線の廃止）については 6ヶ月前までの事前届出制になりました。運賃・料金制については認可制（運送事業を営むものが料金を決め、大臣の認可を受けるという形）から、上限認可制の下での事前届出制（上限運賃は国土交通大臣が認可して、範囲内では届出のみ申請する制度）に改められました。この制度変更により特に地方都市では、バス路線の休廃止が加速し、住民の交通手段の確保が社会問題となりました。また、平成 18 年 10 月には改正道路運送法が施行され、それまでの路線定期運行（バス路線と時刻を定めて定期的に運行する形態）に加えて、路線不定期運行（運行路線は定めるが時刻は不定期）、区域運行（運行路線を定めず旅客の需要に応じて運送を行う形態）が新たに定められ、これにより多様なバス運行が可能となりました。

表 2-3-1　道路運送法による旅客自動車運送事業の分類

<table>
<tr><td rowspan="6">旅客自動車運送事業</td><td rowspan="3">一般乗合旅客自動車運送事業</td><td>路線定期運行</td><td rowspan="5">法4条許可</td></tr>
<tr><td>路線不定期運行</td></tr>
<tr><td>区域運行</td></tr>
<tr><td colspan="2">一般貸切旅客自動車運送事業</td></tr>
<tr><td colspan="2">一般乗用旅客自動車運送事業</td></tr>
<tr><td colspan="2">特定旅客自動車運送事業</td><td>法43条許可</td></tr>
<tr><td rowspan="4">自家用有償旅客運送事業</td><td rowspan="2">市町村運営有償運送</td><td>交通空白輸送</td><td rowspan="4">法79条登録</td></tr>
<tr><td>市町村福祉輸送</td></tr>
<tr><td colspan="2">公共交通空白地有償運送</td></tr>
<tr><td colspan="2">福祉有償運送</td></tr>
<tr><td>【例外許可】
一般貸切旅客自動車運送事業者及び一般乗用旅客自動車運送事業者による乗合旅客運送</td><td colspan="2">1. 災害の場合その他緊急を要するとき
2. 一般乗合旅客自動車運送事業者によることが困難な場合において、一時的な需要のために国土交通大臣の許可を受けて地域及び期間を限定して行うとき</td><td>法21条許可</td></tr>
</table>

表 2-3-2　群馬県周辺の県の乗合バス実働状況と人口密度等（平成 26 年度）

	実働1日1車あたり			人口 （人）	面積 (km^2)	人口密度 （人/km^2）
	走行距離(km)	輸送人員(人)	営業収入(円)			
群馬県	198	68	30,296	1,973,476	6,362.28	310.2
栃木県	162	141	34,110	1,974,671	6,408.09	308.2
茨城県	155	116	37,401	2,917,857	6,097.06	478.6
山梨県	152	126	30,611	835,165	4,465.27	187.0

(2) 群馬県と全国のバス利用状況

東京や大阪などの大都市では鉄道や地下鉄、モノレールや新交通システムなどが運行されていますが、群馬県などの地方都市では鉄道と路線バスが主な公共交通機関です。前橋市や高崎市などの都市部や中山間地域において公共交通として最も適しているのはバスです。ではバスなどの交通機関の利用状況はどのようになっているのでしょうか。交通機関別の利用実態について全国旅客流動調査を基にグラフにしたものが**図 2-3-1**（群馬県）と**図 2-3-2**（全国）です。一般的にバス輸送のピークといわれるのは昭和 40 年前半です。群馬県では、昭和 40 年の路線バスの分担率（全交通機関に占める比率）は 53.3%（全国は 32.0%）であったのに対し、平成 21 年には 0.7%（全国は 4.7%）まで減少しました。一方で、自家用車の分担率は昭和 40 年には 7.5%（全国は 5.5%）が、平成 21 年には 93.9%（全国は 66.0%）と路線バスの利用が急激に減少し、逆に自家用車の分担率が上昇していることが分かります。これは群馬県のみならず地方都市に共通している傾向ですが、群馬県は特にその傾向が著しい結果となっています。

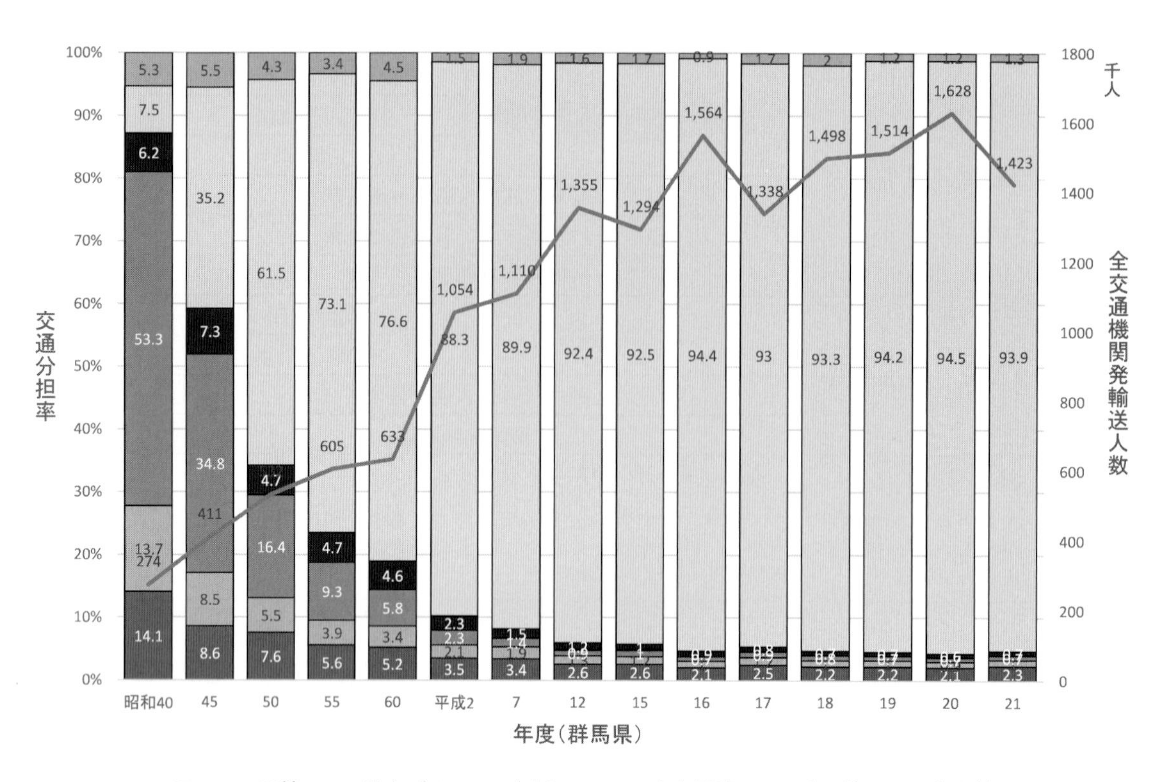

図 2-3-1　交通分担率の推移（群馬県）

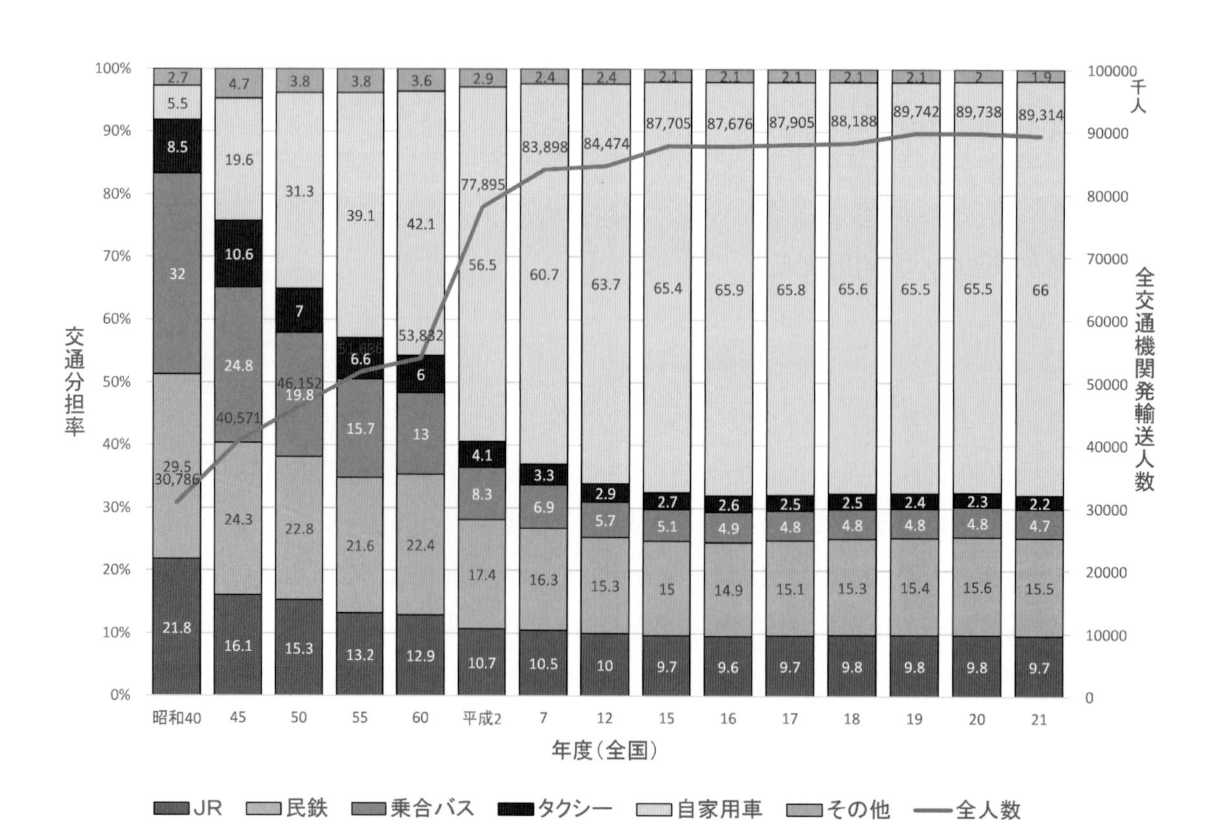

図 2-3-2　交通分担率の推移（全国）

(3) バス交通の復活

バスは、交通需要が少ない地方都市においては代替不可能な公共交通です。タクシーは料金の問題が伴いますし、路面電車を新規に敷設するには入念な計画と大きな費用、住民の合意形成を得てから完成までに長い時間を要します。また鉄道が事故や災害などで不通になった場合の代替交通手段はバスです。ここ数十年の経過を見ますと自動車の普及に伴いバス利用者は減少し、バス事業者は収入の減少分を利用料金の増加で補おうとしました。需要が減少したなら本来料金は下げなければならなかったのです。利用者が減少したことで、事業者は運行便数を減らすことで対処し、バスの不便さと自動車の普及が相まって交通渋滞が増加し、バスの定時性はいよいよ低下し、バスサービスへの住民の信頼性はさらに下がってしまいました。渋滞を引き起こす原因は、低速で運行し道路を大きく占有するバスとされ、自家用車の発達が加速されていくといった負の連鎖が起きてしまいました。

しかしバスは復権しつつあります。このまま消滅してしまうのではないかと思われたバスも、過去の動きを行政、学識者経験者、事業者、そして住民が反省し、原点に立ち返る形バスが復権しつつあるのです。利用状況にあわせて、車両メーカーは魅力に富んだ新たな小型バスの開発を進めました。また東京都武蔵野市で始まった「ムーバス」の成功はバスの運行方式に一石を投じました。「交通需要に応じて運行すればよいのではないか？」と実に自然な発想で始まったデマンド型交通（デマンドバス）など、近年、地域の実態に合わせバスの運行形態が変化してきているのです。こうした様々な人々の努力により、ここ数年バス路線の大きな減少は見られなくなってきています。高齢者の自動車運転による交通事故の増加などにより運転免許返納制度も進みつつあります。こうした状況で路線バスがなくなってしまうことは地域にとっても高齢者にとっても大きな痛手となり、一度失ってしまえば復活する可能性はほとんどなくなります。

路線バスをはじめとする地域公共交通を維持するには、地域住民が自分たちの公共交通機関を自分たちで利用し自分たちで維持しようとする動きが大切です。そのために行政はその動きを調整し促すこと、そして住民も地域の未来を踏まえて建設的な論議に積極的に参加することが大切です。

地域の路線バスを維持するためには、自分たちの公共交通機関を自分たちで利用し自分たちで維持しようとする意識が大切です。地域の公共交通の計画に、住民の積極的な関わりを促すよう行政や事業者が一体となって進めることが大切です。

参考文献

関東運輸局：統計資料平成 26 年度版，http://wwwtb.mlit.go.jp/kanto/cgi-bin/youran_cgi/list.cgi，2017 年 1 月 5 日参照

石井一郎・湯沢昭・岩立忠夫・他：交通計画，森北出版，2000

2-4　コミュニティバスの導入経緯とトランジットモール

(1)コミュニティバス「マイバス」の導入経緯

平成11年3月に前橋市で開催された「都市交通・まちづくりを考えるシンポジウム」の中で基調講演を行った黒川洸氏（当時、東京工業大学教授）の「21世紀のチャレンジ～やるか前橋・できるか前橋～」がきっかけとなって、市民主導型の都市交通に関するワークショップ(以下、WS)が誕生しました。従来、住民参加型のまちづくりは様々な場面で行われてきましたが、住民参加型は行政の政策立案と意思決定のプロセスにどの程度関与できるかが鍵となっており、①情報の公開や提供（市民広報誌やメディアの利用）、②住民との協議（住民説明会などの開催）、③住民の意思決定過程への参加（アンケートや市民会議など）、④住民との協働（WS の開催など）、⑤住民への権限移譲、⑥住民による開発・管理、のような段階に分けることができます。このような住民参加の重要性が指摘されてきた背景には、①まちづくりは地域に住む住民が主役であるという本質論、②地域住民の協力なくしては事業が円滑に進まないという手法論、③対立型の開発運動だけでは現実に地域を守れないという運動論まで、様々な立場での経験やプロセスがあります。しかし、住民参加型はあくまでも行政の補助的な役割を担っているものであり、市民主導型は、市民が中心となり現状の課題の抽出や計画の策定などを主導的に行い、行政は補助的な役割を担うことが求められます。

前橋市におけるコミュニティバスの導入にあたっては、市民主導型の WS が中心となって、計2回の前橋都市交通 WS 開催と WS の結果に基づいてコミュニティバスの運行に関する2回の社会実験が行われました。そして、当時歩行者専用道路であった「銀座通り」をトランジットモール化するための安全対策について警察及び地元商店街との協議を経て、平成14年6月7日からコミュニティバス「マイバス」の本格運行が開始されました（**図2-4-1**）。トランジットモールとは、自動車の通行を制限し、路面電車やバスなどの公共交通機関だけが通行できる形態の歩車共存道路を指し、欧米などでは公共交通機関として LRT（Light Rail Transit：次世代型路面電車）が運行されています。我が国においては、前橋市以外に金沢市や姫路市などで導入されています。

平成11年8月から10月にかけて第一回前橋都市交通 WS が開催され、参加メンバーは公募市民49名、行政職員10名であり、参加者を6グループ分けし、グループごとにテーマを決めて討論を行いました（**表2-4-1**）。

第2回前橋都市交通 WS は、平成12年6月から9月にかけて実施され、第1回前橋都市交通 WS で提案された「コミュニティバスの導入計画」を検討するために開催され（公募市民18名、学識経験者3名、行政職員6名）、計5回の WS が行われました（**表2-4-2**）。なお、コミュニティバスの導入にあたっては、「高齢者等の交通弱者への対応を基本として、広域的アクセスにも考慮し、より多くの人が市街地にアクセスしやすく、中心市街地の活性化をサポートする」とする共通認識の下で検討を行うことにしました。WS 開催期間中には、先進地視察や中心市街地周辺のタウンウォッチング等の実施し、より具体性のある提案に向けて議論が進められました。また、WS の成果については、一般市民を対象とした報告会を実施し、最後に各グループの提案内容を市長に答申しました。なお、各グループの答申内容の中で、バスルートについては多様な計画案が提示されましたが、各グループの共通事項としては、以下の 3 点があげられました。①乗車料金はワンコイン（100 円均一）。②中心市街地の運行（当時、歩行者専用道路であった「銀座通り」を通行）。③運行間隔は 15 分から 20 分とする。

計 2 回の WS の開催にあたって行政は、会場の設営や事務的な手続きに終始し、議論の内容や具体的なバスルート選定などについては市民主体で決定されました。これは前述した「④住民との協働」から「⑤住民への権限移譲」への第一歩であると思われます。このような都市交通問題に市民が参加する意義としては、「まちづくりは地域に住む住民が主役であるという本質論」として位置づけられることができます。

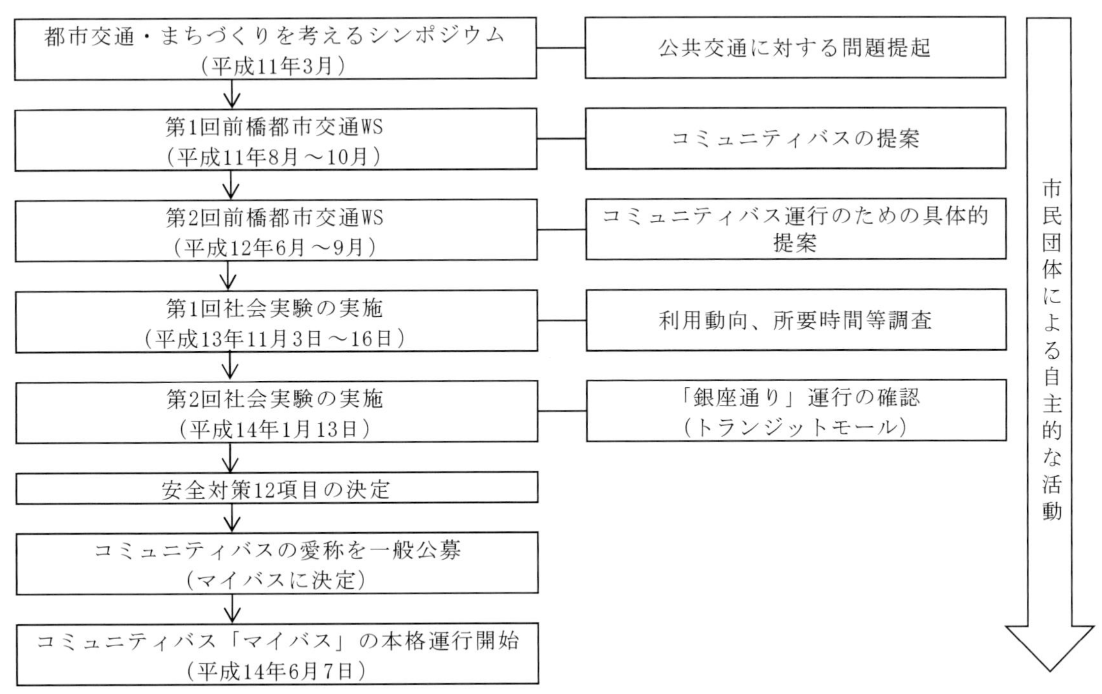

図 2-4-1　コミュニティバス「マイバス」の導入経緯

表 2-4-1　第 1 回前橋都市交通ワークショップの概要とグループ別の討議内容（平成 11 年）

目的	前橋市が抱えている「高齢化」「地球環境問題」「中心市街地の活性化」等の問題に対して、都市交通の観点から出来ることを市民と考える。
参加者	59名（公募市民49名、行政職員10名）

開催月日	項目	概要
8月7日	第1回定例WS	顔合わせ、グループ分け、ファシリテーターの選出、テーマ作成
8月28日	第2回定例WS	グループ討議
9月11日	第3回定例WS	タウンウォッチング
9月25日	第4回定例WS	グループ討議
10月9日	第5回定例WS	発表会準備1
10月23日	第6回定例WS	発表会準備2
10月30日	WS結果発表会	グループ別の発表

グループ名	討議内容
グループ1	車社会からの転換策
グループ2	市街地の活性化
グループ3	交通弱者への配慮
グループ4	環境問題への対応
グループ5	都市の交通システム
グループ6	交通利便性の向上

表 2-4-2　第2回前橋都市交通ワークショップの概要（平成12年）

目的	第1回前橋都市交通WSで提案されたコミュニティバス導入について、その具体的ルート、サービスレベル等を市民とともに考える。
参加者	27名（公募市民18名、学識経験者3名、行政職員6名）

開催日時	項目	概要
6月10日	第1回定例WS	顔合わせ、グループ分け、ファシリテーターの選出、テーマ作成
7月1日	第2回定例WS	グループ討議
7月15日	先進地視察	武蔵野市（ムーバス）、渋谷（東急トランセ）
7月22日	第3回定例WS	グループ討議
8月5日	第4回定例WS	タウンウォッチング
8月26日	第5回定例WS	グループ討議
8月下旬	報告書作成	グループ毎に報告書作成
9月30日	WS結果発表会	報告書の提出と結果発表会

(2) コミュニティバス運行のための社会実験の実施とトランジットモールの導入

図 2-4-1 にも示したように第2回前橋都市交通 WS で各グループから提案のあった内容について行政部局間での調整や実現可能性などの検討を行い、本格運行にあたっての課題等を検討する目的で社会実験を実施することになりました。社会実験の意義としては、①実社会における問題解決の有効性の検討、②住民に対する問題解決策の体験的周知、③住民からの意見表明とそれによる問題解決修正の機会提供、④それらの成果としての合意形成、などです。

歩行者専用道路である銀座通り（延長約 600m）の通行については、交通管理者や沿線商店街からの理解が得られなかったため、銀座通りを迂回する形で第1回の社会実験が行われました（**図 2-4-2**）。実験は平成 13 年 11 月 3 日から 16 日までの 2 週間であり、実験概要は以下の通りです。

①ルート：前橋中心市街地を共通経路とした北循環と南循環の 2 路線（両路線共に約 7km）であり、運行方向は各路線ともに一方向（北循環が右回り、南循環は左回り）

②運行時間帯：始発が 9 時、最終便発が 16 時 40 分（2 路線共に 20 分間隔で運行）

③料金：100 円均一（未就学児は無料）

④使用車両：29 人乗りの小型バスを 4 台使用（北循環、南循環共に各 2 台）

第 1 回の社会実験では、歩行者の安全性の観点から歩行者専用道路である銀座通りを迂回する形でルートを設定しましたが、歩行者への安全性や沿線商店街への影響を確認する目的で、第 2 回の社会実験を実施することになりました。すなわち銀座通りのトランジットモール化の検討を主目的としました。実験は平成 14 年 1 月 13 日の 1 日だけであり、また実験は**図 2-4-2** に示す銀座通りの走行（20 分間隔で計 19 回走行）のみとしました。なお、実験時には本格運行後に予定されているものと同型の車両を使用し、実験時の主な調査は銀座通りを歩行している人を対象としたバス走行による歩行者の安全性の確認です。実験に先立っては、沿線の商業関係者の理解を十分に得た上で通行実験を行いました。評価方法としては、バスの運行を実際に確認してもらった上で、歩行者から銀座通り通行の賛否について回答してもらいました。その結果、全体では約 6 割の人が賛成しており、安全性の確保（条件付き賛成）が担保できれば 75%の人が通行可となりました。計 2 回の社会実験の結果を踏まえて、バスルートやサービスレベル（運賃や本数）の検討を行い、最終的な運行内容が決定されました。銀座通り（歩行者専用道路）ついては、12 項目の条件付きで交通管理者や沿線商店街から理解を得ることができ（**表 2-4-3**）、平成 14 年 6 月 7

日からマイバスの本運行が開始されました（北循環線と南循環線の 2 路線、**写真 2-4-1**）。さらに平成 19 年 11 月 15 日からは西循環線が、平成 24 年 1 月 6 日からは東循環線が新たに運行を開始し、現在前橋市内には 4 路線のマイバスが運行されています。

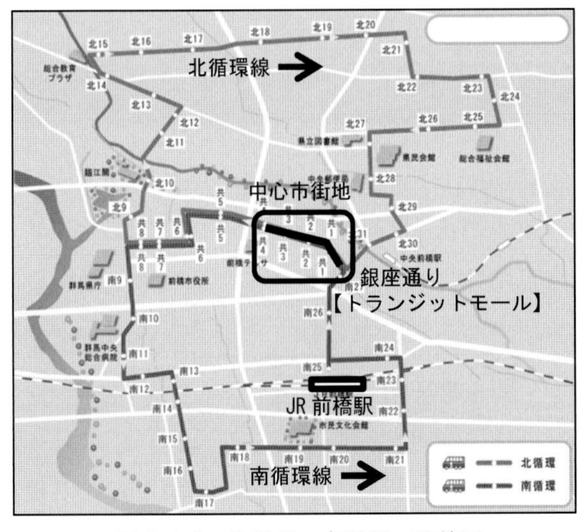

図 2-4-2　北循環・南循環の路線図

写真 2-4-1　銀座通りを走行するマイバス

表 2-4-3　歩行者専用道路（銀座通り）運行のための安全対策

①	銀座通り内の走行速度は10km/h以内とする
②	バスの走行帯を路面上に明示する
③	路面にバス停の表示を行い、乗降時における歩行者との接触防止を図る
④	横断幕、看板等によりバスのみが通行可能であることを周知する
⑤	バス接近の注意喚起のため、ヘッドライトの点灯を行う
⑥	商店街に違法侵入・駐車の防止、路上の商品および駐輪自転車の整理を行う
⑦	市街地における祭り開催時等、あらかじめ多数の人出が予想される場合は迂回運行を行う
⑧	バス接近の注意喚起のためチャイムを鳴らす
⑨	広報誌によりバス運行および安全対策を周知する
⑩	チラシ等を作成し、バス運行および安全対策を周知する
⑪	運行後当分の間、銀座通りに設置されているスピーカーを使用しバスの運行を歩行者に周知する
⑫	運行後当分の間、銀座通りに人員を配置し安全確保および違法侵入車両防止に万全を期す

（注）⑧～⑫は運行開始から1ケ月程度実施

> 地域公共交通の導入にあたっては、地域特性や住民ニーズを把握し、自分たちの交通を「作る」「守る」「育てる」といった意識をもって、検討段階から運行にいたるまで、市民が主役となった市民主導型の活動が重要です。また取り組みにあたっては、地域が運営主体となり、行政が運営内容の検討や利用促進にあたっての取り組みを支援するなど、「地域」「交通事業者」「行政」の三者が連携を図りながら取り組んでいくことが必要となります。

参考文献

湯沢昭・宮本佳和・阿部浩之：前橋コミュニティバスの導入経緯と本格運行後の現状と課題，日本地域政策研究、Vol.1，pp.105-112，2003

2-5　群馬県内のデマンドバスの運行状況

(1) デマンドバスの運行形態

最近、デマンドバスという言葉を聞くようになってきました。正確には、デマンドバスとはデマンド型交通のことで、英語ではDRT（Demand Responsive Transport：需要応答型交通システム）と呼ばれています。その言葉の通り需要（予約）に応じて運行する交通機関であり、需要（予約）がなければ運行はされません。また、路線バスのように予め決められた路線を決められた時刻に運行するものではありません。デマンドバスと一口にいっても様々な運行形態があります。デマンドバスはこの方式をどのタイプにするかでその成否が決まるといっても過言ではありません。そしてデマンドバスが必ずしも財政難に悩む地方自治体にとっての救世主たる公共交通機関とは言えないことを示していきたいと思います。デマンドバスの分類は様々に考えられますが、ここでは4つに分類する方法を提案したいと思います（図2-5-1)。

①時刻固定・路線固定型（タイプ0）

定時・定路線型ともいい、通常の路線バスと同様に出発時刻と路線が決められ、所定のバス停で乗降を行いますが、予約がなければ運行しない方式です。特徴としては、次に示すタイプⅠと似ていますが、時刻表のとおり運行する点が異なります。導入の目的としては空バスの運行を解消することが可能ですが、デマンド型交通としての効果は高くはありません。

②時刻固定・路線迂回型（タイプⅠ）

定時・迂回型ともいい、定時・定路線を基本として、予約に応じて所定のバス停まで迂回、もしくは定路線の一部しか運行しない方式です。このタイプは大きく二つの運行方式に分けることができます。一つは、定められた路線の沿線に予め迂回バス停を設け、迂回バス停に需要がある場合のみ運行路線を変更する方式です。この場合の問題点はダイヤの調整です。運行路線の途中で迂回バス停から需要が発生した場合、そのための往復に要する時間が必要となり、予め時刻表にはそのための時間を考慮する必要があります。一方、迂回需要が無い場合には迂回バス停までの所要時間を途中のバス停で調整しなければなりません。ただし、バス路線の終点からの延伸バス停の需要は、終点からの折り返し出発時刻が需要の有無に係わらず予め調整可能であるため問題はありません。もう一つは、前述したタイプ0の改良版で、需要がある場合にのみ運行するのは同様ですが、乗客の希望するバス停間のみを運行するもので、走行距離の短縮効果があります。

③時刻固定・路線非固定型（タイプⅡ）

最も多く採用されている方式で、出発時刻はあらかじめ決められていますが、運行ルートやバス停は設けず指定エリア内で予約があった場所を巡回しドア・トゥ・ドアのサービスを提供する運行形態です。この方式の最大の特徴は、ドア・トゥ・ドアサービスが提供可能であるという点です。よって、移動制約者にとっては利便性の高い方式です。また出発時刻が固定されているため、同じ発車時刻の需要をまとめることで効率的な運行が可能となります。課題は、需要が多くなった場合、手作業による運行事務処理が困難となり、ITなどを活用した運行システムの導入が必要となる場合もあります。

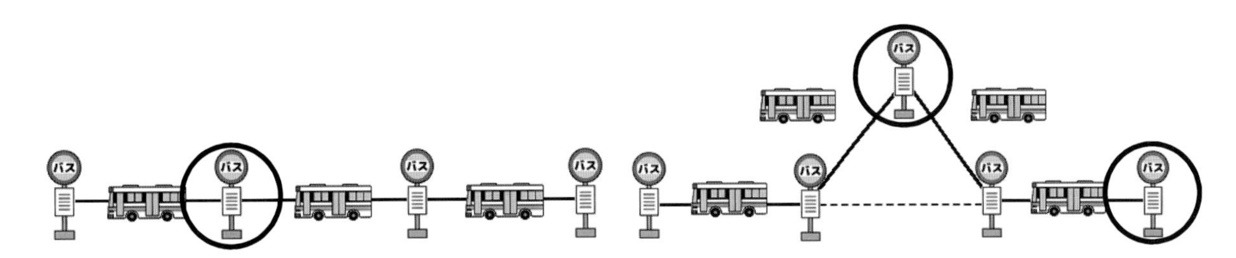

①タイプ0：時刻固定・路線固定型　　②タイプⅠ：時刻固定・路線迂回型

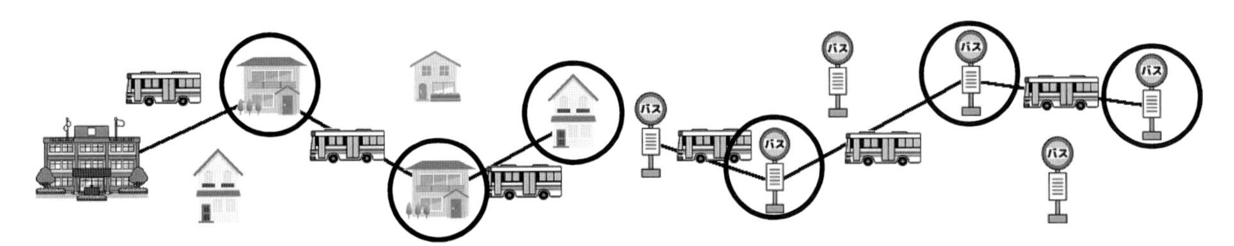

③タイプⅡ：時刻固定・路線非固定型　　④タイプⅢ：時刻非固定・路線非固定型

図 2-5-1　デマンド型交通（デマンドバス）の分類

④時刻非固定・路線非固定型（タイプⅢ）

この方式は、出発時刻と運行ルートは決められておらず、予め設定した所定のバス停間を需要に応じて最短ルートで結ぶ運行方式です。利用者は乗車を希望する時刻と乗車バス停、降車バス停、乗車人数などをオペレータに連絡し、最適な配車計画を立て、乗車時刻を利用者に連絡する方式です。地域内に多数のバス停を設置することで、自宅からバス停までの距離を短縮することが可能となります。配車計画をリアルタイムで実施するためには高度な運行システムの導入が不可欠となります。問題点としては、相乗り率（同時に乗車している乗客数）の低さがあげられます。本方式で採用している運行システムの多くは「ゆとり時間」を取り入れて車両の運行計画を行っています。例えば既に決定された運行状況において、新たな需要がバス停Cで発生した場合に、「バス停A→バス停B」の利用者の所要時間が「バス停A→バス停C→バス停B」と変更されます。この場合の増加時間の上限をゆとり時間としています。従って、ゆとり時間を少なく設定した場合には、相乗り率が低下し、逆に多く設定すると相乗り率は上昇しますが利用者の利便性（所要時間の増加など）低下につながることになります。

(2) デマンド型交通の課題と運行システムの導入

デマンド型交通の最大の特徴は、需要の有無により運行時刻や運行経路を自由に変更可能な点にありますが、逆にこのことが目的地への到着時刻の不明瞭になってしまうという問題もあります。また、既存の路線バスとの路線競合も極力さけなければなりません。従って、デマンド型交通の導入を検討する場合、地域の路線バスやタクシーなどの公共交通の運行実態や住民の交通行動などを十分に検討し、導入の可否や運行形態の決定をする必要があります。合わせて運行システムの導入もそれ相当の導入費用がかかるため充分な検討が必要です。

前述したタイプⅢで、配車計画をリアルタイムで実施するためには運行システムの導入が不可欠となり、システムの内容としては、インターネット環境の整備はもちろんのこと、GPSによる車両の位置情報、需要に応じた最適経路の算出や車両への情報提供などを処理可能な運行システムが必要となります。運行システムの導入にあたっては初期費用として1,500万円前後、またオペレータの人件費とシステムの保守管理費用として年間400万円程度が必要との報告もあります。

(3) 群馬県内におけるデマンド型交通の運行状況

表2-5-1 ならびに**表2-5-2**は、群馬県内におけるデマンド型交通の導入一覧示したものです。タイプ0については県内に導入実績はありません（平成26年4月現在)。収支率をみると4%から21%です。これに対し、群馬県内の市町村乗合バスの平均収支率は29%（平成24年度）です。また、群馬県内の市町村乗合バスの平均損益額は426円/人ですが、表からデマンド型交通の一人あたりの経常損益額は583円〜6,446円です。自治体の補助の総額としては減少しますが、デマンド型交通の平均収支率としては路線バスと比較して低いことが分かります。

表2-5-1 群馬県内デマンド型交通の分類（その1）

名称区分		タイプⅠ		タイプⅡ		
方式		時刻固定・路線迂回型		時刻固定・路線非固定型		
地域特性	運営主体	富岡市	安中市	甘楽町	藤岡市	中之条町
	運行区域	デマンド対象4路線	デマンド対象2路線	町内全域	三波川地区 鬼石地区	伊参・赤坂 栃窪・横尾 市城・青山
	運行区域面積(km²)	123	101	59	53	237
	当該地区人口(人)	51,757	47,159	13,760	6,120	3,115
	高齢化率(%)	26.8	28.0	26.8	24.3	33.4
運行特性	運行主体	タクシー会社	タクシー会社	タクシー会社	タクシー会社	中之条町
	実証運行開始年月	—	—	H25.6.1	—	—
	本格運行開始年月	H21.4.1	H23.7.10	H26.4.1	H20.10.1	H22.11.1
	事前登録	無	無	有	有	有
	配車システム	無	無	無	無	無
	車種・運行台数	特定大型車 4台	特定大型車 2台	セダン型タクシー 2台	特定大型車 1台	小型バス (14人乗り)2台
	運行本数(本/日)	バスの運行本数	6便(午後のみ)	10便	5便	11便
	運行日	月〜土	月〜土	毎日	月〜金	月〜土
	乗降方法	バス路線上	バス路線上	ドア・ツー・ドア	ドア・ツー・ドア	ドア・ツー・ドア
	予約締切時間	前日	前日	発車30分前	発車30分前	前日
	運賃	距離運賃	200〜300円	300円	200〜300円	300円
運行実績	年間利用者(人)	401	3,172	10,000	1,486	6,821
	一便当たりの利用者数(人)	—	1.4	2.4	1.2	3.4
	経常費用(千円)	411	22,121	12,700	7,103	8,420
	経常収入(千円)	57	1,674	2,100	358	1,461
	収支率(%)	13.9	7.6	16.0	5.0	17.4
	一台当たりの経常損益(千円)	—	10,224	5,300	6,745	3,480
	一人当たりの経常損益(円/人)	883	6,446	1,060	4,539	1,020

（注）・運行実績は、一部を除き平成24年度の値である（前橋市（富士見地区）と桐生市（黒保根町全域）は平成25年度の実績値）
・富岡市は、定時・定路線の一部（4路線）にデマンド区間を含み、経常費用・経常支出はデマンド区間のみの値である
・安中市は、午前中は定時・定路線であり、午後はデマンド運行となる。
年間利用者数・経常費用・経常収入はいずれも定時・定路線（午前中）を含む値である
・甘楽町は、平成26年4月1日から本格運行（試験運行は平成25年6月1日）を開始しているため、
年間利用者数・経常費用・経常収入は平成26年4月〜7月までの4カ月間の値を3倍した

表 2-5-2　群馬県内デマンド型交通の分類（その 2）

名称区分		タイプⅢ					
方式		時刻非固定・路線非固定型					
地域特性	運営主体	太田市	みどり市	前橋市		桐生市	
	運行区域	市内全域	市内全域	大胡・粕川 宮城地区	富士見地区	新里町内全域	黒保根町全域
	運行区域面積(㎢)	176	208	67	38	36	102
	当該地区人口(人)	220,407	52,067	37,717	23,118	17,131	2,206
	高齢化率(%)	21.6	22.8	23.9	22.4	29.0	30.3
運行特性	運行主体	タクシー会社	タクシー会社	タクシー会社	バス会社	タクシー会社	タクシー会社
	実証運行開始年月	―	―	H18.7.15	H24.12.16	H24.4.1	H25.4.1
	本格運行開始年月	H22.1.1	H21.3.24	H19.1.1	H25.11.26	H25.4.1	H26.4.1
	事前登録	有	無	無	無	無	無
	配車システム	無	有	有	有	無	無
	車種・運行台数	特定大型車 8台	特定大型車 4台	特定大型車 4台	小型バス2台 (15人乗り)	セダン型 タクシー2台	特定大型車 1台
	運行本数(本/日)	—	—	—	—	—	—
	運行日	月～金	毎日	毎日	毎日	毎日	毎日
	乗降方法	バス停方式	バス停方式	バス停方式	バス停方式	ドア・ツー・ドア	ドア・ツー・ドア
	予約締切時間	前日	無(随時)	無(随時)	無(随時)	希望30分前	希望30分前
	運賃	100円	300～400円	200円	200円	300円	300円
運行実績	年間利用者(人)	20,582	35,491	38,964	12,584	12,578	6,400
	一便当たりの利用者数(人)	1.1	—	—	—	1.3	1.6
	経常費用(千円)	50,000	41,822	28,959	15,161	15,851	10,000
	経常収入(千円)	2,000	8,588	6,237	1,946	3,126	1,300
	収支率(%)	4.0	20.5	21.5	12.8	18.9	13.0
	一台当たりの経常損益(千円)	6,000	8,309	5,681	6,608	6,363	8,700
	一人当たりの経常損益(円/人)	2,332	936	583	1,050	1,012	1,359

（注）・運行実績は、一部を除き平成24年度の値である（前橋市（富士見地区）と桐生市（黒保根町全域）は平成25年度の実績値）
・富岡市は、定時・定路線の一部（4路線）にデマンド区間を含んでおり、経常費用・経常支出はデマンド区間のみの値である
・安中市は、午前中は定時・定路線であり、午後はデマンド運行となる。
年間利用者数・経常費用・経常収入はいずれも定時・定路線（午前中）を含む値である
・甘楽町は、平成26年4月1日から本格運行（試験運行は平成25年6月1日）を開始しているため、
年間利用者数・経常費用・経常収入は平成26年4月～7月までの4カ月間の値を3倍した
・太田市は、デマンドバスの利用条件として市内在住の65歳以上に限定している

デマンド型交通は財政難に苦しむ地方自治体にとっての救世主ではありません。路線バスと比較しても運行効率はよいとは言えません。どのようなタイプが適しているか、また地域の交通ニーズは本当にデマンド型交通によって充足されるのか十分な検討が必要です。

参考文献

目黒力・湯沢昭：デマンド型交通の運行形態と導入の課題検討－群馬県を事例として－，日本地域政策研究，Vol.16，pp.82-89，2016
林光伸・湯沢昭：デマンドバス導入のための需要予測と運行形態の評価に関する一考察，都市計画論文集，Vol.41，No3，pp.55-60，2006

第３章　新たな公共交通とかしこい車の使い方

３－１　自家用有償運送による新たな展開

(1) 自家用有償運送とは

道路運送法では、自動車を使用し有償で他人を運送する場合、輸送の安全や旅客の利便を確保する観点から原則としてバスやクシー事業の許可が必要とされています。平成18年10月の道路運送法改正（**表3-1-1**）において新たに第79条で、バス、タクシー事業では十分な輸送サービスが提供されず移動制約者の輸送が確保されていない場合、公共の福祉を確保する観点から、市町村バスやNPO法人等による有償運送が法的に位置づけられました（**表3-1-1**）。自家用有償運送としては、市町村が独自に運行する市町村運営有償運送（交通空白輸送と市町村福祉輸送）、NPO法人や社会福祉協議会などが運営する福祉有償運送や公共交通空白地有償運送（従来は過疎地有償といっていました）があります。中でも福祉有償運送や公共交通空白地有償運送は、一人では公共交通機関を利用することが困難な移動制約者に対するドア・トゥ・ドア（あるいはドア・トゥ・ドアに近い）の個別輸送サービスが自家用有償運送と言えます。ドア・トゥ・ドアの輸送と言えば当然タクシーがあげられますが、高齢者などの移動制約者にとって日常生活で利用するには料金がハードルとなります。また、バスでの移動は即時性の面やドア・トゥ・ドアとは言いがたく、移動制約者等が満足する十分な移送サービスを提供することが困難となっています。こうした中で、福祉有償運送や公共交通空白地有償運送などの自家用有償運送は、それらを補う目的で低料金かつ即時性に優れ、ある程度のドア・トゥ・ドア移送を可能にするサービスとして位置づけられています。

自家用有償運送の全国的普及状況はどうなっているのでしょうか。**図3-1-1**は、全国の自家用有償運送の登録状況を示したものです。人口や高齢化率などを考慮しても均一な分布とは言い難いのです。登録件数は東高西低の傾向があり、都道府県によって登録状況には差があることが分かります。法改正後福祉有償運送は、急激な登録数の伸びを示しましたが、その後は維持から微減の状態です。

表3-1-1　道路運送法における自家用有償運送の区分

種別		内容
市町村運営有償運送	交通空白輸送	市町村内の過疎地域等の交通空白地帯において、市町村自らが当該市町村内の住民の運送を行うもの
	市町村福祉輸送	当該市町村の住民のうち、身体障害者、要介護者等であって、市町村に会員登録を行った者にたいして、市町村自らが原則としてドア・ツー・ドアの個別輸送を行うもの
福祉有償運送		NPO法人等が要介護者や身体障害者等の会員に対して、実費の範囲内で、営利とは認められない範囲の対価によって、乗車定員11人未満の自動車を使用して、原則としてドア・ツー・ドアの個別輸送を行うもの
公共交通空白地有償運送		NPO法人等が過疎地域等において、当該地域の住民やその親族等の会員に対して、実費の範囲内で、営利とは認められない範囲の対価によって運送を行うもの

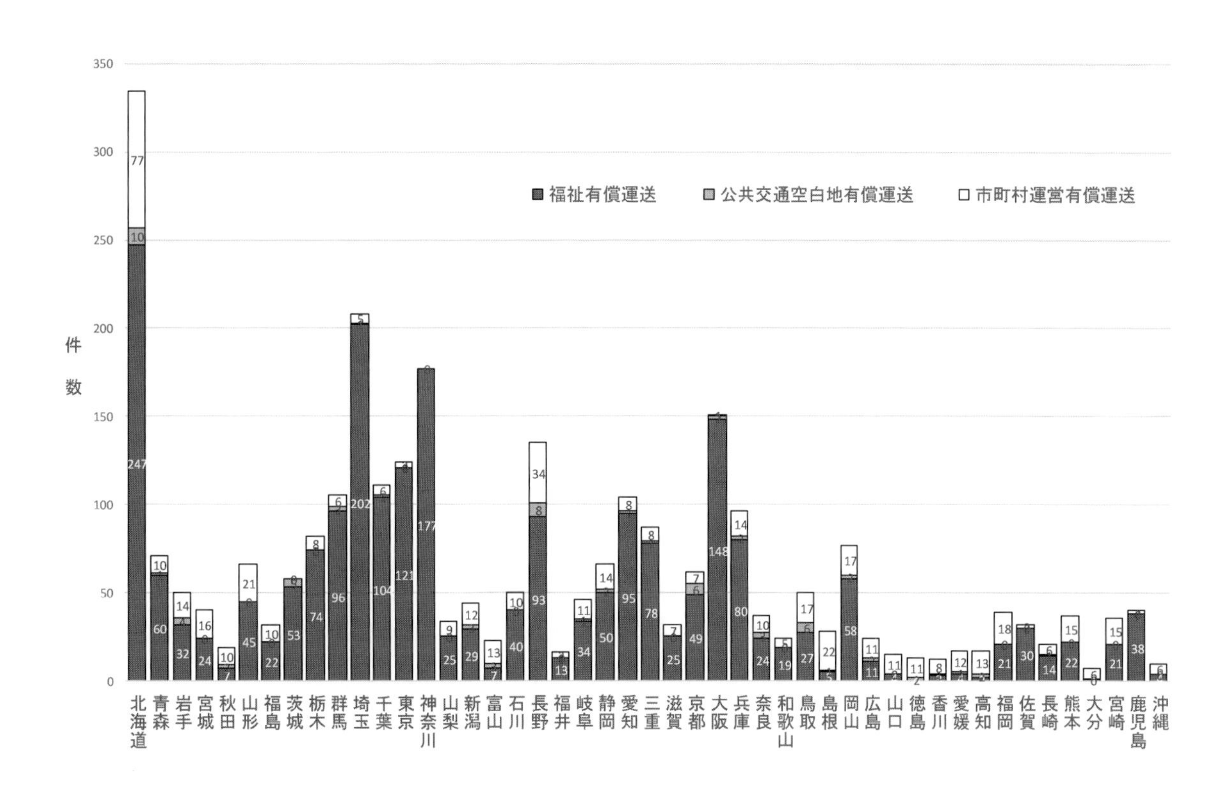

図 3-1-1 都道府県別自家用有償運送登録件数（平成 22 年度）

また、公共交通空白地有償運送は、さほど登録数は伸びず現況として十分な移動成約者の移動手段になっているとは言いがたい状況です。次に、市町村運営有償運送、福祉有償運送、公共交通空白地有償運送について見てみます。

(2) 市町村運営有償運送

市町村運営有償運送とは、市町村が住民の生活を確保するために自ら行う自家用有償運送とされています。市町村運営有償運送は、交通空白輸送と市町村福祉輸送に区分されています。

①交通空白輸送：交通空白輸送とは、バス事業者の撤退等により公共交通がなくなった地区に市町村自らがバスの代替となる自家用有償旅客運送を行うことです。群馬県内では平成 27 年度末現在、6 市町村で実施されています。

②市町村福祉輸送：市町村福祉輸送とは、身体障害者、要介護者等の移動を確保するために、市町村が自らタクシーの代替となる自家用有償旅客運送を行うことです。群馬県内では市町村福祉輸送は実施されていません（平成 27 年度末現在）。

(3) 福祉有償運送

福祉有償運送は、社会福祉法人や NPO 等が、身体障害者、要介護者等の移動を確保するため営利とは認められない範囲内の対価によって、乗車定員数 11 人未満の自家用自動車を利用して旅客運送を行うこととされています。福祉有償運送の主な要件は**表 3-1-2** に示した通りです。群馬県内の福祉有償運送は平成 27 年度末現在 101 事業所が展開しています。端的に言えば障害者や

表 3-1-2　福祉有償運送と公共交通空白地有償運送の概要

	福祉有償運送	公共交通空白地有償運送
実施主体	一般社団法人または一般財団法人、認可地縁団体、農業協同組合、消費生活協同組合、医療法人、社会福祉法人、商工会議所、商工会、営利を目的としない「権利能力なき社団」	
必要性	運営協議会において、その必要性について合意が得られていることが必要 1. タクシー事業者等による福祉輸送サービスが提供されていないか、直ちに提供される可能性が低い場合 2. タクシー事業者等は存在するものの移動制約者の需要量に対し供給量が不足していると認められる場合	運営協議会において、その必要性について合意が得られていることが必要 1. タクシー事業者等による輸送サービスが提供されていないか、直ちに提供される可能性が低い場合
運営協議会	運送の必要性、条件等について判断するために設置 市町村主宰が基本、必要に応じ、複数市町村の共同主宰、または都道府県の主宰も可能。	
運送の対象	次の者のうち他人の介助によらずに移動することが困難であると認められ、単独でタクシーなどを利用することが困難な者であって、運送しようとする旅客の名簿に記載されている者及びその付添人 1. 身体障害者福祉法第４条に規定する身体障害者 2. 介護保険法第19条第１項に規定する要介護認定を受けている者 3. 介護保険法第19条第2項に規定する要支援認定を受けている者 4. その他肢体不自由、内部障害、知的障害、精神障害、その他の障害（発達障害、学習障害を含む）を有する者	・当該地域内に在住する住民及びその親族、そのほか当該市町村に日常の用務を有するものであって、運送しようとする旅客の名簿に記載されている者及びその同伴者 ・市町村長が認めた来訪者または滞在者
運送区域	運営協議会で協議が調った市町村を単位とし、旅客の運送の発地又は着地のいずれかが区域内にあること。	
使用車両	乗車定員11人未満の福祉自動車（寝台車、車いす車、兼用車、回転シート車）およびセダン等福祉自動車（寝台車、車いす車、兼用車、回転シート車）セダン等（透析患者、精神障害者又は知的障害者のみを運送する等の場合）運転者による持ち込み車両も可能。	乗車定員11人以上の自動車、もしくは乗車定員11人未満の自動車。福祉車両を含む。運転者による持ち込み車両も可能。
運送の対価	実費の範囲であり、営利と認められない範囲 タクシーの上限運賃の概ね1/2の範囲内（運送の対価を運送の対価以外の名目で収受し、範囲内に抑えるなどの操作は認められない）。距離制・時間制・定額制から選択。旅客にとって明確であること。運営協議会において協議が調っていること。	実費の範囲であり、営利と認められない範囲。タクシーの上限運賃の概ね1/2の範囲内。距離制・時間制・定額制から選択。旅客にとって明確であること。運営協議会において協議が調っていること。
運転者	第２種免許を受けており、その効力が停止されていない者 第１種免許を受けており、かつ、その効力が過去２年以内において停止されていない者であって、国土交通大臣が認定する講習を修了している者。	
管理者の専任	５台以上の場合、安全運転管理者の専任が必要	乗車定員11人以上の自動車1台以上、もしくは乗車定員11人未満の自動車５台以上の場合、安全運転管理者の専任が必要。

高齢者に対して廉価な形でドア・トゥ・ドアの移動サービスを行うもので、利用料金は概ねタクシー料金の半額が利用料金の上限とされています。

(4) 公共交通空白地有償運送（過疎地有償運送）

従来は過疎地有償運送と呼ばれていましたが平成27年4月の改正において名称が改められ公共交通空白地有償運送と呼ばれるようになりました。過疎地域及び準過疎地域と呼ばれる地域では、タクシー事業者や路線バスなどの公共交通がなかったり、バス停までの距離が遠かったりバスの本数が少なくて使いづらいなど、日常生活の移動に不自由を感じている人がいます。これらの人は、家族や近所の人に目的地まで乗せて行ってもらうなどで移動していると思います。こうした善意での送迎を正式に位置づけたのが公共交通空白地有償運送であり、無料ではなく料金をしっかり取ってもらうことで（廉価ですが）地域に目指した持続可能な交通を目指しており、自治会や NPO 等の地元に密着した団体が許可を得た上で行うことができます。なお、公共交通空白地有償運送の主な要件は**表 3-1-2** に示す通りであり、群馬県内の公共交通空白地有償運送は 4 地域で運行されています（平成 27 年 4 月現在）。

(5) 自家用車有償運送の課題

道路運送法改正により華々しいデビューを飾った自家用有償運送ですが現状では課題も見えてきました。元々日本版 ST（Special Transport）サービスの導入を目指して始まったとも言われています。ST サービスとは欧米などで行われていた高齢者・障害者に特化したドア・トゥ・ドアの移動サービスのことです。現在では自家用有償運送は、廃止や撤退する事業者もあらわれています。問題点は以下のようなことがあげられます。

①事業登録までの手続きやシステムが大変

事業を開設しようと思っても地区の運営協議会にかけねばなりません。自家用車有償運送事業によって本来ある路線バスやタクシー事業などが共倒れになる可能性もゼロとは言えませんので、こうした行政や関係者が集まって参入に弊害はないかを検討し合意しなければいけません。この合意を得る事は決してハードルが低いわけではなく、新規参入が難しい現状にあります。

②利用料金が廉価すぎる

タクシー事業者でさえ非常に厳しい経営状況を迫られている中でその半分という料金は本来どうやっても維持することは困難なのです。多くの事業所が、医療法人や社会福祉法人が主体あるいは併設しているのは、こうした事業単独での収益は考えていないとも言えます。

③利用登録をしなければならない

自家用有償運送を利用するには原則登録制です。事業者が定めた利用要件を満たさなければなりません。これは他の公共交通と競合しないためにもやむを得ないのかもしれませんが、公共交通とは言い難いのです。本来公共交通とは「だれでも自由に廉価で輸送してもらえる」ものなのです。平成 27 年の道路運送法改正により「来訪者」でも利用可能となりましたが、利用登録の要件を満たすことは極めてハードルが高いのです。

自家用有償運送を地域に根ざした持続可能な公共交通とするために、現存する公共交通機関との競合を避け、共栄する形にすることが大切です。これは行政、事業者、関係団体、利用者などが連携してサービスを補完するにはどうすべきか知恵を出していく必要があります。

参考文献

目黒力・湯沢昭：地域理学療法における福祉有償運送の活用とその課題, 理学療法科学, Vol.31, No.1, pp.131-135, 2016

3－2　高齢者や障害者の外出支援としてのグループタクシーの導入

(1) 地方都市の現状と課題

地方都市における公共交通機関としては、鉄道や乗合バスが主なものであり、中でも乗合バスは地域住民の足として重要な役割を担ってきました。しかし、自動車の急激な普及によりバス利用者は減少し、その結果バス路線の廃止や運行本数などの削減、運賃の上昇などを招き、これが更なる利用者の減少に拍車をかけることになりました。

一方、自動車の利用が困難な世帯や公共交通不便地域に居住する高齢者や障害者にとっては、日常生活における交通手段の確保が大きな社会問題となっています。特に今後は高齢者の自動車免許保有率が上昇し、高齢者は自動車を「乗れなくなるまで乗る」といった事態が想定されるため、自動車の運転が困難になった段階で日常生活を営むことが困難となります。さらに高齢者による交通事故件数は年々増加傾向にあります。本格的な少子高齢社会を迎え、地方都市における外出支援のあり方について抜本的な対策を検討することが求められています。本節では、タクシーに着目し、高齢者や障害者などの移動制約者を対象とした外出支援のための新たな交通サービスの方法としてグループタクシーの導入について検討を行います。

(2) グループタクシーとは

グループタクシーとは、通常のタクシーを複数人で利用することにより一人あたりの負担額を低減させる方法です。道路運送法では、乗合バスやデマンドタクシーなどは一般乗合旅客運送事業に分類されており、不特定多数の乗客の乗合が認められています。しかし、ここで提案するグループタクシーは一般乗用旅客運送事業に該当するため、不特定多数の乗客の乗合は許可なく運行することはできません。導入のメリットとしては、乗合バスやデマンドタクシーは、利用者の有無にかかわらず運転手と車両を常に確保しておく必要がありますが、グループタクシーは需要がある場合だけ通常のタクシー車両を使用することになるため費用を抑えることができます。またタクシー車両を利用するため、戸口から戸口までの移動が可能であり、高齢者や障害者にとっては非常に利便性の高い運行システムであると言えます。

(3) グループタクシー導入のための実証実験の実施

グループタクシーの導入にあたっての課題を検討する目的で実証実験を行いました。実証実験は前橋市城南地区であり、前橋市の東南に位置しています（**図 3-2-1**）。この地区には乗合バスの路線はありますが、路線や運行本数が限定されており、前橋市内では公共交通空白地域に位置づけられています。また地区内には大規模商業施設や総合病院が少なく、買物や通院には不便な地区でもあります。この実証実験の目的は、公共交通不便地区におけるグループタクシーの導入可能性と利用効果を把握することが目的であるため、特に利用者の条件は設けませんでした（ただし、参加者は全員 65 歳以上の高齢者）。グループタクシーの利用方法は次の通りです（**図 3-2-2**）。

①利用者は集合場所（集会所や公民館など）に指定された日時に集まってもらい、そこからタク

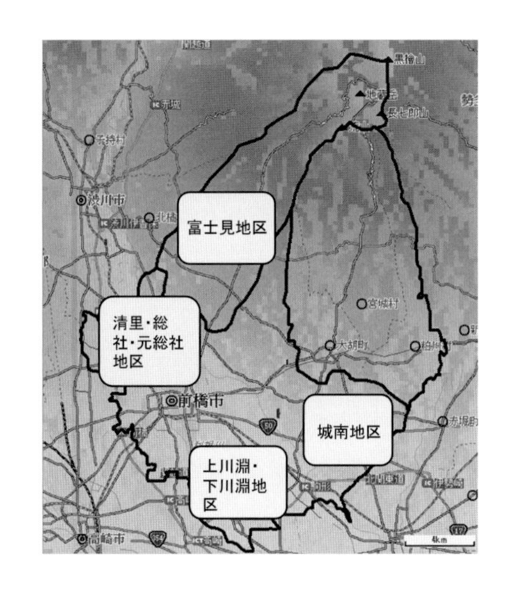

図 3-2-1　実証実験の位置

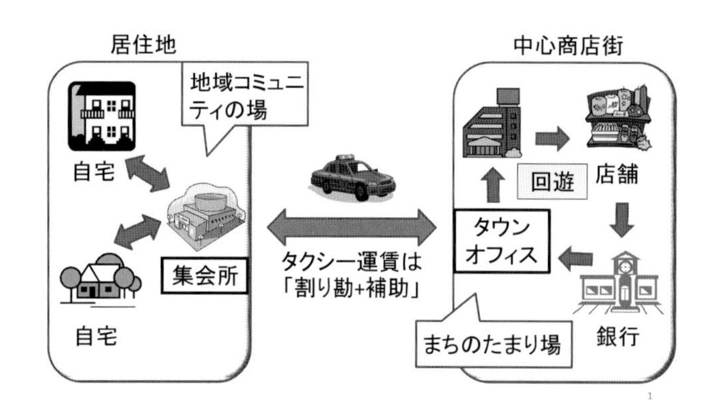

図 3-2-2　グループタクシーの利用方法

表 3-2-1　城南地区における実証実験結果

	平成25年5月	平成25年7月	平成25年8月	平成25年9月	平成25年11月
対象自治会	荒子町	二之宮町	安全安心部会	鶴が谷町	泉沢町
集合場所	集落センター	二之宮神社	城南公民館	鶴が谷町公民館	泉沢町公民館
目的地	商業施設	日帰り温泉	前橋市中心街	商業施設	商業施設
距離	11.2km	4.5km	8.7km	10.1km	8.9km
利用人数	26人	10人	9人	13人	8人
車両台数	特定大型2台 普通2台	普通3台	特定大型1台	特定大型1台 普通1台	特定大型1台
往路・復路	往復利用	往復利用	往路のみ利用	往復利用	往復利用
タクシー料金	41,870円	13,440円	4,030円	16,590円	9,050円
個人負担額	13,000円	5,000円	2,250円	6,500円	4,000円
収支	-28,870円	-8,440円	-1,780円	-10,090円	-5,050円
片道500円補助の場合の個人負担額（片道）	305円	172円	0円	138円	66円

シーで目的地へ移動。②目的地では食事や買物などをしてもらう　。③帰りは指定された時間に指定場所までタクシーに迎えに来てもらい帰宅する（参加者の自宅まで送る）。

表 3-2-1 は、実証実験の結果を示したものであり平成 25 年度中に計 5 回実施しました。またグループタクシーの本格運行後は行政による補助と個人負担を前提としているため、参加者からは一回あたり 500 円（往復）の費用負担を求めました。表から明らかなように個人負担額が一人あたり往復 500 円であることから、いずれの実験ともに収支は赤字となっていることが分かります（運行経費との差額分は大学の研究費から支出）。例えば行政から片道 500 円の補助があるとした場合の個人負担額は片道で 0 円から 300 円程度になり、現状のバス料金と比較しても半額以下に抑えることが可能となります。ただし、これらの実証実験では、車両として特定大型車（運転手を含めて乗車人員は 11 名未満）を使用したため、タクシー料金を低く抑えることができました。

図 3-2-3 は、実証実験の参加者（計 66 名）を対象として参加理由を聞いた結果であり（三つまで複数回答）、「友達や仲間と一緒に外出できるから」が最も多く 53.1%、次いで「自宅周辺まで送迎してくれるから」が 48.4%、「目的地でしたいことがあったから」が 43.8%となっています。この結果からグループタクシーの利用効果としては、単なる移動手段ではなく参加者間の仲間意識の向上につながっていることが分かります。

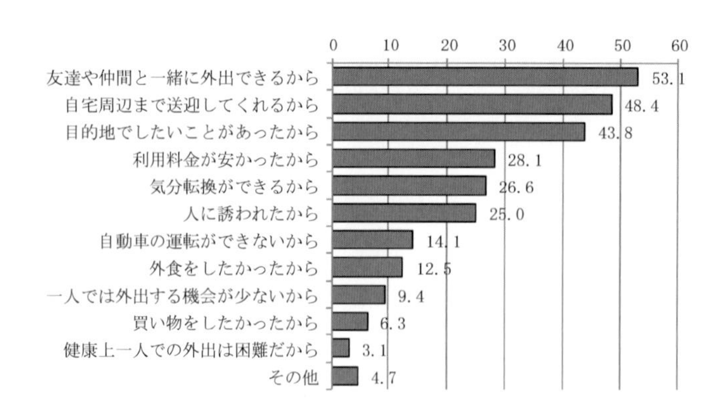

図 3-2-3 グループタクシー実証実験への参加理由

(4) グループタクシーの導入にあたっての課題

グループタクシーは高齢者や障害者の外出支援のための方法です。実際の導入にあたっては行政からの財政支援が不可欠であり、以下に示すような課題があります。

①導入地域の検討：基本的には公共交通不便地区の解消が目的であるため、既存の鉄道や路線バスの運行状況などを考慮して決定する必要があります。

②利用者の交付条件：交付条件としては、年齢や障害状況、運転免許の有無や既存の公共交通機関からの距離などを考慮する必要があります。

③利用料金：グループタクシーの利用者が負担する料金の支払い方法としては、定額制と距離による変動制があります。定額制を採用する場合には利用可能な地区を限定することが必要となるため、比較的狭い範囲での運行が適しています。変動制の場合は、行政による負担額が一定となるため、利用距離によっては、利用者の負担額が大きくなることが考えられます。

④申請方法と利用方法：申請方法としては、個人による申請とグループによる申請が考えられます。本来グループタクシーはその名称の通り複数人での利用を前提としていますが、実際の利用においては個人利用が大半を占めているという結果もあります。

(5) 前橋市におけるグループタクシー（マイタク）の導入

前橋市では平成28年1月23日からグループタクシー（愛称：マイタク）の運行を開始しました（**表 3-2-2**）。グループタクシーの導入検討にあたっては、庁内に「前橋市全市域デマンド化研究会」を組織し、平成24年5月から導入の可否や運行方法などについて検討を行いました。当初の導入目的としては、「前橋市内全域に対し、利用者の要求に対応して運行する形態（以下、デマンド交通という）による交通手段の導入を調査・検討し、公共交通の利便性向上と利用促進につなげる」、すなわち前橋市内全域にフルデマンド方式の交通システムを導入することについて検討を行うことでした。しかし、フルデマンド方式については研究会の委員や交通事業者などから反対意見が続出し、結果的に当初の目標であったフルデマンド方式の交通システムの導入は諦め、既存のタクシーを活用したグループタクシー方式を採用することになりました。本来グループタクシーは高齢者や障害者のための外出支援を目的とし、また運行地域としては公共交通空白地域の解消を図るものではありますが、前橋市において市内全域での運行を決定しました。

グループタクシーの導入にあたっては、既存の路線バスへの影響やグループタクシー利用者の実態等を把握するために実証実験を行いました。実証実験は、市内の 3 地区（富士見地区、清里・総社・元総社地区、上川淵・下川淵地区、**表 3-2-2**）で実施し、本格運行に至りました。

表 3-2-2 前橋市におけるグループタクシー（マイタク）の導入経緯と利用条件

研究会名称		前橋市全市域デマンド化研究会
研究会委員構成		学識経験者5名、行政委員4名
当初の実施目的		前橋市内全域に対し、利用者の要求に対応して運行する形態（以下、デマンド交通という）による交通手段の導入を、調査・検討し、公共交通の利便性向上と利用促進につなげる
当初の運用方法		前橋市内全域を対象としたフルデマンド方式の交通システムを導入する
研究会の開催状況		平成24年5月18日の第1回から平成28年5月24日まで10回開催
主な意見等	研究会委員	・過度なサービスの提供は課題がある ・広大な市域をカバーし、効率よく運用できるかを検討する必要がある ・財政的な負担が大きくなることが懸念される ・乗合バスやタクシーに与える影響が大きすぎる
	交通事業者	・デマンド運行は定時性が確保されず利用者離れに拍車がかかる ・運賃面で高い自主路線の利用者が減少し路線バスの衰退につながる ・タクシーでは、定時・大量輸送が困難になる ・民間事業としてのバス事業およびタクシー事業に過度な圧迫を与える ・前橋市全市域デマンドバス運行の構想を一旦白紙に戻すこと
運行方法に関する結論		高齢者や障害者などの交通弱者のための外出支援の必要性は認められたものの、フルデマンド方式の採用は課題が大きすぎると判断し、グループタクシーの導入について実証実験の結果を踏まえた上で本格運行を実施する
変更後の実施目的		人口減少社会や高齢化社会を迎え、既存の公共交通機関では利用が難しく、外出したくても出来なかった市民に、多く外出していただく機会を提供するため、既存のタクシーを活用した新たな公共交通サービスを全市域に導入する
実証実験の実施 （図3-2-1参照）		・富士見地区（平成26年3月1日～4月30日の60日間） ・清里・総社・元総社地区（平成26年10月25日～12月24日の61日間） ・上川淵・下川淵地区（平成27年3月1日～4月30日の61日間）
利用可能地区		前橋市全域（乗車地・降車地のいずれか一方が前橋市内である運行でも市の支援対象とする）
利用対象者		前橋市に住民登録があり、次の登録条件のいずれかに該当する人 ・年齢75歳以上の方 ・年齢65歳以上で運転免許証（普通・中型・大型免許）をお持ちでない方 ・下記のいずれかの該当者 ①身体障害者　②知的障害者　③精神障害者　④発達障害者　⑤要介護・要支援者 ⑥難病患者　⑦妊産婦 ・運転免許証を自主返納した方
支援内容		・登録者が同乗した場合（2人以上の相乗り利用の場合は一人一乗車につき最大500円を支援） ・登録者が一人で乗車した場合は、タクシー運賃の半額を支援（上限は1,000円） ・一人一日2回まで利用可能 ・一人が支援を受けられる年間上限回数は120回 ・前橋地区タクシー協議会に所属する事業者の車両を利用した場合に限って支援対象 ・利用可能時間帯は、7時から18時まで
グループタクシーの愛称		マイタク
本運行開始日		平成28年1月23日

新たな交通システムの導入にあたっては、関係機関との調整や既存の公共交通機関への影響を十分考慮する必要があります。前橋市では当初フルデマンド方式の交通システムの導入を目指しましたが、交通事業者や検討会の委員の中からも導入に対する疑問の声が大きく、結果的にはタクシーを使用したマイタクになりました。交通政策はともすれば政治的背景の中で決定されることもありますが、地域の実情や既存の公共交通の状況を十分に踏まえた上で、決定することが望まれます。

参考文献

目黒力・湯沢昭：高齢者・障害者のための外出支援の現状と対策，日本建築学会計画系論文集，Vol.80，No.714，pp.1843-1852，2015

3-3　コミュニティサイクルを活かしたまちづくり

(1)コミュニティサイクルとは

コミュニティサイクルとは、環境にやさしく健康にもよい自転車を使った新しい交通システムです。従来はレンタサイクルが一般的でしたが、近年は多くの都市でコミュニティサイクルの導入が進んでいます（平成25年12月現在、全国の54都市で本格導入。国土交通省調べ）。レンタサイクルとコミュニティサイクルの違いは、**図3-3-1**に示すように都市内に設置された複数のサイクルポートであれば自由に貸し出し・返却が可能な点です。またレンタサイクルは貸し出し時間の制限が設けられていますが、多くのコミュニティサイクルはいつでも利用可能です。

コミュニティサイクルは鉄道やバスなどの公共交通機関の補助交通機関としての役割を担っており、その導入効果としては、まちなかの回遊性向上、都市内観光（アーバン・ツーリズム）の増加、放置自転車や違法駐輪の削減、CO_2削減よる環境改善などがあります。群馬県内でコミュニティサイクルを導入しているのは高崎市の「高チャリ」があります（**写真3-3-1**）。「高チャリ」は、高崎駅の西口エリアを中心に全部で16のサイクルポートが設置されており、利用料金は無料で買物やまちなか観光などに利用されています（9時から22時まで利用可能）。

(2)富山市におけるコミュニティサイクルの運用実態

コミュニティサイクルシステム（以下、CCSと称す）を本格導入している都市の事例として、ここでは富山県富山市を取り上げます。富山市は環境モデル都市として、「公共交通を軸としたコンパクトなまちづくり」によるCO_2排出量の大幅な削減を目指す中で、特に過度な自動車利用の見直しが大きな焦点となっていました。そこで、近距離の自動車利用の抑制を促し、CO_2排出量の削減を図るとともに、中心市街地の活性化や回遊性の強化を目的として、平成22年3月に情報通信技術を駆使したCCSを導入しました。

富山市のCCSは、自転車市民共同利用システム（愛称：アヴィレ）と呼ばれ、シクロシティ㈱によって運営されています。自転車台数は150台、自転車の貸出返却場所（以下、ポートと称す）は17ヶ所あり、24時間365日いつでもどこでも自転車が利用できます。登録料金は日額300円、月額700円（鉄道会社のICカード乗車券と連携して利用する場合は月額500円）です。利用料金は、30分以内は何度利用しても無料で、31分以降は登録料金とは別に利用時間に応じて課金されるシステムです。30分以内の利用料金を無料にすることで、短時間の利用を促進し自転車を多くの登録者で共用するというCCSのコンセプトに沿った設定だと言えます。

富山市のCCSの月別利用回数と1日平均利用回数を**図3-3-2**に示します。冬季（12～3月）は降雪により物理的に利用が難しいため利用回数は減少する傾向にありますが、それ以外の季節の利用は1日に120から180回程度利用されていることが分かります。また、富山市中心部の道路は、自転車の案内標識や路面標示が統一的かつシンプルな自転車歩行者道が整備されているため、自転車走行空間が非常に分かりやすく歩行者にとっても安全な空間です。CCS利用者を対象に行ったアンケート調査結果によると、CCS導入による交通手段の転換としては、徒歩からの転換が

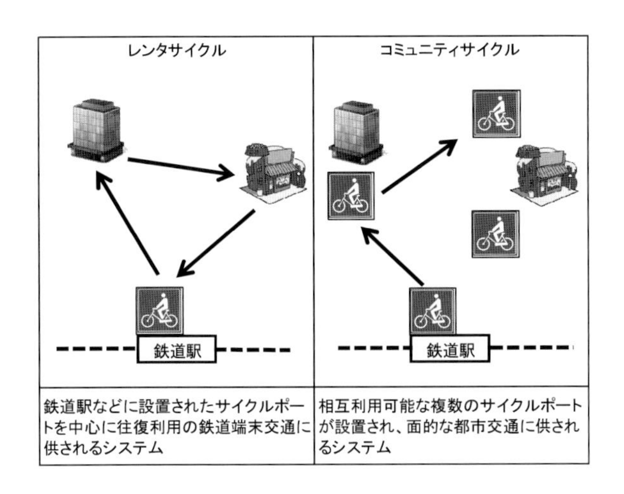

図 3-3-1　レンタサイクルとコミュニティサイクル

写真 3-3-1　コミュニティサイクル（高チャリ）

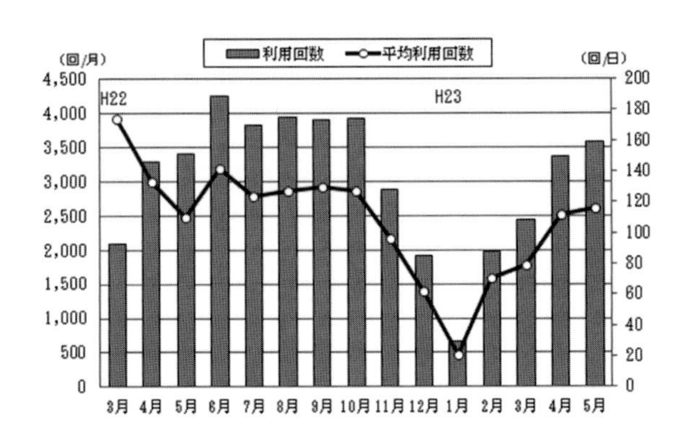

図 3-3-2　富山市の CCS の月別利用者数

写真 3-3-2　ポートに設置された屋外広告（富山市）

60%と最も多く、次いで自動車からの転換が 9%、自転車からの転換が 8%と比較的多い結果となっています。自動車からの転換を図ることができれば、CO_2 などの温暖化ガスの排出削減が期待でき、また自転車からの転換であれば、放置自転車や違法駐輪の削減や駐輪場整備の負担軽減が期待できます。さらに、「CCS がなければ移動していない」が 8%という結果から外出機会の創出と捉えることができ、中心市街地活性化への寄与が期待できます。このように CCS は、公共交通として期待される機能や効果を十分備えていると言えますが、CCS の運用に関しては次のような課題があります。

①CCS 事業は、利用者からの利用料や登録料の収入だけでは運営することは困難であり、安定した収入が期待できる屋外広告事業や自転車への広告掲載などが必要となります（**写真 3-3-2**）。

②ポートの設置場所としては、利用者から視認性が高く、設置間隔としては 300m 程度が望ましいとされています。その理由としては、市内中心部を高密度に網羅することにより利用者の様々な移動需要に対応可能であり、またポートの利用台数の偏りや不測の事態によってポートが使用できなくなった場合、隣接するポートが相互に補完できるためです。

(3) 前橋市における新たな交通システムとコミュニティサイクルの導入可能性

前橋市は、平成 17 年の自転車利用推進スーパーモデル地区指定（全国 3 都市、前橋市、神奈川県横浜市、埼玉県所沢市）を契機に、機動性が高く健康にも環境にもやさしい自転車を日常生活

表 3-3-1　CCS の主な導入都市とその概要

都市名	富山県富山市	岡山県岡山市	広島県広島市	埼玉県川越市
名称	アヴィレ	ももちゃり	のりんさいくる HIROSHIMA	川越市まちなか レンタサイクル
位置づけ	本格導入	本格導入	社会実験	社会実験
運営主体	シクロシティ㈱	中央復建コンサルタンツ㈱ ㈱IHIエスキューブ	日本コンピュータ ダイナミクス㈱	㈱ペダル
タイプ	通勤・通学兼観光型	通勤・通学兼観光型	通勤・通学兼観光型	観光型
自転車台数	150台	140台	150台	60台
自転車形式	三段変速機付26インチ	三段変速機付20インチ	三段変速機付20インチ	三段変速機付20インチ
ポート数	17箇所	17箇所	11箇所	8箇所
利用可能時間	24時間	24時間	5:00-翌1:00 (返却は24時間可)	24時間
利用料金	1日　300円(30分以内) 月額　700円(30分以内)	1回　100円/60分 1日　200円(60分以内) 月額　1,000円(60分以内)	1回　100円/30分 3日間　500円(30分以内) 月額　1,000(30分以内)	1日　200円(30分以内) 月額　1,000円(30分以内) 5回利用　300円(30分以内)
追加料金	31分～60分　200円 61分以降30分毎　500円	100円/30分毎	100円/30分毎	200円/30分毎
導入費用	約2億円 (補助金 1.5億円)	約1億円	約1.5億円	約3千万円 (補助金 約1.5千万円)

の移動交通手段として普及させるために、放置自転車対策や自転車道等のネットワーク整備など、自転車利用環境の整備への取り組みを強力に推進しています。さらに、第 9 次前橋市交通安全計画では、歩行者及び自転車の安全確保の具体的な対策として、生活道路や市街地の幹線道路において、自動車や歩行者と自転車利用者の共存を図ることができるよう、自転車走行空間の確保を積極的に進めることが必要であるとしています。しかし、前橋市内には自転車と歩行者を完全に分離する自転車道や自転車専用通行帯（以下、自転車レーンと称す）は未整備です。その結果、人口 10 万人あたりの自転車乗用中の死傷者数の都市別順位（全国 289 都市、平成 15 年から平成 24 年までの 10 年間の平均値）において前橋市は 9 位と上位に位置しています。

前橋市では平成 23 年 3 月からの 3 ヵ月間、歩行者と自転車が安全に安心して走行できる空間を確保するともに、自転車レーンと車道の分離方法の検証や今後の自転車歩行者道等整備等の整備手法を検討するために、JR 新前橋駅前交差点から東へ約 260m の区間において自転車レーンの社会実験を実施しました。その結果、自転車レーン設置により「走行が快適になった」「今後自転車レーン整備を進めたほうが良い」「歩行者との分離で安心して通行できた」などの評価が高い結果となっています。一方で、「自転車レーン走行中危険を感じた」「自転車レーンを走行する自転車に危険を感じた」と回答した割合は 3 割から 4 割程度あったため、自転車レーンを整備するだけでなく、同時に自転車運転者の利用マナーを徹底させることや自転車レーンの意義を自転車運転者と自動車のドライバーに周知させる必要があると考えられます。前橋市では、引き続き自転車レーンの経過を観察することで更なる自転車レーンの利用増進を期待するとともに、安全性を十分確認した上で自転車利用環境の整備手法の一つとして自転車レーン整備を進めていきたいとしています。

表 3-3-1 は、CCS を導入した主な都市の事例（CCS の概略、利用料金及び導入費用）を示したものです。ポート数や自転車台数によって異なりますが、下限は埼玉県川越市の社会実験時の総事業費約 3 千万円であり、上限は富山市の導入費用約 2 億円（補助金額約 1.5 億円）という結果となっています。また、公益財団法人東京都道路整備保全公社と㈱サンビームの「公共駐車場を活用した都心部のコミュニティサイクル展開可能性の研究」によると、1 ポートあたり 550 万円

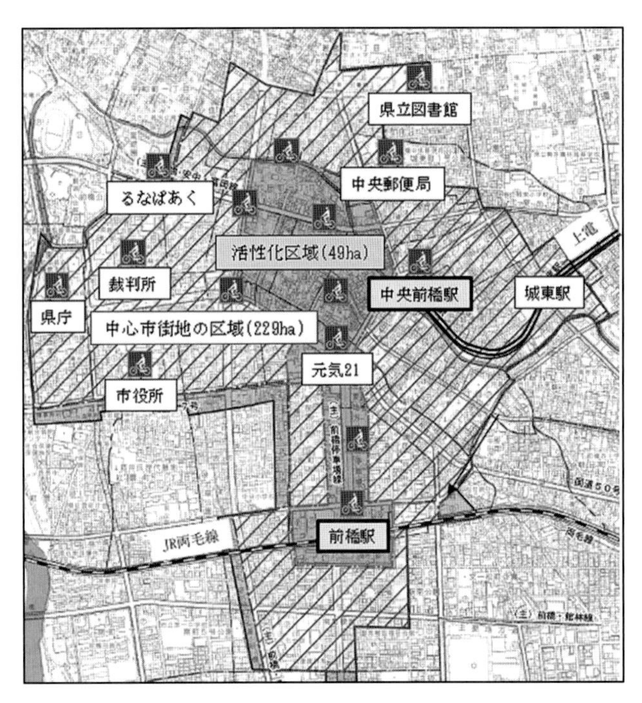

図 3-3-3 前橋市街地区域内におけるコミュニティサイクルポートの配置案

（システム、自転車・ポート機器、その他費用を含む）を事業の導入費用、自転車 1 台あたり 10 万円/年（機器、自転車のメンテナス、更新＋人件費＋機器の電気使用料等）を事業の維持・管理費用として設定しています。前橋市において CCS を導入するとした場合、例えばポート数を 15 箇所、自転車台数を 150 台と仮定すると、導入年の費用は約 1 億円、翌年以降の年間の維持管理費用は約 1,500 万円となります。

平成 23 年に都市再生特別措置法の一部が改正され、道路占用許可の特例が施行されたことにより、都市再生整備計画区域内の道路区域にポートを設置できるように、一定の条件の下で道路の無余地性の基準が緩和されました。従って、CCS 事業を円滑かつ継続的に実施するためには、道路空間へのポート設置や道路占用許可等について道路管理者である行政と連携し協力を得ることが必要となります。また、道路上にポートを設置する場合、幅員が 4m 以上必要になることから、前橋市の場合は、設置できる道路が限定されるため既存の自転車駐車場の転用や空地の有効活用を視野に入れる必要があります。さらに、利用者から視認性が高く、設置間隔としては 300m 程度が好ましいとされていることなどを考慮してポートの設置を検討する必要があります。**図 3-3-3** は、前橋市街地区域内（229ha）を CCS の運用区域と想定した場合のポートの配置案であり、行政機関などの公共施設を中心に 15 ヶ所選定しています。

前橋市には、鉄道（JR 両毛線、上毛電気鉄道）や路線バス、さらにはタクシーなどの公共交通があります。中でも鉄道は明治から大正時代にかけて営業を開始し、現在の私たちの生活を支えている重要な社会基盤の一つです。では現在の私たちは子孫に何が残せるでしょうか。それは現在の社会基盤を維持することはもちろんのこと、人口減少社会や高齢社会に対応可能な社会基盤づくりではないでしょうか。50 年 100 年先を見据えたまちづくりが必要です。

3－4　交通需要マネジメントによるかしこい車の使い方

(1) 交通渋滞のメカニズムと対策

交通渋滞は交通量が道路の交通容量（一時間に通過できる交通量）を超えたときに発生します。交通渋滞による影響としては、時間的な損失、燃料などのエネルギーロス、排気ガスなどによる環境悪化、渋滞後尾への車の追突などによる交通事故の増加などがあります。交通渋滞対策には、バイパスの整備や道路の拡幅、右折レーンの設置などの施設整備による方法と、交通需要マネジメントによる方法があります。交通需要マネジメント（TDM：Transportation Demand Manegement）とは、かしこい車の使い方のことでありソフトな対策により交通渋滞を緩和するものです。具体的な方法としては、通勤時間や経路の変更（フレックスタイム、時差出勤、混雑する経路を避ける）、利用交通手段の変更（自動車から鉄道やバスなどの公共交通機関へ変更）、自動車の効率的な利用（相乗り、貨物の共同集配）、さらには勤務日数の調整や IT などの高度通信技術を活用することにより移動そのものを削減するなど、多様な方法があります。

(2) Ｐ＆ＢＲ（パーク＆バスライド）の導入可能性

前橋市中心部への通勤者を対象とした通勤実態を把握し、前橋市への P&BR の導入可能性について検討します。P&BR とは TDM の一手法であり、自宅からバス停までは車で移動し、バス停付近の駐車場に車を駐車し、路線バスに乗り換えて目的地へ行く方法です。前橋市のような地方都市では郊外部ほど路線バスの利便性が低下しているため、郊外部での移動は車を利用し、都心部での移動は路線バスの利用を促進することにより交通渋滞を緩和するものです。

検討対象は、前橋市中心部の企業 3 社、前橋市役所及び群馬県庁の本庁勤務の職員です（調査は、平成 15 年 6 月に実施）。**図 3-4-1** は、勤務先別の通勤交通手段を示したものであり、企業の職員は行政職員と比較して自動車の利用が少なく、鉄道の利用が多いことが分かります。今回の調査対象である企業では特別な事情がある場合を除いて自動車通勤を禁止しているためです（主な理由としては通勤時の交通事故防止のため）。

前橋市郊外に P&BR のための駐車場を設置した場合の通勤者の P&BR の利用について結果をまとめたところ、全体では 55.8%の通勤者が P&BR を利用してもよいと回答しました（**図 3-4-2**）。しかし、P&BR の利用にあたっては、個人属性（年代や性別）や自宅から職場までの距離などにより影響をうけるものと思われます。自宅から職場までの距離と P&BR の利用意向を示した結果であり、距離が長くなるほど利用比率が高くなることが分かります。この結果から P&BR の導入を図るためには、駐車場の設置場所（都心からの距離）を十分に考慮する必要があります。

(3) 通勤手当の改定による行政職員の通勤交通手段の変更

表 3-4-1 は、前橋市に勤務している職員の通勤時の利用交通手段です（特別職と非常勤職員を除く全職員、平成 26 年 6 月現在）。本庁勤務者では自転車の利用が最も多く全体の 43.8%、次いで自動車が 36.9%となっています。一方、本庁以外では自動車利用が 74.9%と最も多く、次いで

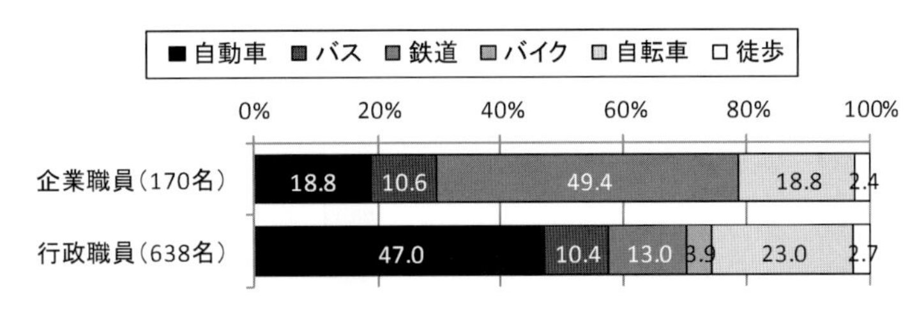

図 3-4-1 勤務先別の交通手段

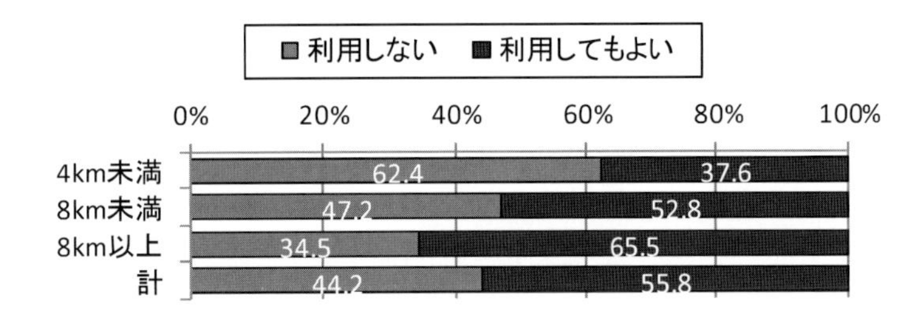

図 3-4-2 職場までの距離帯別の P&BR の利用意向

表 3-4-1 前橋市職員の通勤時の利用交通手段（平成 26 年 6 月現在）

交通手段	本庁勤務		本庁以外勤務		計	
	人数	分担率	人数	分担率	人数	分担率
自動車	365	36.9	1,289	74.9	1,654	61.0
公共交通機関	119	12.0	40	2.3	159	5.9
バイク	30	3.0	27	1.6	57	2.1
自転車	434	43.8	346	20.1	780	28.8
徒歩・その他	42	4.3	19	1.1	61	2.2
計	990	100.0	1,721	100.0	2,711	100.0

表 3-4-2 前橋市役所における通勤手当の改定

距離	平成20年度以前	平成21年度以降	
	交通用具使用者	自転車以外の交通用具使用者	自転車使用者
2km未満	0円	0円	0円
2km～5km未満	4,000円	1,000円	5,000円
5km～10km未満	5,000円	4,100円	8,200円
10km～15km未満	8,000円	7,000円	10,500円
15km～20km未満	11,100円	10,000円	12,500円
20km～25km未満	13,300円	12,500円	12,500円
25km～30km未満	16,100円	14,900円	14,900円
30km～35km未満	18,500円	17,300円	17,300円
35km～40km未満	20,900円	19,700円	19,700円
40km以上	20,900円	20,900円	20,900円

交通用具とは、徒歩と公共交通（鉄道とバス）を除く交通手段

自転車の 20.1%、また鉄道やバスなどの公共交通機関の利用は本庁勤務で 12.0%、本庁以外勤務では 2.3%、全体では 5.9%と非常に小さな値となっています。前橋市の本庁勤務の場合には無料の駐車場がないため、自動車通勤の場合は自費で駐車場を確保する必要がありますが、本庁以外では無料の駐車場が職場にあるため駐車料金は必要ありません。このことから勤務先により交通手段が大きく異なるものと思われます。

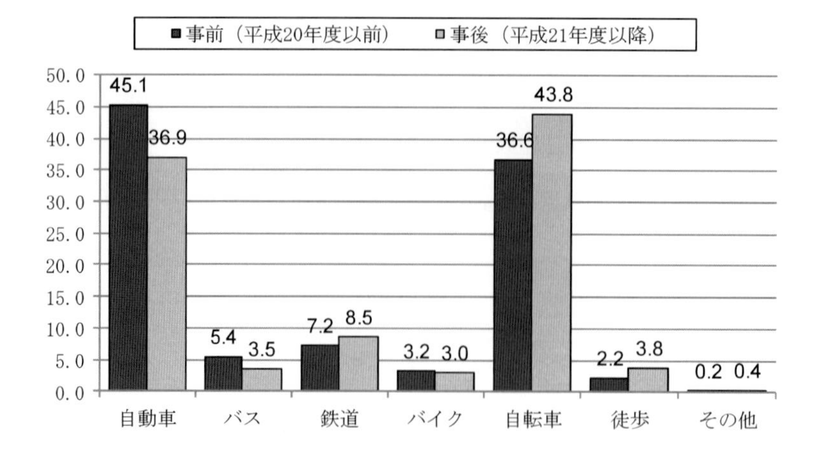

図 3-4-3　通勤手当改定前後の利用交通手段

表 3-4-3　交通機関別の変更理由

変更理由	全交通機関 N=310	自動車 N=87	公共交通機関 N=56	自転車 N=137
住所変更	28.7	23.0	16.1	38.0
勤務部署変更	16.1	13.8	28.6	13.1
健康のため	14.8	1.1	8.9	20.4
家庭の事情(注)	7.4	17.2	0.0	5.8
通勤手当	5.5	1.1	7.1	8.8
体調不良	5.2	12.6	5.4	0.7
勤務時間の変更	4.8	10.3	3.6	1.5
駐車場確保困難	4.5	0.0	5.4	6.6
公共交通の活用	3.2	0.0	17.9	0.0
その他	9.7	20.7	7.1	5.1
計	100.0	100.0	100.0	100.0

(注)自動車利用者の場合は、子どもの送迎が理由
自転車利用者の場合は、子どもの送迎がなくなったことが理由
N:利用交通機関の変更者数

表 3-4-4　自動車から他の交通機関への転換可能性

男性	自動車	自転車	公共交通機関	その他	計
20歳代(14人)	28.6	14.3	57.1	0.0	100.0
30歳代(33人)	9.1	9.1	81.8	0.0	100.0
40歳代(78人)	20.5	23.1	53.8	2.6	100.0
50歳代(37人)	18.9	13.5	59.5	8.1	100.0
計(162人)	18.5	17.3	61.1	3.1	100.0

女性	自動車	自転車	公共交通機関	その他	計
20歳代(26人)	15.4	15.4	65.4	3.8	100.0
30歳代(40人)	27.5	22.5	42.5	7.5	100.0
40歳代(31人)	12.9	35.5	48.4	3.2	100.0
50歳代(37人)	18.2	36.4	45.5	0.0	100.0
計(108人)	19.4	25.9	50.0	4.6	100.0

前橋市役所では、自動車通勤者の削減と自転車利用者の増加を目的として平成21年度から通勤手当の大幅な改定を行いました（ただし、鉄道やバスなどの公共交通機関を利用する場合は、原則として全額支給されています）。**表 3-4-2** は、通勤手当改定前後の交通用具使用者（自動車、バイク、自転車）の通勤手当額を示したものであり、平成20年度までは交通用具の種類にかかわら

ず通勤距離が 2km 以上の場合、距離により通勤手当が支給されていましたが、平成 21 年度からは自転車使用者の通勤手当が大幅に増額され、また自転車以外（自動車とバイク）の手当てが減額されました。中でも通勤距離が 10km 未満では自転車とそれ以外の交通手段には大きな開きがあることが分かります。**図 3-4-3** は、通勤手当の改定前後における交通手段別の比率を表したものであり、全体としては自動車が 8.2%減少し、自転車が 7.2%増加していることが分かります。このことから自転車の通勤手当が増加したことにより、自動車使用から自転車使用へと転換したことが推測されますが、その理由は必ずしも通勤手当の改定によるものだけではありません。

表 3-4-3 は、利用交通機関別に変更理由を示したものであり（主な理由を一つだけ記入）、全交通機関では計 310 人が変更しており（全体の 37.6%）、その理由としては自宅の住所変更が最も多く 28.7%、次いで勤務部署変更が 16.1%となっています。自転車への変更理由としては、住所変更が最も多く 38.0%、次いで健康のためが 20.4%となっており、必ずしも通勤手当を理由として訳ではありません。

(4) 自動車通勤から他の交通機関への転換可能性

前橋市においては、通勤手当の大幅な改定により自動車通勤から自転車通勤へ変更したことが確認できましたが、さらに自動車通勤を削減することは可能でしょうか。**表 3-4-4** は、現在は自動車を利用している人の中で他の交通機関への転換可能性の有無を交通機関別に示した結果です。表中の「自動車」は「現状では自動車以外の通勤手段はない」と回答した人の比率であり、男女ともに 20%弱となっています。自動車から転換可能な交通手段の中で最も高いのは公共交通であり、男性では 61.1%、女性では 50.0%と全体の半数を超えていることが分かります。中でも男性の 30 歳代では 81.8%、女性の 20 歳代では 65.4%であり性別や年代による差も見られます。すなわち調査結果からは、自動車使用者の約半数以上は公共交通への転換が可能であることを示しています。

> 自動車王国である群馬県においては、自動車利用から公共交通機関への転換を図ることは非常に困難であると思われます。しかし、通勤時や日常生活において自動車利用を主としながらも時には公共交通機関を利用することは可能です。そのためには、公共交通機関に関する情報提供や P&BR のような仕組みづくり、さらには行政が率先して自動車通勤を抑制することが不可欠です。このままの状態では公共交通は衰退の一途をたどることになり、その結果県民生活に大きな影響を与えることになります。

参考文献

湯沢昭・藤澤洋平：行政職員の通勤実態と公共交通機関への転換可能性に関する検討，交通工学，Vol.38，No.2，pp.49-58，2003

大野渉・湯沢昭：個人の通勤実態を考慮した P&BR 導入可能性に関する研究，交通工学研究発表会論文報告集，No.24，pp.269-272，2004

第４章　中心市街地の活性化と住宅政策

４－１　中心市街地の現状と前橋まちなか博物館の開設

(1) 中心市街地の現状と課題

中心市街地は経済活動や文化活動を生み出し、地域社会の核となる様々な面で地方都市の重要な役割を担ってきました。しかし、モータリゼーションの進展や消費者の生活圏の広域化、大規模商業施設の郊外への進出などを背景に来街者の減少による空き店舗の増加など商業構造の空洞化が進んでいます。前橋市においても同様であり、空洞化対策として駐車場の整備やコミュニティバス（マイバス）の運行、トランジットモールの導入、さらには公共施設である前橋プラザ元気 21 や美術館の建設などを行ってきましたが、未だに道半ばといったところです。

前橋市では、歩行者交通量調査を実施しています（隔年に 5 月に調査）。調査地点は全部で 28 ヶ所ですが、そのうち中心市街地内には 23 ヶ所の調査地点があり、**図 4-1-1** は、23 ヶ所の歩行者交通量の合計を示したものです。平成 6 年度の歩行者交通量の合計は 112,762 人でしたが、平成 27 年度には 17,427 人と平成 6 年度の 15.5%まで減少していることが分かります。また**図 4-1-2** は中心市街地における空き店舗、駐車場及び空地の分布を示したものです（平成 15 年 10 月調査）。空き店舗や駐車場は中心市街地の全域に広がっており、また駐車場の多くはその形状からかつては店舗や事業所であったことが分かります。中心市街地においては、過去 15 年間に土地利用が変化しなかったのは全体の約 1/4 であり、特に住宅と小売店の変化が著しい結果となりました。また、一度駐車場や空地になってしまうとそのまま駐車場・空地として残ってしまうことになります。つまり、空き店舗が駐車場や空地になる前の段階で何らかの対策を行いその流れを食い止める必要があります。

このように空洞化が進む中心市街地の活性化を図るためには、来街者の増加対策と回遊行動の促進が不可欠です。来街者を増加させるためには、今までのような商業機能の充実だけでは限界があり、新たな集客対策が必要となります。

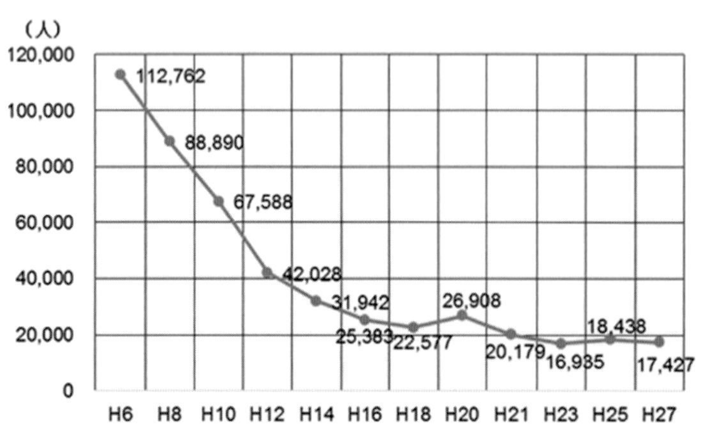

図 4-1-1　前橋市中心市街地における歩行者交通量の推移

図 4-1-2　空き店舗・駐車場・空地の位置

(2)前橋まちなか博物館の開設

中心市街地への来街者数の増加と回遊行動を促進する目的として前橋まちなか博物館の設置があります。この事業は、大学・商店街組合・行政・市民団体との共同事業であり（平成22年度に事業開始)、中心市街地への来街者の増加と回遊性のあるまちづくりを目的としています。事業の内容は、従来型の大規模な博物館をまちなかに設置するのではなく、事業所や個々の店舗で所有している「お宝」を一般に公開・展示するものです。従って、博物館の館長や学芸員（事業所のオーナーやおかみさん）が来街者に展示品の案内を通じて、商売する誇りや主役がお客さんであるという意識をまちぐるみで展開することです。**図4-1-3**は、前橋まちなか博物館の案内図です。「お宝」を公開している店舗を示しており、参加店舗は中心市街地全域に広がっています。また**図4-1-4**は、「お宝」の一例とその説明内容を記したものであり、インターネットを通じて全ての参加店舗の展示内容が分かるようになっています。

前橋まちなか博物館の直接的な設置目的は、来街者の増加と回遊行動の促進を図ることに加え、その活動を通して中心市街地内で商売をしている商店主や事業者のまちづくりに対する意識を高めることにあります。そこで**表4-1-1**に示すような調査を実施しました（調査対象は中心商店街で営業している店舗の代表者、調査対象店舗100、回答店舗数51、調査は平成22年10月に実施)。**表4-1-1**に示した調査項目に対して、5段階評価を行ってもらった結果を用いて因子分析を行い、各々因子を抽出した結果、「商店街協同組合組織」については「組織内の連携」「組織内の運営」「外部組織との連携」「諸活動の実施状況」の4つの因子が抽出されました。同様に「認知的SC」からは「諸活動への参加」「近隣における交流」「外部組織との交流」「信頼性」が、また「まちなか博物館設置」からは「新たな活性化効果」「来街者の増加効果」の因子が抽出されました。ここで「認知的SC」とは、認知的ソーシャル・キャピタルのことであり、個人の規範、価値観、信条など組織内の個人に帰属するものとして位置づけられています（ソーシャル・キャピタルの詳細については7-4参照)。これらの因子間の因果関係を分析し、前橋まちなか博物館の効果を明らかにするために共分散構造分析を行った結果が**図4-1-5**です（数値は標準化係数であり、1.0以下の値をとり、その値が大きいほど両者の関連性は高いことを示しています)。図から明らかなように、「認知的SC」が「商店街協同組合組織」へ影響し、さらに「商店街協同組合組織」から「まちなか博物館」へと影響していることが分かります。すなわち、商店主や事業主の諸活動への参加や商店主間の交流や外部組織との交流を図ることにより、認知的SCが醸成され、その結果、商店街協同組合組織内の連携や組織運営、さらには外部組織との連携が促進され、その結果としてまちなか博物館設置による来街者の増加や新たな活性化効果が得られることになります。このことから中心市街地の活性化を図るためには、商店主や事業者個人の規範や価値観、さらには商店主間や外部組織とのネットワークを確立し、まちづくりに対する意識の高揚を図ることが不可欠であることを示しています。

商業機能の充実だけでは中心市街地の再生を図ることは困難ですが、少なくとも商店主が現実を直視し、商店街として互いに協力し合うことが必要であり、その上でまちづくりに関わる市民団体やNPOなどと協力体制を築き、官民一体となった組織作りが必要ではないでしょうか。

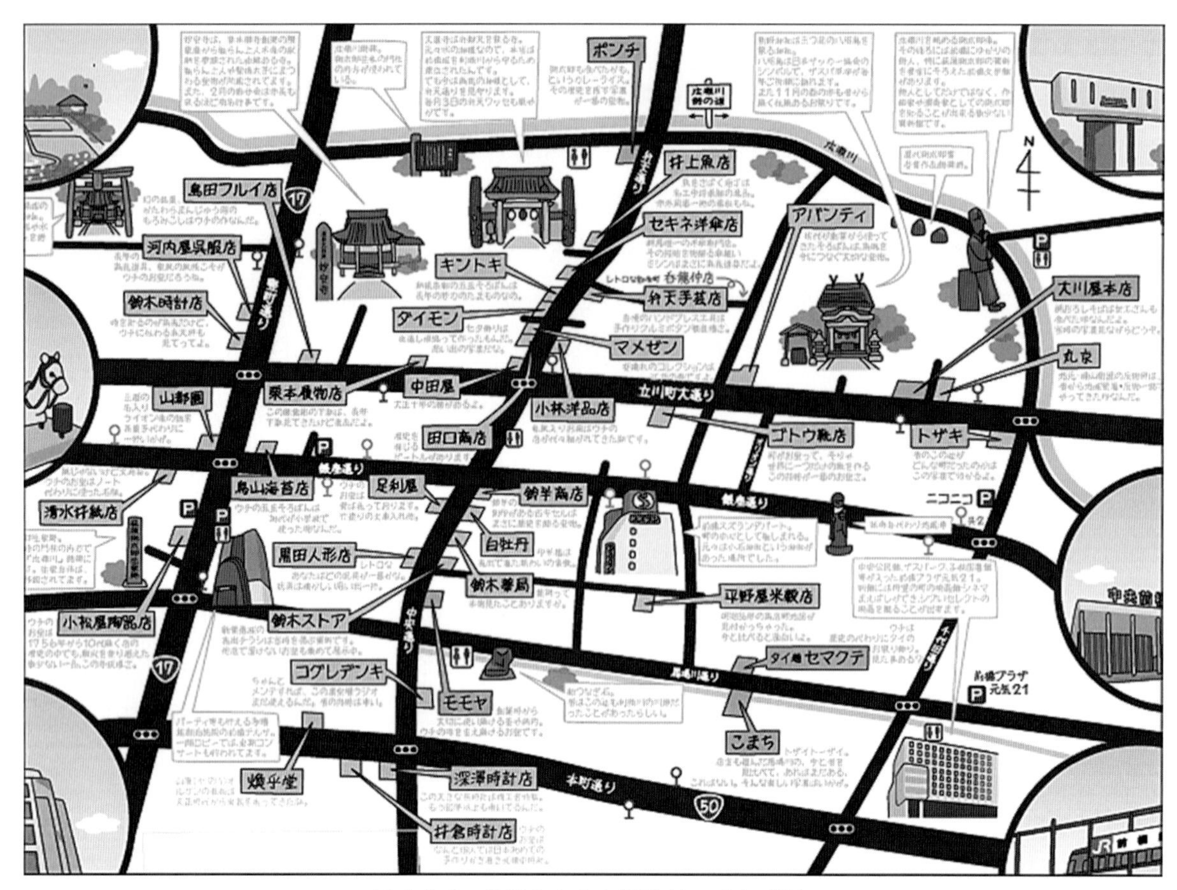

図 4-1-3　前橋まちなか博物館の参加店舗

お宝-その1
白牡丹の印半纏
前橋にも製糸工場が多く存在した戦前の頃は、新潟や東北各地から前橋に勤めに来ていたの工女さんでお盆、暮の時は非常に賑わった。その頃は正月の初売り、お祭りの時には「白牡丹の印半纏」を棟梁や手伝人が必ず着て、通りのお客さんに威勢良く大きな掛け声を掛け、賑わうお客さんでそれこそ戦争のような忙しさであった。「印半纏」は昭和初期のもの。

お宝-その2
櫛こうがい
櫛こうがいとは、和服の結婚式で日本髪の文金高島田結いに使う髪飾りで、昭和30年頃までは嫁入り道具として必須の物であった。新べっ甲と呼ばれるセルロイド製のもので当時価格で12,000円(現在価値で198,000円程。昭和30年大卒初任給：12,907円)。

お宝-その3
創業時の写真
「写真」は創業時の時のもの。現在も残る麻屋デパートの場所であり、銀座通りから中央通りを向いて撮影されたものである。横山町にあった小石神社のお祭りもあり、大変な賑わいである。

図 4-1-4　前橋まちなか博物館の展示品（一例）

表 4-1-1　商店街協同組合組織、認知的 SC、まちなか博物館設置に関する調査項目

【商店街協働組合組織】に関する項目		因子名称
D1	組合員間のまとまり	組織内の連携
D2	商店街活動のための活動拠点	
D3	組合員間の連携や交流	
D4	組合員間の問題意識の共有状況	
D5	信頼できるリーダーの存在	
D6	組合員の役割分担の明確性	組織内の運営
D7	商店街組合の財政基盤	
D8	活動内容の組合員への周知状況	
D9	商店街組織運営の円滑生	
D10	行政やＮＰＯ等との連携	外部組織との連携
D11	商工会議所との連携	
D12	安全・清潔なまちづくりへの対応	諸活動の実施状況
D13	祭りや各種イベントの開催状況	
D14	伝統行事や文化活動の実施状況	
DT	商店街協同組合組織に関する総合評価	

【認知的SC】に関する項目		因子名称
E1	会議などへの積極的な参加状況	諸活動への参加
E2	自分は何事においても積極的である	
E3	まちづくりへの積極的な参加	
E4	イベントなどへの積極的な参加	
E5	商店主同士の交流機会へ参加	近隣における交流
E6	近隣商店主との積極的な交流	
E7	市民団体やＮＰＯ等との交流	外部組織との交流
E8	商店街組合役員との積極的な交流	
E9	自分は何事においても寛容である	信頼性
E10	商店街内には信頼出来る人が多い	
ET	認知的SCに関する総合評価	

【まちなか博物館設置】に関する項目		因子名称
F1	歴史・文化の再発見効果	新たな活性化効果
F2	新たな活性化対策効果	
F3	新たな観光対策効果	
F4	まちづくりに対する意識向上効果	
F5	行政・市民団体との連携効果	
F6	来街者の増加効果	来街者の増加効果
F7	売り上げ増加効果	
FT	まちなか博物館設置に関する総合評価	

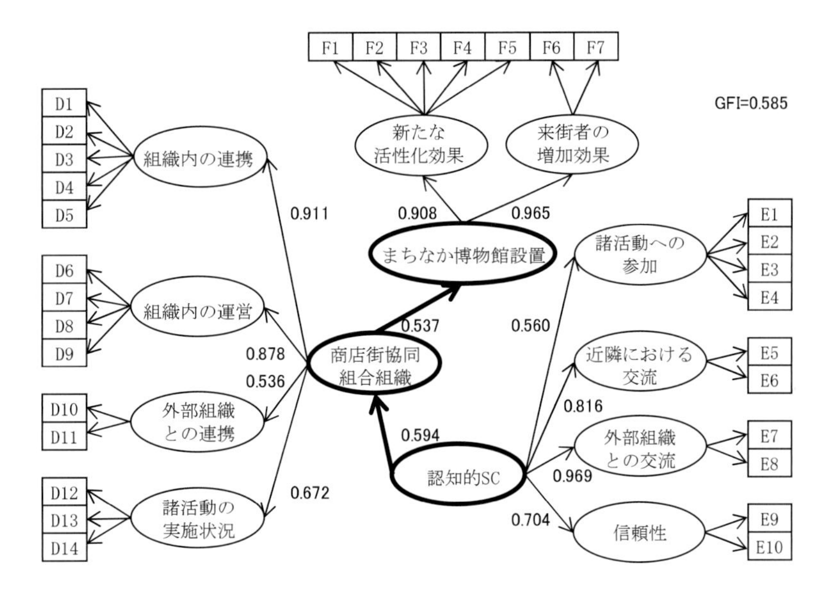

図 4-1-5　まちなか博物館設置による効果の因果関係

中心市街地の活性化は、商業機能の充実だけでは困難であり、市民組織やNPOなどの協力が不可欠です。現在、多くの市民組織が多様な街づくりに参加していますが、必ずしも情報共有が十分ではないのが現状です。中心市街地の再生に向けてはまちづくり組織（例えばまちづくり会社）の設立が必要であり、その上で各組織の役割分担を明確にすることが不可欠であると思います。

参考文献

宮本佳和・湯沢昭：土地利用変化からみた中心市街地の将来予測と回遊行動の現状把握，都市計画論文集，No.39-3，pp.661-666，2004

湯沢昭：地域力向上のためのソーシャル・キャピタルの役割に関する一考察，日本建築学会計画系論文集，Vol.76，No.666，pp.1423-1432，2011

4-2　前橋市の郊外住宅団地における空家の実態と対策

(1) 前橋市郊外型住宅団地の空家の実態

平成 27 年 2 月 26 日に、「空家等対策の推進に関する特別措置法」が全面施行され空家増加を抑制する政策がなされました。空家等とは、建築物又はこれに附属する工作物であって居住その他の使用がなされていないことが常態であるもの及びその敷地（立木その他の土地に定着するものを含む）をいいます。前橋市をはじめとする地方都市においても、少子高齢化による人口減少や高齢化の進展、それに伴う空家の増加が近年問題となっています。空家となり建物が管理されずに長期間放置されてしまうと建物の老朽化が進行し、倒壊の危険性や治安の悪化、放火の誘発や不審者の侵入、害獣・害虫の発生など様々な問題を引き起こしてしまうため早急な対策が求められています。一概に空家と言ってもそれには種類があり、「二次的住宅：別荘などのように常時住んでいないが使用している住宅」「賃貸用の住宅：貸したいのに借り手がいない住宅」「売却用の住宅：売りたいのに買い手がいない住宅」「その他の住宅」に分類されます。この中で特に問題となるのが「その他の住宅」に分類される空家であり、例えば居住者の転居（介護施設などへの入所）や死亡などにより住宅の使用が予定されていないものです。

平成 25 年住宅・土地利用統計調査結果によると、前橋市内の住宅総数 157,190 戸の内、空家数は 24,980 戸（空家率 15.9%）であり、全国の空家率 13.5%と比較すると高い水準となっています。また平成 20 年の前橋市の空家率が 13.3%（全国は 13.1%）であったことから 2.6%の増加となっています（全国は 0.4%の増加）。本章では、前橋市の郊外型住宅団地の中から 3 ヶ所を選定し（**図 4-2-1**）、現地調査による空家の状況と団地内の住民を対象とした居住環境や転居意向等に関するアンケート調査結果をもとに分析を行います。

図 4-2-2 は、今回調査対象とした郊外型住宅団地の地区別の人口推移を示したものであり、団地の開発年度により入居年が異なりますが、昭和 40 年代後半から昭和 50 年代に分譲が開始された高花台団地と下川団地の人口は大きく減少しているのに対し、昭和 50 年代後半から平成元年にかけて分譲が始まった鶴が谷団地の人口減少は微減にと留まっていることが分かります。

図 4-2-3 は、団地別の年代別人口（18 歳以下、19～64 歳、65 歳以上）の分布を示したものであり（平成 27 年 3 月 31 日現在）、前橋市全体の高齢化率が 26.6%であるのに対し、下川団地では 42.5%、高花台団地では 37.3%と前橋市の値と比較して高齢化が進んでいることが分かります。一方、分譲開始が遅い鶴が谷団地は 19.2%と低い値となっていますが、郊外型住宅団地の場合は、最初に入居する年代が 30 歳代から 40 歳代が大半を占めていることから、一定の年月を経ると急激に高齢化が進むことが予想されます。このように郊外型住宅団地では急激な人口減少や高齢化に伴い、採算性の問題などからバスなどの公共交通サービスレベルの低下や商業施設の撤退など生活環境の悪化が課題となっています。また世帯主の高齢化と住宅の老朽化などが相まって空家が増加することが危惧されています。

空家の実態を把握する方法として、住宅地図を使用する方法、電気やガス、水道などの使用状況から判断する方法、あるいは現地確認をする方法などがありますが、今回の調査では現地確認

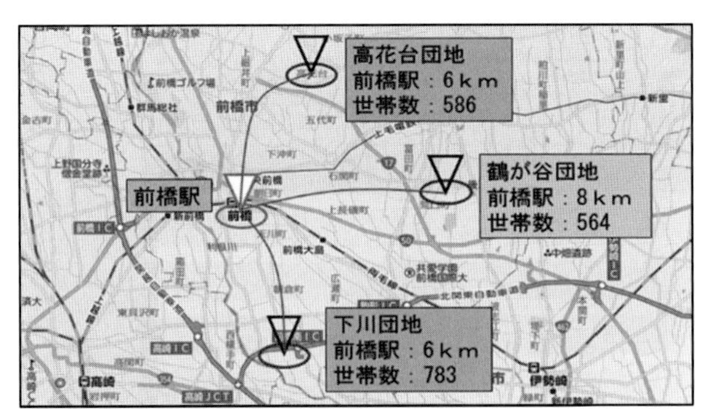

図 4-2-1　調査対象とした郊外型住宅団地

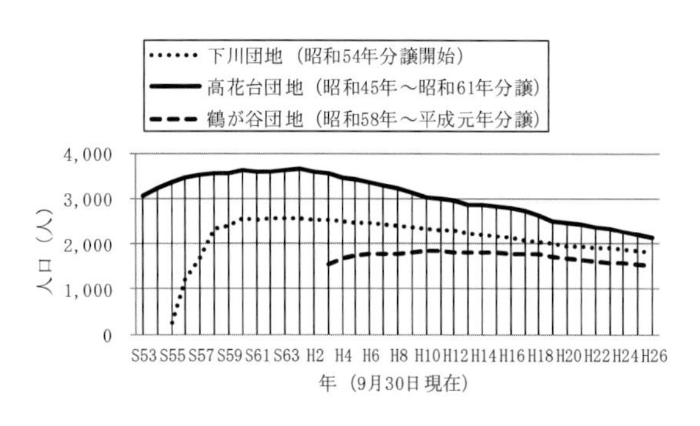

図 4-2-2　団地別の人口推移

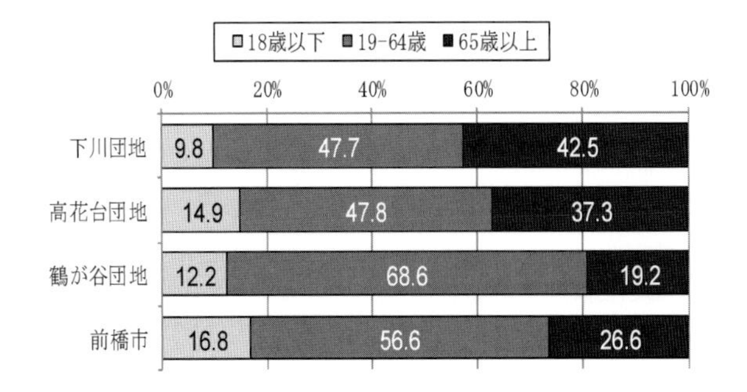

図 4-2-3　団地別の年代別人口（平成 27 年 3 月）

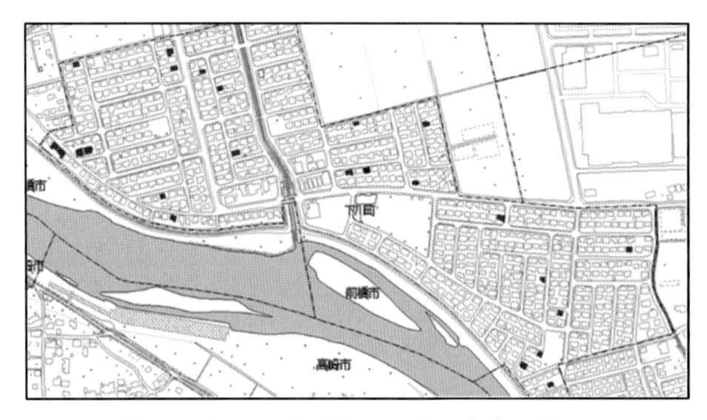

図 4-2-4　下川団地における空家の状況

写真 4-2-1　空家の状況（その 1）

写真 4-2-2　空家の状況（その 2）

（建物の外観や庭の状況から判断）により実施しました。**図 4-2-4** は、下川団地における空家調査の結果であり、24 戸の空家を確認することができました（平成 27 年 9 月に調査実施）。また空家の状況としては、草木が生い茂り隣接する住宅や道路まではみ出したり（**写真 4-2-1**）、ごみの放置場所（**写真 4-2-2**）となったりしていることから地域の環境悪化の原因となっていることが分かります。

(2) 住民の空家に対する不安

空家の増加に関して住民はどのように感じているのでしょうか。**図 4-2-1** に示した 3 ヶ所の団地の全ての世帯を対象として空家や生活環境に関するアンケート調査を実施しました。調査は平

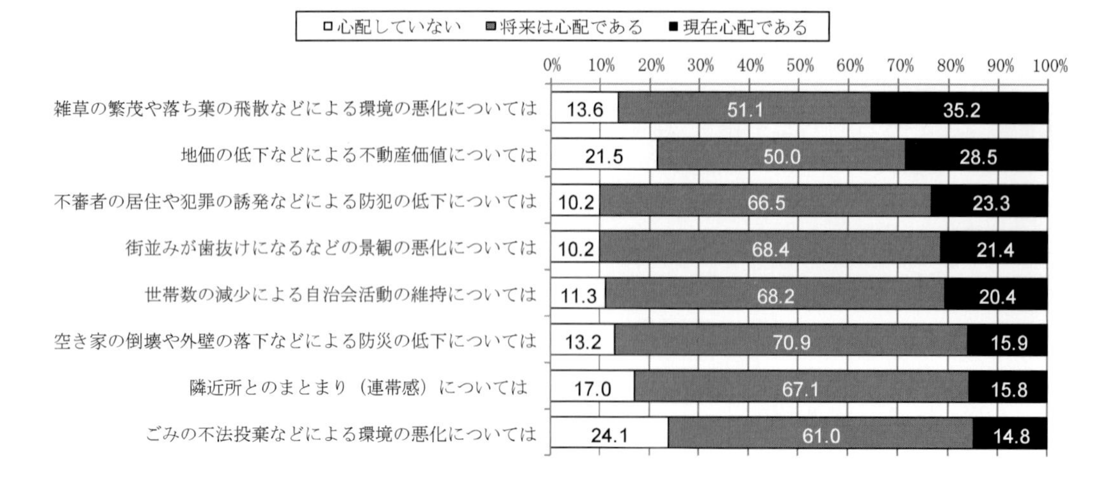

図 4-2-5 空家増加に対する不安要素

成27年9月に実施し、調査内容は地域の生活環境、空家に関する評価、定住・転居意向などです（1,592票配布、591票回収、回収率37.1%）。ここでは空家の増加に対する住民の不安について紹介します。「あなたがお住いの地区において、年々空家が増加していることについてあなたはどのように感じていますか」という質問に対する回答結果を**図 4-2-5** に示します（調査対象地区全体の評価）。空家の増加に対して「現在心配である」と回答した中で最も危惧されている項目は、「雑草の繁茂や落ち葉の飛散などによる環境の悪化（35.2%」であり、次いで「地価の低下などによる不動産価値（28.5%）」「不審者の居住や犯罪の誘発などによる防犯の低下（23.3%）」などが上位に位置していることが分かります。また「将来は心配である」との回答がいずれの項目ともに値が大きいことから、空家の増加が地域の様々な環境に影響することが分かります。

(3) 群馬県と前橋市の空家対策の現況

群馬県では、マイホーム借上げ制度を活用した「群馬県空き家活用・住みかえ支援事業」を実施しています。具体的には50歳以上の方のマイホームを「一般社団法人移住・住みかえ支援機構（JTI）」が借り上げ3年の定期借家契約により貸し出すものです。これは国の施策の実施・運営を行う移住・住みかえ支援機構による制度で、高齢者世帯の持ち家を機構が借上げ、安定した家賃収入を保証するものであり、借上げた住宅は子育て世帯等に転貸するもので、以下のような特徴があります。

①制度利用者のメリット：JTIがマイホームを最長で終身借上げ、安定した家賃収入を保証する。入居者との契約期間が3年単位なのでマイホームに戻ることも可能。家を長持ちさせるメンテナンス費用を家賃収入でまかなうこともできる。

②子育て世帯など家を借りる人のメリット：良質な住宅を相場より安い家賃で借りられる。敷金や礼金の必要がない（契約時の仲介手数料などは必要となる）。貸し主の了承は必要だが壁紙など一定の改修が可能。3年ごとに優先して再契約できる。

平成25年住宅・土地統計調査結果によると、前橋市の空家総数は24,980戸であり、その内6,840

表 4-2-1　前橋市における空家の状況（平成 25 年住宅・土地統計調査）

	腐朽・破損あり		腐朽・破損なし		計	
	戸数	比率	戸数	比率	戸数	比率
二次的住宅	20	0.3	430	2.4	450	1.8
賃貸用の住宅	3,190	46.6	11,470	63.2	14,660	58.7
売却用の住宅	50	0.7	520	2.9	570	2.3
その他の住宅	3,580	52.3	5,720	31.5	9,300	37.2
計	6,840	100.0	18,140	100.0	24,980	100.0

表 4-2-2　前橋市における空家対策支援事業

<table>
<tr><th>事業名</th><th>補助内容</th><th>補助対象</th><th>補助率と上限額</th><th colspan="2">加算内容および加算額</th><th>最大補助金額</th></tr>
<tr><td rowspan="4">空家の活用支援事業</td><td rowspan="3">空家のリフォーム補助（居住支援）</td><td rowspan="3">空家を住居として活用するために行う改修工事</td><td rowspan="3">1/3以内
100万円</td><td>転入加算</td><td>20万円（4人まで）</td><td rowspan="3">230万円</td></tr>
<tr><td>子育て世帯支援加算</td><td>10万円（4人まで）</td></tr>
<tr><td>若年夫婦支援加算</td><td>10万円</td></tr>
<tr><td>空家のリフォーム補助（特定目的活用支援）</td><td>空家を学生・留学生等の共同住宅や地域のまちづくりの活動拠点としての改修工事</td><td>1/3以内
200万円</td><td colspan="2"></td><td>200万円</td></tr>
<tr><td rowspan="7">空家等を活用した二世代近居・同居住宅支援事業</td><td rowspan="4">二世代近居・同居住宅建築工事費補助</td><td rowspan="4">親または子と近居又は同居するために空家を取得し住宅を新築するための工事</td><td rowspan="4">1/3以内
120万円</td><td>転入加算</td><td>20万円（4人まで）</td><td rowspan="4">300万円</td></tr>
<tr><td>子育て世帯支援加算</td><td>10万円（4人まで）</td></tr>
<tr><td>若年夫婦支援加算</td><td>10万円</td></tr>
<tr><td>老朽空家対策事業併用可能</td><td>50万円</td></tr>
<tr><td rowspan="3">二世代近居・同居住宅改修工事費補助</td><td rowspan="3">親または子と近居又は同居するために空家を取得し住宅を改修するための工事</td><td rowspan="3">1/3以内
120万円</td><td>転入加算</td><td>20万円（4人まで）</td><td rowspan="3">250万円</td></tr>
<tr><td>子育て世帯支援加算</td><td>10万円（4人まで）</td></tr>
<tr><td>若年夫婦支援加算</td><td>10万円</td></tr>
<tr><td colspan="2" rowspan="2">老朽空家等対策事業</td><td rowspan="2">昭和56年5月31日以前に建築され、倒壊等のおそれや将来的に特定空家となる可能性がある空家の解体工事</td><td rowspan="2">1/3以内
10万円</td><td>駐車場利用加算</td><td>10万円</td><td rowspan="2">50万円</td></tr>
<tr><td>住宅・店舗建築物設置加算</td><td>40万円</td></tr>
</table>

（注）最大補助金額は工事費の1/3以内

戸（空家総数の 27.4%）が「腐朽・破損あり」と判定されています（**表 4-2-1**）。「腐朽・破損あり」と判定された住宅は「賃貸用の住宅（46.6%）」と「その他の住宅（52.3%）」となっていることから、賃貸をするためには何らかの補修を行う必要があります。前橋市では、空家対策に関わる基本的な方針として、快適な住環境の保全、安全で安心なまちづくりの推進、及び空家等を活用した定住の促進の 3 点を挙げています。これらの基本方針を実現するために、空家の活用や老朽空家対策として**表 4-2-2** に示すような補助制度を導入しています。これは大きく三つの事業から構成されており、①空家の活用支援事業、②空家等を活用した二世代近居・同居住宅支援事業、③老朽空家等対策事業です。このような空家対策支援制度を活用することにより空家の有効活用を図っています。その他の対策としては、空家の評価判定基準を定め、市内全域の空家の調査とその結果に基づいて、所有者に対して空家の適切な管理の促進、空家等を除去した跡地の活用の促進、さらには特定空家等に対する対処に関する事項を定めています。

年々増加する空家対策として国は「空家等の推進に関する特別措置法」を施行し、特に空家の中でも特定空家の取り扱いに関しては、行政が主体的に取り組みことが可能となりました。しかし、それ以外の空家の取り扱いに関しては、市町村により温度差があります。従来、空家対策については市場原理に任せていた面もありますが、住宅ストックの有効活用の観点からも行政が積極的に係れるような仕組み作りが求められています。

4－3　都心と郊外の住み替えのための住宅政策

(1) ライフステージによる住宅の住み替え構造

少子高齢化の急進展と人口減少、都心回帰などの社会経済構造や人口動態が変化する中で、これからの住宅政策を検討する上で、世帯の住み替え行動を適切に把握することが求められています。特に地方都市においては、都心部の空き店舗や空き住宅の増加による人口減少、高度経済成長期に分譲された郊外型住宅団地に居住している世帯の高齢化や生活環境の悪化による利便性の低下などが大きな社会問題となっています。さらには都心部や郊外型住宅団地内の住宅ストックの有効活用を図ることが、これからの住宅政策を検討する上で不可欠となります。

一方、バブル崩壊による地価の下落に伴い、高層集合住宅の建設が都心部を中心に進んでいます。エネルギー消費の観点からは都心部集中・郊外開発抑制を図ることが都市の持続可能性を図る上で必要であるとの考え方もあります。しかし、郊外型住宅団地に居住する高齢者世帯は生活利便性の高い都心部へ、都心部に居住している子育て世代は広々とした郊外部の戸建て住宅への住み替え希望が少なからずあるものと思われます。従って、これからの住宅政策を検討するためには、世帯のライフステージと住み替え意向との関係を明らかにする必要があります。

住み替え行動には大きく二つの種類があり、一つ目は世帯のライフステージの変化に伴う都心部から郊外・郊外から都心部への住み替えであり（比較的狭い範囲での移動）、二つ目は人生の分岐点における田舎暮らしやUターンなどの広域的な移動を伴う住み替えです。ここでは前者の課題について検討します。

図4-3-1は、世帯のライフステージと住み替え行動を仮定したものです（「住み替え双六」と言います）。はじめ「親族世帯（親世帯）」から進学や就職に伴う「単身世帯」の発生、結婚などによる「夫婦世帯」、子どもの誕生による「親と子世帯」、「家族の増加と子どもの成長」による世帯の拡大となります。その後、子どもの独立による「夫婦世帯」への縮小、さらには配偶者の死去に伴う「単身世帯」へと推移します。このような世帯のライフステージに合わせて居住形態（賃貸や持家、床面積の増加・減少）が様々に変化することになり、世帯は自分の経済状況の中で住み替え行動を繰り返すことになります。

(2) 前橋市における郊外型住宅団地居住者と都心部集合住宅居住者の転居意向

本節では都心と郊外間の世帯の住み替え意向を明らかにすることが目的であるため、郊外型住宅団地と都心部集合住宅に居住する世帯を対象に居住状況と住み替え意向に関する実態調査を実施しました（調査は平成20年8月に実施）。

①郊外型住宅団地居住者：群馬県または前橋市により分譲され、市街化調整区域内に囲まれている前橋市内の全ての住宅団地に居住する世帯を対象としました（**図4-3-2**）。

②都心部集合住宅居住者（6階建て以上の民間分譲マンション）：前橋駅を中心とした半径約2.0km以内にある集合住宅の世帯を対象としました。

世帯の定住・転居意向としては、次に示すような4つの選択肢の中から一つだけ選択してもら

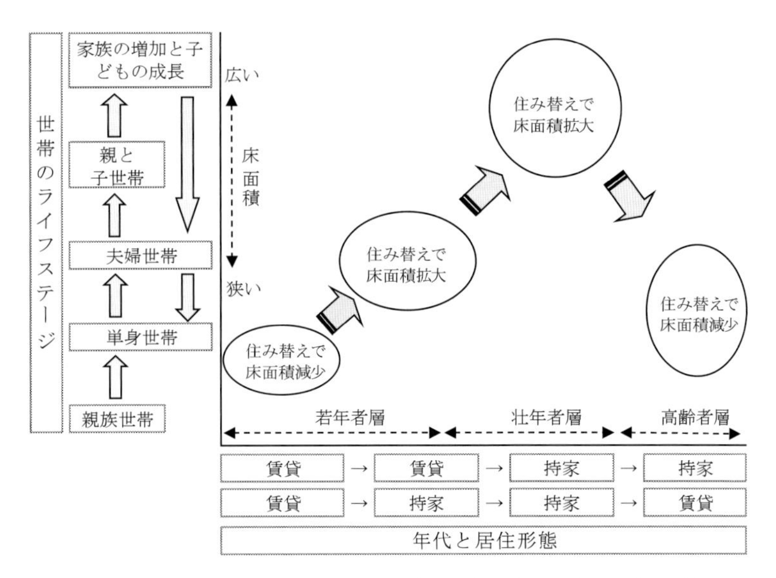

図 4-3-1　世帯のライフステージと居住形態の変化（住み替え双六）

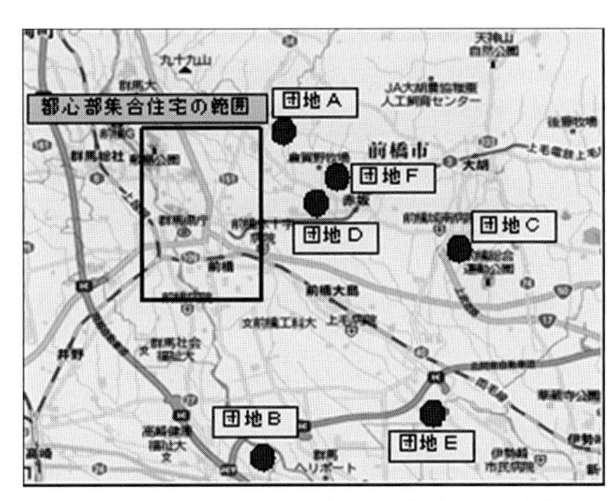

図 4-3-2　郊外型住宅団地と前橋市の中心部

いました。①現在の所は満足なので住み続けたい（満足・定住）、②現在の所は不満であるが住み続けたい（不満・定住）、③現在の所は満足であるが転居したい（満足・転居）、④現在の所は不満なので転居したい（不満・転居）。

図 4-3-3 は、郊外型住宅団地居住者の世帯主の年代と定住・転居意向を示したものです。図から明らかなように「満足・定住」の比率は年代が低いほど高い値を示していますが（30 歳代以下では 67.2%）、「不満・定住」は逆に年代が高いほど大きくなる傾向にあります（70 歳代以上では 42.0%）。この結果から 40 歳代以下の世帯はいわゆる子育て世代に該当し、郊外型住宅団地はこれらの世帯にとって住みやすい環境ですが、高齢者世帯になるほど同居家族人数も少なく、通院や買物の利便性が低下するため「満足・定住」の比率が小さくなるものと思われます。また「不満・定住」の比率が高いのは生活環境に不満があっても経済的な事情等により定住せざるを得ないことに起因しているものと思われます。郊外型住宅団地の宿命として、今後さらに急激な高齢化が進むことから「不満・定住」の比率は増加することが予想されます。従って、「不満・定住」から「満足・定住」のための対策、あるいは「不満・定住」から「不満・転居」のための住宅政策が求められます。

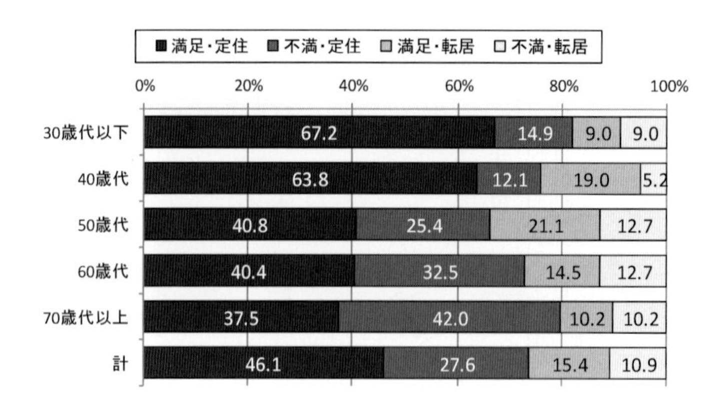

図 4-3-3　郊外型住宅団地居住者の定住・転居意向

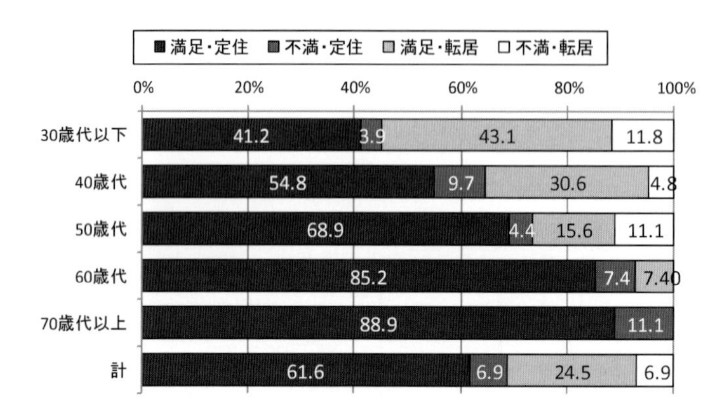

図 4-3-4　都心部集合住宅居住者の定住・転居意向

図 4-3-4 は、都心部集合住宅居住者の世帯主の年代と定住・転居意向を示したものです。図から明らかなように「満足・定住」の比率は世帯主の年代が高くなるほど高いことが分かります（70 歳代以上では 88.9%）。また、全ての年代において現在の居住地には満足していますが（「満足・定住」と「満足・転居」の合計は約 85%から 90%となっている）、一方で若い世代ほど「満足・転居」の比率が高いとなっています。この結果から若い世代も現在の所には満足していますが、「家族の増加と子どもの成長」に伴う住宅の狭隘化により、より面積の広い住居への転居を考えているものと考えられます。

(3) 世帯の住み替え可能性と住宅政策

郊外型住宅団地は高度成長期である昭和 40 年代後半から都市の周辺部に造成されたものが多く、前橋市においても例外ではありません。それらの団地内に居住する世帯の多くはいわゆる団塊の世代であり、今後急激な高齢化を迎える世代でもあります。また子ども世代の多くは他地域へ転出してしまっており、結果的に高齢者のみの夫婦世帯や単身世帯が増加しています。さらに団地内の公共交通サービスや近隣商業施設などの閉鎖による生活利便性の低下が日常生活に大きな影響を及ぼしています。一方では、都心部集合住宅に居住している世帯の多くは居住環境には満足していますが、特に 30 歳代以下の世帯では「満足・転居」の比率が高い結果となりました。この年代の多くはいわゆる子育て世代であり、「家族の増加と子どもの成長」に伴い現在よりも広い住宅を希望していることが明らかとなりました。

住み替えに関する住宅政策としては、「高齢者の居住の安定確保に関する法律（平成13年4月公布)」や「住生活基本法（平成18年6月公布・施行)」などがあります。また具体的な住み替え支援策としては、「マイホーム借り上げ制度」などがあります。これは高齢者が住み替えなどにより使用されなくなった住宅を社会の財産として必要な世帯に貸し付ける制度です。高齢者の持家を借り上げて子育て世代等に転貸することにより、良質な住宅を市場で流通させ、高齢者には賃料収入を元に高齢期の生活に適した住宅の住み替えを、子育て世帯は低廉な家賃で子育てに適した広い住宅に入居することが可能となります。しかしこれらの制度は必ずしも機能している訳ではなく、その理由としては制度そのものの認知度が低いことや、また団塊世代の持家は旧耐震基準の建物が多く、耐震補強や補修にかかる費用がネックとなることもあります。さらにバブル期に住宅を購入した世帯も多く、不動産市場の悪化に伴う売買価格の低下などにより空家状態のままのケースも見られます。従って、考えられる施策としては、耐震改修費補助・融資制度の充実、既存住宅の性能表示制度の普及、住情報の一元化（住宅の物件情報だけではなく生活関連情報を含めた住情報）などを推進する必要があります。一方、都心部の住宅供給においては、従来のような住み替え双六(賃貸アパート→賃貸マンション→分譲マンション→戸建住宅)だけではなく、既存戸建て住宅の再活用はもちろんのこと、コーポラティブ住宅やコレクティブハウスなど住宅選択が多様となるような住宅政策が必要となります。

近年、都心部の空き住宅や事業所などを活用したシェアハウスが各地で誕生しています。前橋市中心市街地においても大学生や専門学校生を対象としたシェアハウス「シェアハウス馬場川」が平成26年1月にオープンしました。その目的は若者のまちなか居住を促進し、異世代交流による新しいコミュニティビジネスを育み、商店街の活性化を目指すことです。学生も商店街への居住により、買物や交通の利便性、祭りやイベントへの参加による地域の人とのつながりも期待でき、また従来のアパートと比較して比較的安価な家賃で提供できるため、家計への負担を減らす助けにもなります。また平成26年10月には女性限定の「弁天シェアハウス」がオープンしました。これらのシェアハウスはいずれも事業所として使用されていた建物を住宅に改造したものです。このようにかつては事業所として使用されていた建物をリノベーションすることにより住居として再活用することは、中心市街地の活性化のためには大きな意義があるものと思います。

郊外型住宅団地居住者は年代が高くなるほど「不満・定住」の意向が高くなる傾向にあります。その背景には、人口減少に伴う公共交通サービスレベルの低下や日常の買物・通院の利便性低下、さらには地域コミュニティの弱体化など生活環境の悪化がありますが、経済的理由から転居は困難であるため、定住せざるを得ないのが現実です。今後は更なる人口減少と高齢化が急速に進展するものと思われますので、特に高齢者のための外出支援の充実が不可欠です。

参考文献

田中千晴・湯沢昭：地方都市における世帯のライフステージによる都心と郊外間の住み替え意向に関する検討，都市計画論文集，No.45-3，pp.259-264，2010

4－4　市街化調整区域における開発許可制度の見直し

(1) 都市計画法における区域区分と開発基準

都市計画法第7条には、「都市計画区域について無秩序な市街化を防止し、計画的な市街化を図るため必要があるときは、都市計画に、市街化区域と市街化調整区域との区分（以下、「区域区分」）を定めることができる。」とあります。市街化区域とは、すでに市街地を形成している区域及び概ね十年以内に優先的かつ計画的に市街化を図るべき区域であり、市街化調整区域は、市街化を抑制すべき区域とあります。すなわち、市街化調整区域では、開発行為がなく建築だけを行う場合でも、原則として都市計画法第43条許可（建築許可）を得ることが必要です。

活力ある中心市街地の再生と豊かな田園環境の下でゆとりある居住を実現することが今後のまちづくりの目標・理念であるという考え方に基づき、まちづくりの手段である都市計画制度について地域の自主性を尊重し、地域特性を活かせる使い勝手のよい仕組みとなるように都市計画法が改正されました（平成12年5月）。この改正により、開発できる区域や建築物の用途等を定めることにより、市街化調整区域の制限を緩和することができるようになりました（都市計画法34条）。市街化調整区域に住宅を建てる場合は、農家住宅や農家の分家など特定の人に限り開発が認められ、それ以外の人は制限を受け建築することは認められていませんでした。都市計画法の改正を受け前橋市では、市民からの要望を踏まえ、市街化調整区域の集落及びその周辺の地域における良好な環境の保全を図りながら、一定の要件のもとに自己用住宅の立地を認める条例を平成15年12月に制定し、平成16年4月1日から施行しました。この条例の目的は田園環境と居住環境との調和という市街化調整区域の整備・保全構想にありますが、調整区域における開発行為を緩和するものでもあります。市街化調整区域に係る開発行為について、申請に係る開発行為やその申請の手続きが都市計画法第34条の1号から14号までに定められている要件に該当すると認められなければ開発許可されません。中でも11号は（以下、3411条例と称す）、市街化調整区域に係る開発行為の許可の基準に関する条例により、建築可能となる建物を「自己の居住の用に供する住宅」に限り開発が可能となりました。

一方、人口減少や超高齢社会が急速に進行していく中で、全国的に市街地の無秩序な拡大を抑制するコンパクトなまちづくりが注目を集めています。前橋市も市全体が地域とともに発展するコンパクトなまちづくりを目指して、前橋市都市計画マスタープランを策定しました。前橋市が目指すコンパクトなまちづくりとは、①市あるいは地域の発展をけん引する都心核等の形成、②都心核等の連携強化、③魅力と求心力ある中心市街地の整備、④自然と市街地が共生できる土地利用の実現とあります。また都心核としては、群馬県庁・前橋市役所周辺地区、従来からの中心商業地及びJR前橋駅周辺の区域を、地域核としてはJR新前橋駅周辺地区、前橋南部地区、及び大胡地区をそれぞれ位置づけています。しかし、コンパクトなまちづくりを進めることが前橋市の都市計画方針である中で施行された開発基準に関する条例は、ともすれば郊外への人口流出を誘発させる危険性もはらんでいます。

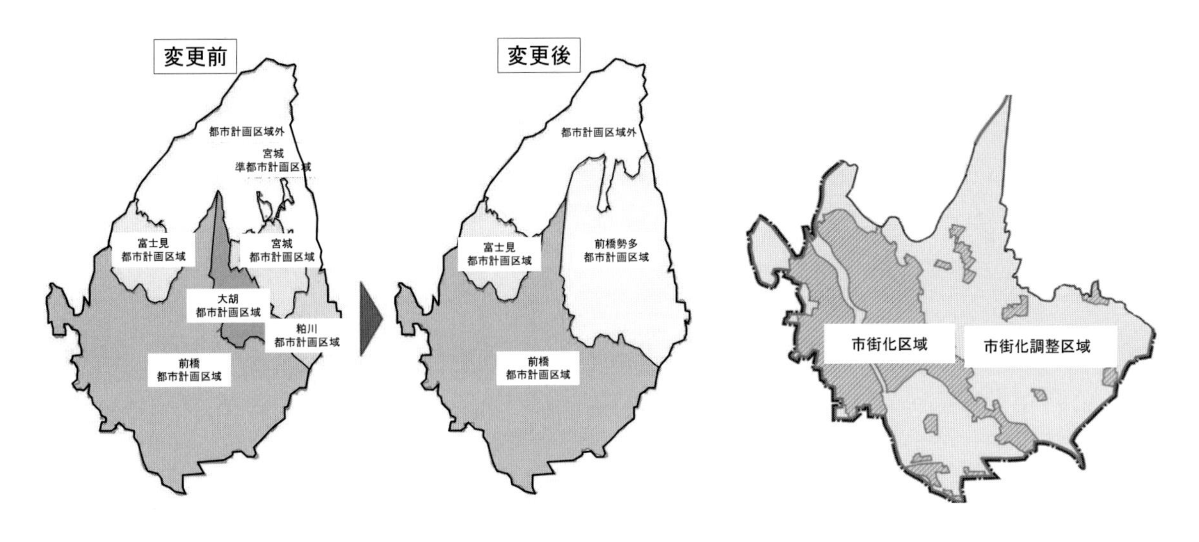

図 4-4-1　前橋市の都市計画区域の変更

図 4-4-2　前橋都市計画区域の区域区分

(2) 前橋市の都市計画区域と市街化調整区域及び 34 条関連の開発状況

前橋市は、平成 16 年 12 月 5 日に前橋市、大胡町、宮城村、粕川村が合併、平成 21 年 5 月 5 日にはさらに富士見村が合併した人口 339,975 人、世帯数 142,292 世帯（平成 26 年 11 月末日）の群馬県中央に位置する中核市です。前橋市には 5 つの都市計画区域が存在し、前橋都市計画区域、大胡都市計画区域、宮城都市計画区域、粕川都市計画区域、富士見都市計画区域がありましたが、平成 27 年 5 月 8 日に大胡、宮城、粕川都市計画区域が統合され、前橋勢多都市計画区域に変更になりました（**図 4-4-1**）。また、変更に併せ、特定用途制限地域の決定や各都市計画の名称変更を行いました。ただし、前橋都市計画区域のみ区域区分（線引き）が実施されており（**図 4-4-2**）、他の二つの都市計画区域は非線引きです。従って、市街化調整区域における開発許可制度は、前橋都市計画区域内のみに適用されています。

図 4-4-3 は、平成 10 年から平成 25 年までの 16 年間の都市計画法第 34 条関連の開発許可件数の推移を示したものであり、図からも明らかなように前橋市では自己用住宅の立地を認める条例を平成 16 年 4 月に施行したため、平成 16 年以降の開発許可件数も増加していることが分かります。平成 25 年の内訳としては、全体で 271 件のうち 165 件（60.9%）が 3411 条例の開発です。平成 25 年度における 3411 条例の開発許可件数は上川淵・下川淵地区で 58 件、永明・城南地区で 52 件、桂萱地区で 30 件、清里・総社地区で 13 件、芳賀地区で 6 件、南橘地区で 5 件、元総社・東地区で 1 件（**図 4-4-4**）となっており、中でも市街化調整区域が占める割合が高い上川淵・下川淵地区、永明・城南地区、桂萱地区での開発が多いことが分かります（**図 4-4-5**）。

市街化調整区域内に鉄道が運行されている地区としては、永明・城南地区に JR 両毛線が（**図 4-4-6**）、また桂萱地区には上毛電鉄があります（**図 4-4-7**）。いずれの地区ともに駅周辺での自己用住宅の開発許可が多いわけではありません。その理由としては、前橋市における 3411 条例の要件にあります。**表 4-4-1** は前橋市と近隣都市の 3411 条例の要件の概要を示したものです。都市により要件の内容に多少の相違は見られますが、要件としては敷地面積、連たん区域、接道条件、及び排水基準により制限されています。

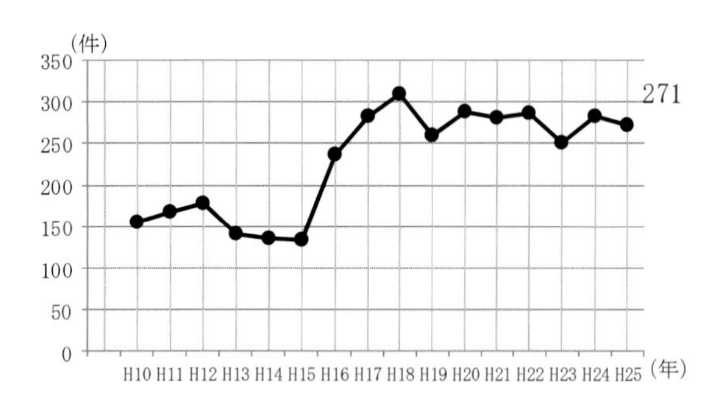

図 4-4-3　34 条関連の開発許可件数の推移

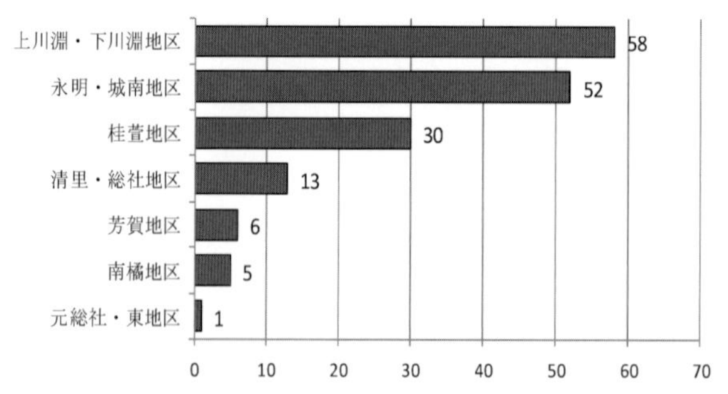

図 4-4-4　3411 条例関連の開発許可件数(平成 25 年)

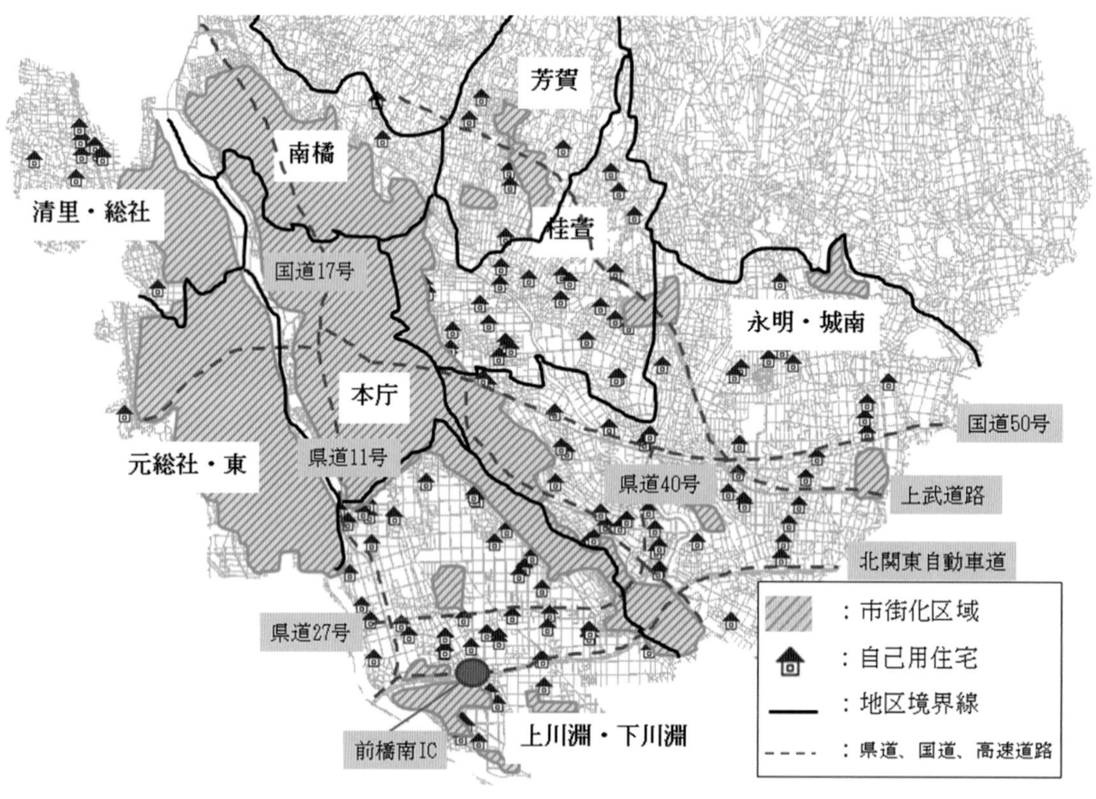

図 4-4-5　3411 条例関連の開発許可（自己用住宅）の分布（平成 25 年）

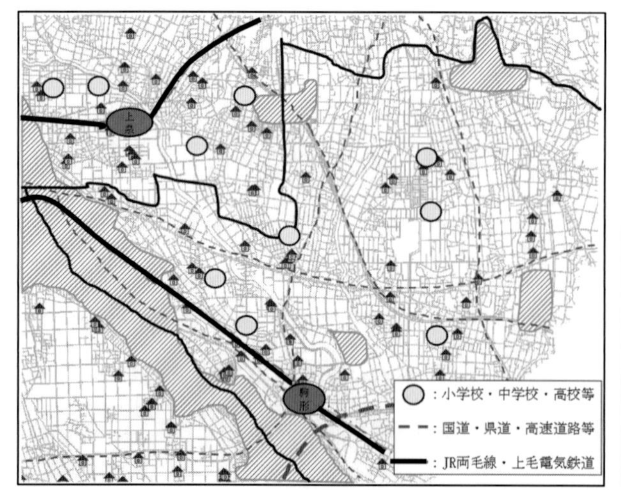

図 4-4-6　3411 条例関連の開発許可（永明・城南地区）

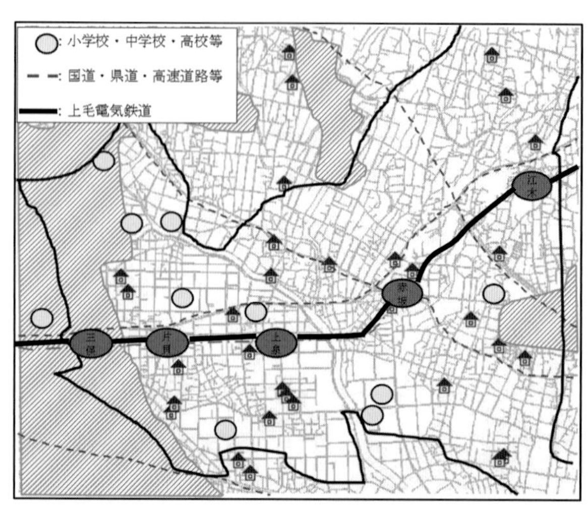

図 4-4-7　3411 条例関連の開発許可（桂萱地区）

表 4-4-1 前橋市と近隣都市の 3411 条例の要件

	敷地面積	連たん区域	接道条件	排水
前橋市	300m2以上	連たん区域から50mの範囲内	6m道路または両端6m以上に通じる有効幅4m以上の道	排水および雨水を既設の排水路に放流
高崎市	250m2以上	40以上の建物が60m以内で連たんする地域	4m以上道路に接していること	汚水排水の放流先があること
伊勢崎市	25m2以上 500m2以下	50以上の建物が50m以内で連たんする地域	○有効幅4m以上で通り抜けの道路 ○4m以上道路に接していること	道路側溝等の排水に協議が整っていること

表 4-4-1 の 3411 条例の開発許可要件から明らかなように、高度経済成長期の旺盛な宅地需要などを背景にしたスプロールの抑止が念頭におかれていたことから、後追い的に道路や排水施設等の公共施設を新たに整備する必要がない開発行為に限定されているという視点がありました。しかし、本格的な人口減少社会の到来に向けた今後の市街化調整区域内の開発許可制度は、「既成市街地の空洞化を促進する恐れがない開発行為」に限定するといった視点からの再構成が必要であると考えられます。さらには第 13 章で提案するコンパクトシティ・プラス・ネットワーク型都市構造を目指すのであれば、既存の鉄道駅周辺に居住誘導区域を設定し、開発要件を新たに追加することも必要と思われます。特に前橋市においては、永明・城南地区（**図 4-4-6**）や桂萱地区（**図 4-4-7**）においては鉄道駅が市街化調整区域内にあるため開発が抑制されています。このような場合、**表 4-4-1** に示した開発要件の「連たん区域」の代わりに「鉄道駅周辺区域（例えば駅から 500m 以内)」を要件とすることにより鉄道駅周辺での開発行為が可能となります。合わせてまちづくりの方向性を明確にするための地区計画の導入なども考慮する必要があります。

現在、前橋市は三つの都市計画区域があり、その中で区域区分が実施されているのは前橋都市計画区域のみであり、前橋勢多都市計画区域と富士見都市計画区域は非線引き状態です。従って、地価の安い前橋勢多都市計画区域や富士見都市計画区域内での住宅開発が進み、結果的にスプロール化が進行しています。この状態を抑制するためには、前橋市全体を一つの都市計画区域に統合し、その上で区域区分を実施する必要があります。さらにコンパクトシティ・プラス・ネットワーク型都市構造を目指すための開発許可制度の見直しが不可欠であると思います。特に鉄道の利用者は年々減少傾向にあり、今後の少子化などを考慮するとその傾向は今後とも続くものと思われます。その結果、鉄道の存続そのものが危惧されることになります。この状態を回避するためには鉄道の利用者の増加を図ることが不可欠であり、そのためにも鉄道駅周辺への居住誘導や公共施設の立地促進を戦略的に図ることが不可欠であると思われます。

都市計画における区域区分制度の導入は、個人の財産権に大きく影響を与えるために賛否両論があります。特に平成の大合併においては区域区分がある地域と無い地域が合併したケースが多々あり、合併後の区域区分のあり方について多くの議論があります。中には合併に伴い区域区分を廃止した地域もあります。今後の人口減少と超高齢社会の到来に向けてコンパクトシティ・プラス・ネットワーク型都市構造を目指すのであれば、合併後の地域を一つの都市計画区域に再編し、区域区分の導入が必要と思われます。その上で、開発許可基準を見直すことが重要であると思われます。

第５章　群馬の特徴を活かしたまちづくり

5－1　日帰り温泉施設の利用実態と効果

(1) 日帰り温泉の概要

平成 26 年の群馬県の観光入込客数は約 6,180 万人ですが、その内、日帰り客が全体の 88%を占めており、宿泊を伴う滞在型の旅行形態よりも手軽な日帰り旅行が好まれる傾向にあります。中でも日帰り温泉施設の利用客数は全体では増加傾向にあります。日帰り温泉施設は、低料金で気軽に利用可能なレジャー施設であり、温泉を活用した健康づくりなどに活用されています。また市町村が新たな地域活性化対策として建設・運営しているものもあり、地元住民の健康増進や地域間交流の拠点となっているものも多いですが、日帰り温泉施設の増加や施設間の過当競争、施設の老朽化に伴う利用客の減少が採算性の面で問題となっており、一部には市町村の財政負担を招いている施設もあります。本節は、地域活性化や住民の健康・福祉の増進を目的として建設された公営の日帰り温泉施設の利用実態と課題について検討を行うことを目的としています。調査は大きく二つに分けられ、一つ目は温泉施設を対象とした調査であり、二つ目は温泉施設利用者を対象とした調査です。いずれの調査も群馬県内にある公営の温泉施設（全部で 49 ヶ所、**図 5-1-1**）を対象としました。なお、調査は、平成 16 年 8 月から 9 月にかけて実施し、施設調査については 49 ヶ所中、26 ヶ所の施設から協力を得ることができました。また利用者調査は 12 ヶ所の温泉施設の協力を得ました（**表 5-1-1**）。

(2) 温泉施設調査に関する結果

はじめに各温泉施設の収支について分析します。収入項目としては入館料、物品販売額、その他の項目であり、支出項目としては人件費、物品購入費、その他です。ここでは施設の総収入額に占める入館料と総支出額に占める人件費に着目します。その理由としては、今回対象とした温泉施設はその規模によりお土産等の物品販売やレストラン等の飲食施設を併設していない施設もあるためです。なお、平成 15 年度における「総支出額÷総収入額」の値は 0.34 から 1.47 と施設により異なっていました。**図 5-1-2** は、横軸に総収入額に占める入館料の比率を、縦軸には総支出額に占める人件費の比率を温泉施設別にプロットした結果です。なお、図中の○印は「総支出額÷総収入額＞1.0」の施設であり（赤字経営）、●印は 1.0 以下の施設です（黒字経営）。なお、総支出額の中には光熱費や維持管理費等は含まれていますが、施設の建設費と用地費は含まれていません。図から人件費の比率が 4 割を超えると多くの施設で赤字経営となっていることが分かります。すなわち、黒字経営のためには人件費の割合を 4 割以下に抑えることが必要となりますが、今回調査対象とした温泉施設の中で年間利用者数が 5 万人以下の小規模な施設は、総収入に占める入館料の比率が高いことから、支出額を削減するためには人件費の比率を 35%程度以下にすることが望ましいようです。

図 5-1-1　調査対象の温泉施設位置図

表 5-1-1　利用者調査の対象施設

施設記号	施設所在地市町村名	配布枚数	回収枚数	回収率%	露天風呂レストラン
P1	前橋市	1,000	178	17.8	有り
P2	富士見村	200	41	20.5	有り
P3	吉岡町	500	40	8.0	有り
P4	鬼石町	100	24	24.0	有り
P5	白沢村	500	78	15.6	有り
P6	黒保根村	500	105	21.0	有り
P7	妙義町	50	10	20.0	
P8	中之条町	50	17	34.0	
P9	吾妻町	100	42	42.0	
P10	六合村	50	5	10.0	
P11	昭和村	50	21	42.0	
P12	新田町	200	73	36.5	
	計	3,300	634	19.2	

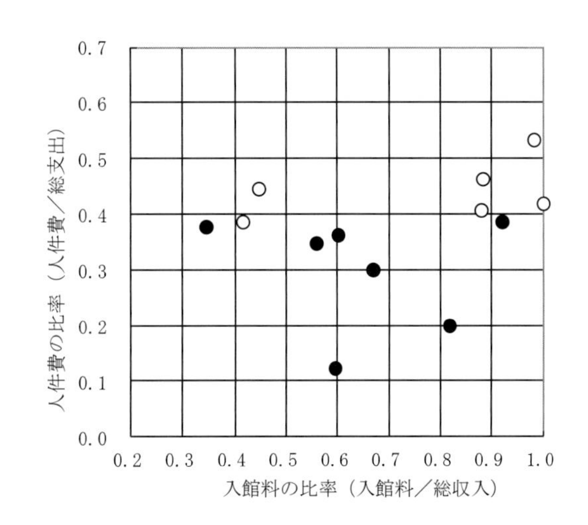

図 5-1-2　温泉施設別の収支状況（●黒字、○赤字）

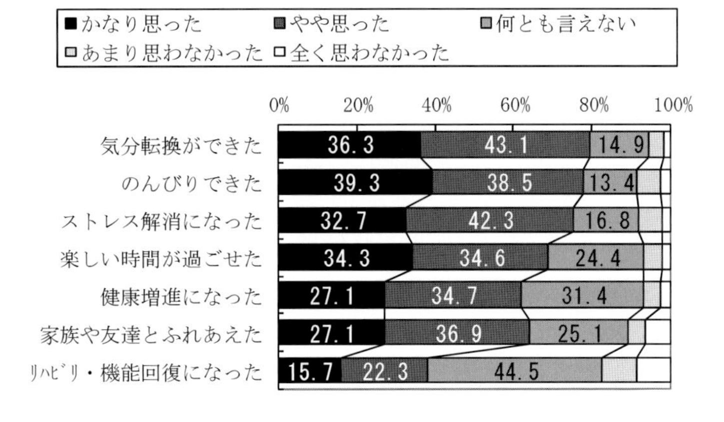

図 5-1-3　温泉施設を利用しての効用

(3) 温泉施設の利用者調査に関する結果

温泉施設を利用する目的は利用者により異なり、また利用による効用も個人により異なります。**図 5-1-3** は、実際に温泉施設を利用しての効用について整理した結果であり、「気分転換ができた」

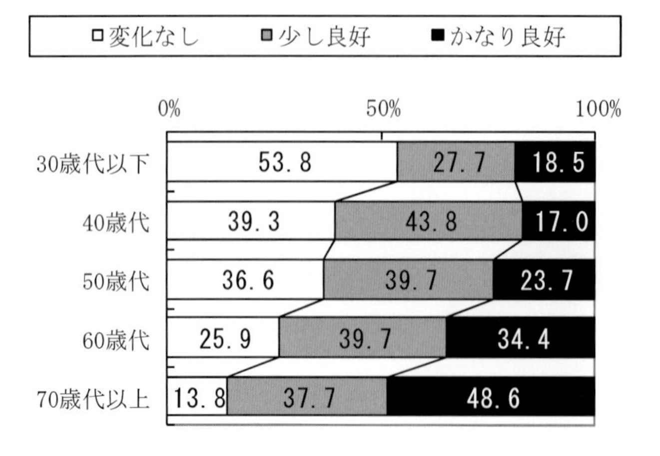

図 5-1-4 温泉施設利用の身体的変化

表 5-1-2 自宅からの距離による消費額（円/人）

距離	入館料	飲食代	土産代	その他	合計
10km未満	386	365	93	297	1,141
20km未満	465	444	220	261	1,390
20km以上	481	570	324	258	1,633

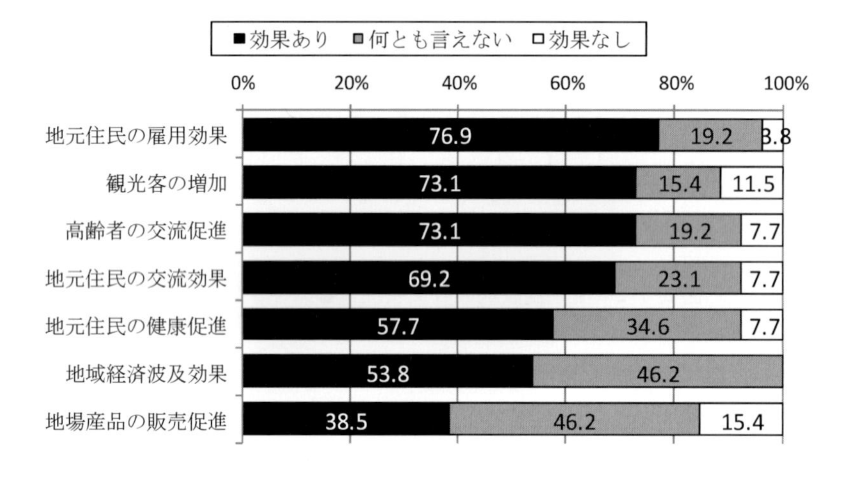

図 5-1-5 日帰り温泉施設の地域への効果

が最も多く、次いで「のんびりできた」「ストレス解消になった」などが上位になっています。これらの結果は個人属性（年代や性別）により異なり、高齢者ほど健康に関する項目（健康増進や機能回復）に対する評価が高い結果となっています。そのことを示したのが**図 5-1-4** であり、高齢者ほど温泉施設利用による身体的変化が大きいことが分かります。これらの結果からも温泉施設の利用効果としては精神的効果と健康的効果があり、特に若い年代層は精神的効果を高齢者は健康的効果を評価していることが明らかとなりました。

表 5-1-2 は、自宅から温泉施設までの距離別に一人あたりの消費額を整理したものであり、入館料、飲食代、お土産代及びその他の項目別に記載しました。合計金額から明らかなように距離が長くなるほど消費額も大きくなっており、中でも飲食代と土産代が顕著です。このように温泉

施設利用者による消費は地元の雇用効果や観光客の増加に繋がります。**図 5-1-5** は、日帰り温泉設置による地域への効果を示したものであり、「地元住民の雇用効果」については 76.9%が効果ありと回答しており、次いで「観光客の増加」と「高齢者の交流促進」が 73.1%です。

今回対象とした日帰り温泉施設の開設目的の一つに地域経済の活性化対策としての役割があります。具体的な効果としては、雇用促進効果と地域内で生産した農産物等の販売効果があります。また大規模な施設は遠方からの利用者も多いことから、入館料以外に飲食代やお土産代による収益も期待できます。しかし、実際に施設を訪問し実態を調査してみると、全く特徴のない食事のメニューやどこにでもあるようなお土産しか置いていない施設も多く見られました。温泉施設は地域間交流の場でもあることから、地域の特徴を最大限生かすような工夫が求められています。

日帰り温泉施設の多くは中山間地域に立地しており、このような地域の多くは商業機能の衰退による買物不便地区でもあります。温泉施設を単なる憩いの場や地域の交流の場として位置づけるのではなく、買物機能や行政機能などを付加することにより、地域の生活の場としての役割を担ってもらうことが重要となります。そのためには、温泉施設を地域の核として、地域の集落と温泉施設を結ぶためのデマンドバスなどの公共交通の再編も必要となります。

参考文献

湯沢昭・星啓・塚田伸也：公営日帰り温泉施設の利用実態と効果に関する一考察，都市計画論文集，No.40-3，pp.913-918，2005

5-2　道の駅の評価と地域振興

(1) 道の駅の設立経緯と機能

道の駅の起源は平成 5 年に国土交通省（当時は建設省）が「道の駅登録・案内制度」を定めたのが始まりであり、全国 103 ヶ所の施設に対して道の駅登録証の交付を行いました。その後全国各地で道の駅が開設され、平成 28 年 5 月 10 日現在で全国に 1,093 ヶ所あります。道の駅は道路管理者と市町村などの自治体が共同で設置する場合と、市町村が単独で設置する場合があります。

道の駅の機能としては、「休憩機能」「情報機能」「地域振興機能」「地域連携機能」があり、休憩機能としては、駐車場やトイレの設置、無料休憩施設などの道路利用者に安全と快適性を提供する役割を担っています。情報機能としては、道路利用者に道路状況や地域の観光情報、地域の名産品などの情報、さらには旅行目的地などに関する情報を提供し、道路利用者の便宜を図るとともに地域振興や交流に結び付ける役割を果たしています。地域振興機能は道の駅を設置する市町村などにとっては最大の目的であり、期待される機能としては道の駅における商業機能、地域イメージアップと地域内への利用者の導入、及び産業の活性化と雇用の創出などが挙げられます。地域連携機能は利用者・企業・行政といった様々な主体が連携して新たな活動を起こし、交流と賑わいを生み、地域活性化のエネルギーとするものであり、地域内連携、近隣市町村との連携、道路利用者と地域との連携、道の駅間の連携などがあります。

(2) 関東地方の道の駅と道の駅の調査

図 5-2-1 は、関東一都七県の道の駅（140 ヶ所）における施設整備状況を示したものです。図から明らかなように特産物販売所等は全体の 83.6%の道の駅で設置されており、道の駅の重要な施設であることが分かります。また博物館・美術館や温泉施設などが整備されている道の駅もあり、地域の特性により様々なサービスが提供されています。本研究では、道の駅の利用者と道の駅の管理運営実態を把握する目的で**表 5-2-1** に示すような調査を実施しました（調査 2 から調査 4 の調査対象は関東地方の 140 ヶ所の道の駅、調査は平成 23 年 7 月から 9 月に実施）。

①「道の駅 A」利用者を対象とした調査（調査 1）：千葉県内にある道の駅で、高速道路の SA 内にあり、高速道路と一般道路の両方から利用可能な道の駅です。調査内容は、個人属性、道の駅の利用目的、農産物等の購入状況、及び道の駅に関する評価（14 項目）です。

②農産物出荷者を対象とした調査（調査 2）：調査内容は、個人属性、農産物の出荷状況、年間販売額、及び農産物の出荷理由（15 項目）です。

③農産物直売所管理者を対象とした調査（調査 3）：調査内容は、直売所の概要、営業状況、経営状況、及び直売所の課題に関する評価（20 項目）です。

④道の駅管理者を対象とした調査（調査 4）：調査内容は、道の駅の概要、施設の整備状況、経営状況、経営基盤の評価（13 項目）、及び地域への影響に関する評価（19 項目）です。

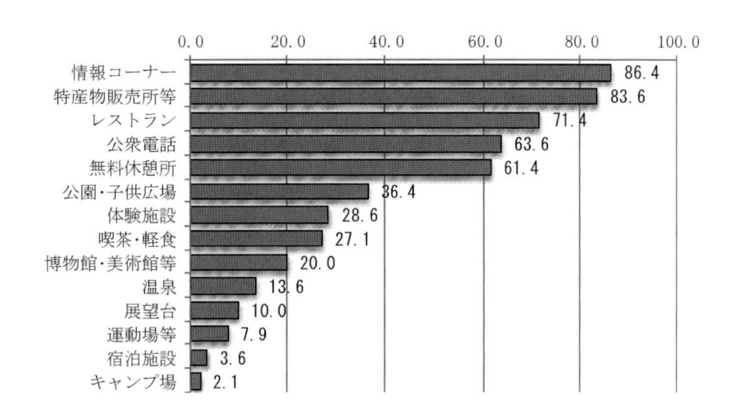

図 5-2-1　関東一都七県の道の駅の施設整備状況

表 5-2-1　道の駅に関する調査内容

	調査1	調査2	調査3	調査4
調査対象	「道の駅Ａ」利用者	農産物生産者	農産物直売所管理者	道の駅の管理者
調査年月	平成23年9月	平成23年7月		
調査方法	直接配布・郵送回収	郵送配布・郵送回収		
配布数	1,000票	各道の駅毎に10票	140票	140票
回収数	312票	236票	35票	38票
回収率	31.2%	16.9%	25.0%	27.1%
調査内容	個人属性	個人属性	直売所の概要	道の駅の概要
	道の駅の利用目的	農産物の出荷状況	営業状況	施設の整備状況
	購入金額	年間販売額	取扱い品目	損益計算書の内容
	道の駅の評価	農産物の出荷理由	経営状態	経営基盤の現状
			直売所の評価	地域への評価

「調査２」「調査３」「調査４」の調査対象は、関東一都八県の全ての道の駅（140ヶ所）
関東一都八県：東京都、千葉県、埼玉県、神奈川県、茨城県、栃木県、群馬県、長野県、山梨県

(3) 道の駅の調査結果と評価

「調査 1」による道の駅利用者の評価は**図 5-2-2** に示す通りであり、評価の高い項目としては「農畜産物の新鮮さ」「施設全体の賑わい」「地域特産品の品揃えの豊富さ」などが挙げられています。このように利用者の視点からは道の駅での買物が重要な評価項目であることが分かります。このように利用者の視点からは道の駅での買物が重要な評価項目であることが分かります。

「調査 3」は、農産物直売所の管理者を対象とした調査であり、農産物直売所の経営主体としては、「公社・第三セクター」が全体の 40%、次いで「生産者法人」が 20%となっています。出荷会員数は 200 人から 300 人未満が最も多く全体の 35%、次いで 100 人から 200 人未満が 32%となっています（平均は 192 人）。出荷会員の範囲は同一市町村が全体の 86%を占めています。農産物直売所における従業員数（専従・パート等の合計）は、10 人未満から 20 人以上とばらつきが見られますが、平均では 15.4 人となっています。年間のレジ通過者数は、最も多いのは 10 万人から 20 万人未満であり全体の 39%、次いで 10 万人未満が 21.4%となっています（平均では 226 千人）。また年間の売上高は 2 億円未満が全体の 54%ですが、6 億円以上の売上も 11%見られます（平均は 2.7 億円）。レジ通過者一人あたりの購入金額としては、最も多いのが 750 円から 1,000 円未満が 42%、次いで 1,000 円から 1,250 円が 35%であり全体の平均では 1,144 円となりました。**図 5-2-3** は、農産物直売所が抱えている課題について整理した結果であり、あまり問題視されていない項目としては、「適正な商品表示」「近隣施設との競合・競争」「組織の管理体制」などが挙げられています。逆に問題視されている項目としては、「出荷者の高齢化問題」「陳列棚

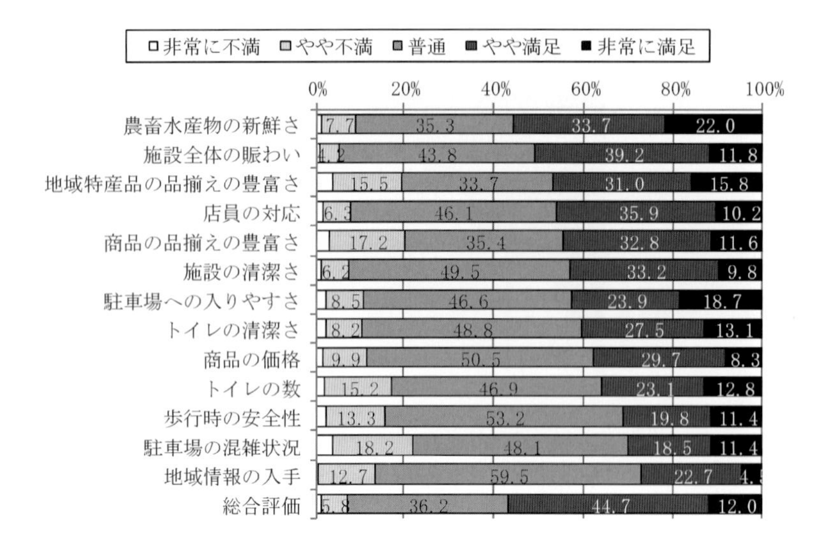

図 5-2-2 「道の駅 A」の利用者評価

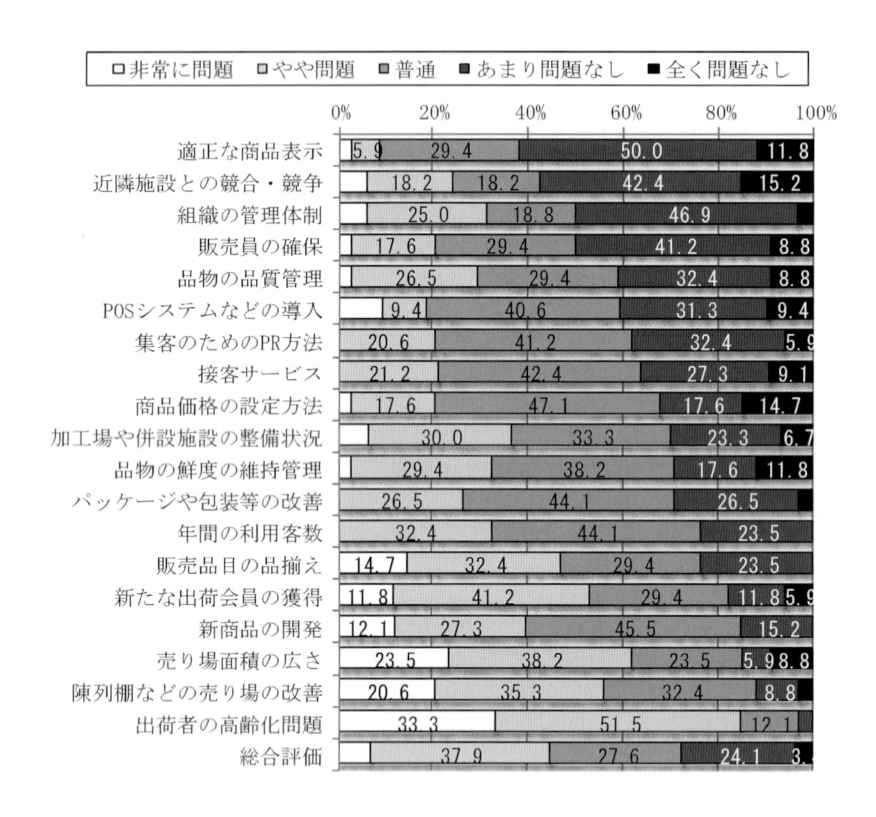

図 5-2-3 農産物直売所が抱えている課題

などの売り場の改善」「売り場面積の広さ」「新商品の開発」「新たな出荷会員の確保」などがあります。

「調査 4」は、道の駅管理者を対象とした調査であり、道の駅の形態としては全体の 40%が第三セクター方式であり、経営責任者は市町村長が全体の 46%を占めています。道の駅の平均的な収支状況としては、経常収入が約 2.5 億円、経常費用の内訳としては売上原価が 54%、一般管理費が 41%を占めており、純利益は約 700 万円となっています。しかし、多くの道の駅では行政からの補助金や指定管理者制度による財政補助を受けているため、行政からの財政支援なしでは経営が成り立たないのが現状です。**図 5-2-4** は、道の駅の開設による地域への影響や効果について評価した結果です。図から明らかなように「地域の農畜産物の販売促進効果」「駐車場などの設備提供効果」「地域イメージアップ効果」「地域情報発信効果」など多様な効果が認識されていることが分かります。

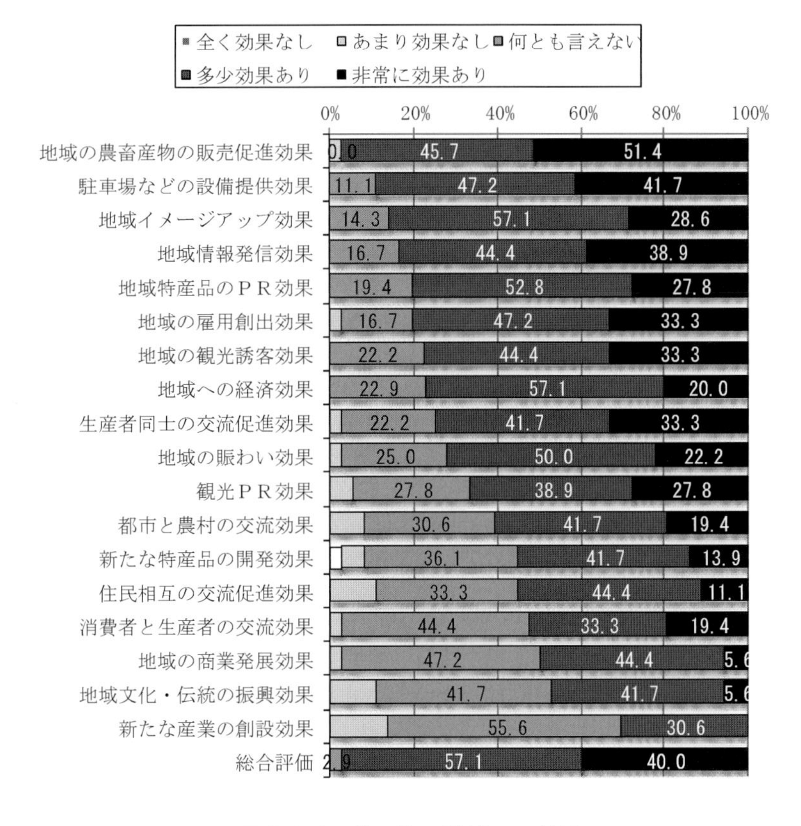

図 5-2-4 道の駅の地域への効果

国土交通省では地域活性化の拠点として、特に優れた機能を継続的に発揮していると認められる道の駅を“全国「モデル道の駅」”として6ヶ所指定しています（平成28年7月現在）。これらの道の駅は広域防災拠点や地域のゲートウェイ機能、地域の観光資源をパッケージ化した施設などであり、全国的なモデルとして成果を広く周知するとともに、さらなる機能発揮を図っています。また近年は従来の通過型の道の駅から滞在型の道の駅なども整備されています。道の駅の設置にあたっては、地域の特産品だけではなく文化・歴史などを十分に踏まえた上で地域にとっても魅力ある施設整備が望まれます。

参考文献

山本祐之・湯沢昭：道の駅における地域振興機能としての農産物直売所の現状と効果に関する一考察，都市計画論文集，Vol.47，No.3，pp.985-990，2012

5-3　山間部のまちづくり

(1)山間部の人口減少

第 1 章で解説したように、群馬県の市町村の人口は今後減少します。まちづくりの目的は、その地域で将来にわたり愛着を持って住んでもらうことです。しかし、人口減少により村そのものの存続が困難になる可能性があります。人口減少は同時に税収の減少をもたらします。そのため、道路や水道などの社会基盤を維持し続けることが難しい地域が発生するかもしれません。

図 5-3-1 は群馬県の市町村の人口増減率と高齢化率（65 歳以上の人口割合）を示したものですが、人口減少が激しく高齢化の進んでいる村が存在します。これらの村は今後どんなまちづくりをしたらよいのでしょう。65 歳以上の高齢者が人口の 50%を超える自治体を「限界自治体」と言います。集落単位では、65 歳以上が 50%を超える集落を「限界集落」、55 歳以上が 50%を超える集落を「準限界集落」、55 歳未満が半数を超える集落を「存続集落」とし、山間地域の限界集落化の分析が進められています。「限界集落」は、集落の自治、生活道路の管理、冠婚葬祭など共同体としての機能が急速に衰えてしまい、共同体として存続することが困難な集落を意味します。

日本全国で限界自治体、限界集落が増加していくものと予想されています。群馬県の市町村の中にも、人口減少、高齢化の進行が激しい地域が存在します。群馬県の山間部を事例に今後のまちづくりを考えてみましょう。

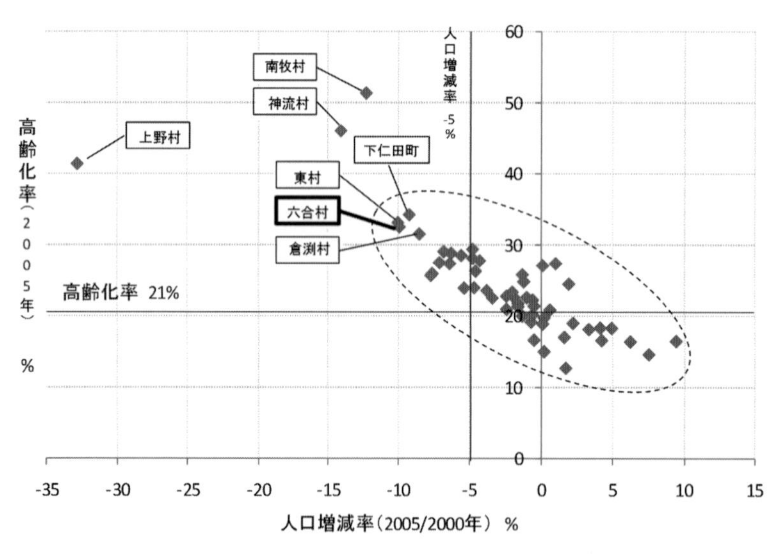

図 5-3-1　群馬県市町村の人口増減率と高齢化率の関係

(2)六合村を事例とした山間部のまちづくり

図 5-3-1 で示したように人口減少と高齢化が高い部類に属する六合村（**図 5-3-2**）を対象に、居住意向に関するアンケート調査（**表 5-3-1**）を実施しました。六合村は、群馬県北西部に位置し、2000 年から 2005 年の 5 年間で人口が 9.9%減少、2005 年の高齢化率は 32.5%でした。群馬鉄山がありかつてはにぎわいましたが人口減少が進み、2010 年に隣の中之条町と合併しました。限界集落などの集落種類別の集落分布を見ると、国道から離れたところに限界集落が存在します。

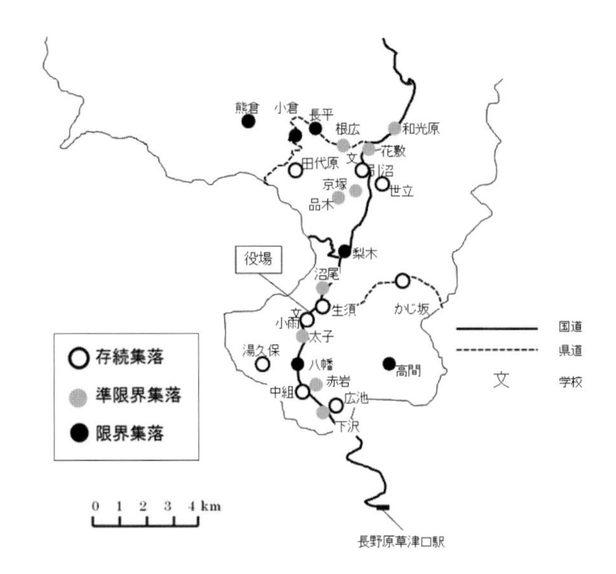

図 5-3-2 六合村の集落種類別の集落分布（平成 21 年）

表 5-3-1 アンケート調査の概要

調査期間	平成 19 年 10～11 月
調査方法	回覧板と合わせ配布、郵送回収
調査対象	全世帯の高校生以上の人
調査内容	1)個人属性（性別、年齢、職業） 2)交通・生活特性（自動車・免許保有、外出行動・交通満足度） 3)居住意向、転出理由
配布数	662 世帯、各世帯に 3 人分封入
回収数	266 世帯・531 人 回収率 40.2%（世帯）

①居住意向に関する分析

今後の居住意向を見ると（**図 5-3-3**）、「これからもずっと住み続ける」が **59%**、「たぶん住み続けると思う」が **22%**であり、合わせると **81%**となりました。これに対し、「わからない」が **13%**、「村外に転居すると思う」は **3%**にすぎません。「村外に転居する」「わからない」と答えた理由は、「仕事や通勤に不便だから」が **41%**、「買物に不便だから」が **30%**、「公共交通が不便だから」が **10%**でした。

年齢階層別に見ると（**図 5-3-4**）、若年層は転出意向が高く、高齢者ほど定住意向が高くなっています。60 歳以上になると、ほとんどが定住意向をもっています。全国の山間地でも同じような傾向があることが報告されています。

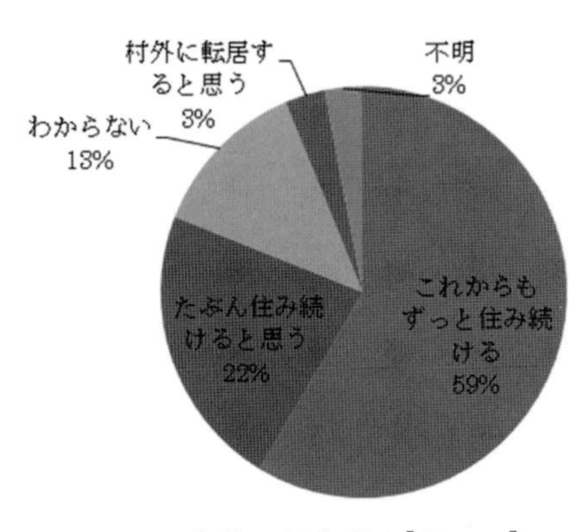

a.今後の居住意向[N=531]

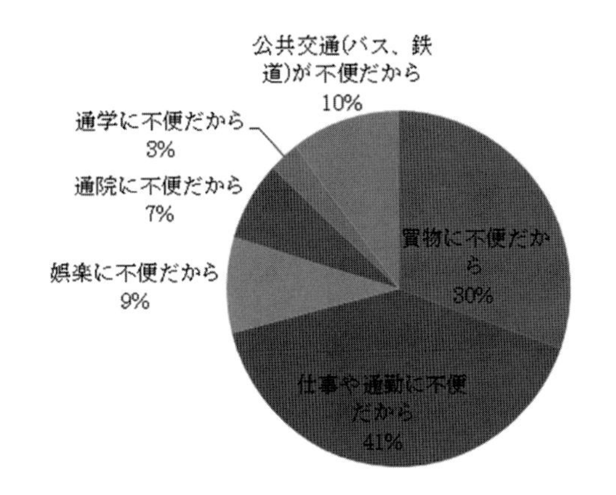

b.その理由[N=85]（「村外に転居すると思う」「わからない」と回答した人）

図 5-3-3 今後の居住意向・その理由

②将来の居住イメージ

アンケート調査データ詳細に分析した結果、居住意向に影響を及ぼす要因が明らかになってきました。例えば、転居意向を持っている人は、若い人、学生、無職の人、村外に勤務している人、

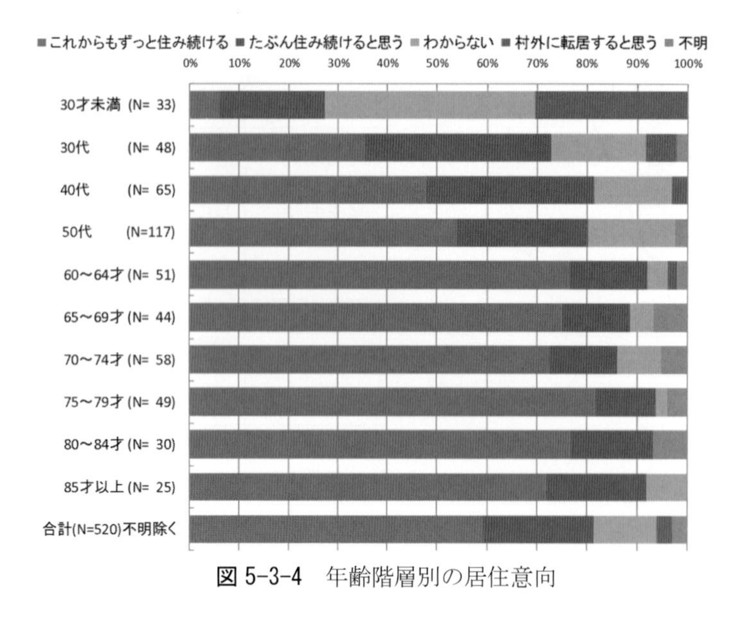

図 5-3-4 年齢階層別の居住意向

自動車の運転をしない人であるなどの傾向が分かってきました。集落別人口を見ると、村の中心部や国道から離れた集落では転居意向の高いことも分かってきました。

六合村の人口減少の勢いを止めることは困難であり、存続できない集落が発生すると考えられます。そこで、集落の特性に応じてメリハリを付けたまちづくりを考えて見ました。集落を人口動向や居住意向で分類し、いくつかの集落で助け助け合いながら圏域を作って生活環境を守っていくという考え方です。図 5-3-5 に示すように、拠点集落（クラスターA）を中心に、周辺の共生集落（クラスターB）が連携し、生活サービスを維持していきます。定住意向の高い拠点集落に生活サービスを集中させ、相対的には共生集落の生活サービスは低下していきます。これにより、共生集落から拠点集落への人口移動を促します。縮退集落（クラスターC）については、拠点集落からの個別の生活サービスを受け、当面の居住を維持しながら徐々に縮退していきます。直ちに住民の同意が得られるとは思いませんが、日本の山間部の本格的な人口減少にどのように立ち向かっていくのか、真剣な議論が必要な時期に来ています。

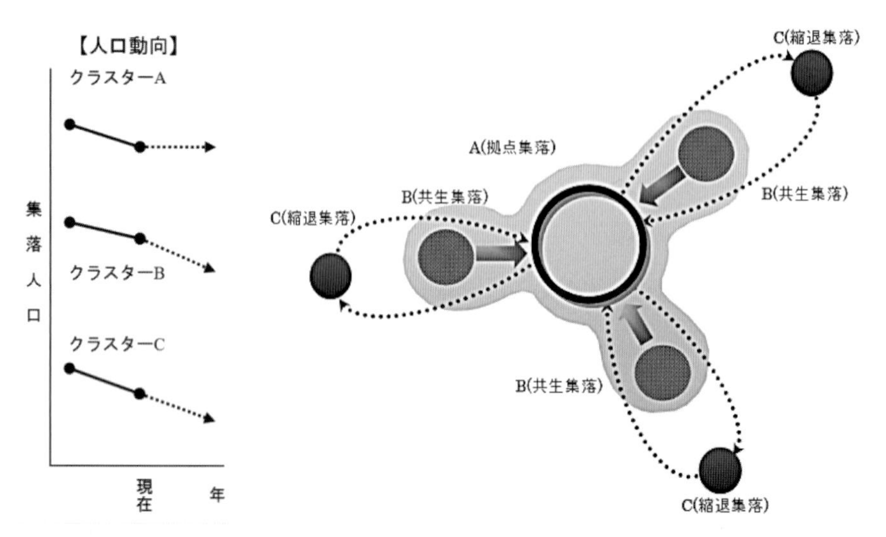

図 5-3-5 集約型居住の圏域イメージ

(3) 限界自治体・南牧村を事例とした山間部のまちづくり

平成 22 年の国勢調査によると、限界自治体（高齢化率 50%以上）は全国で 11 あり、その中で高齢化率が最も高い自治体が群馬県南牧村の 57.2%です。南牧村は、急傾斜地が多く災害危険性が高い集落があり、平成 19 年 9 月の台風 9 号で道路の寸断、孤立集落の発生など大きな被害を経験しています。**図 5-3-6** を見ると、役場のある村の中心部から離れた地区、台風 9 号による河川決壊箇所の上流に高齢化率の高い集落があります。災害は命に関わる問題です。**図 5-3-7** に示したように、災害危険性の高い集落から村の中心部や幹線道路沿いへの転居も検討すべきです。

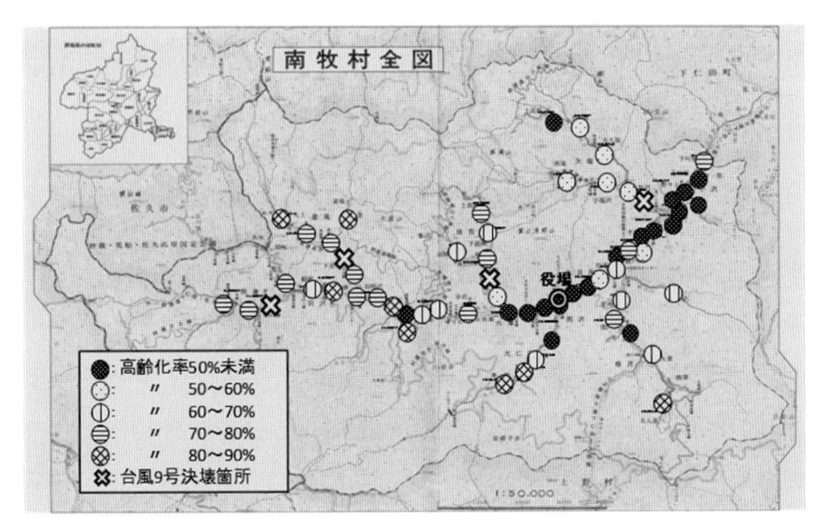

図 5-3-6　集落別高齢化率と台風による河川決壊箇所（平成 19 年台風 9 号）

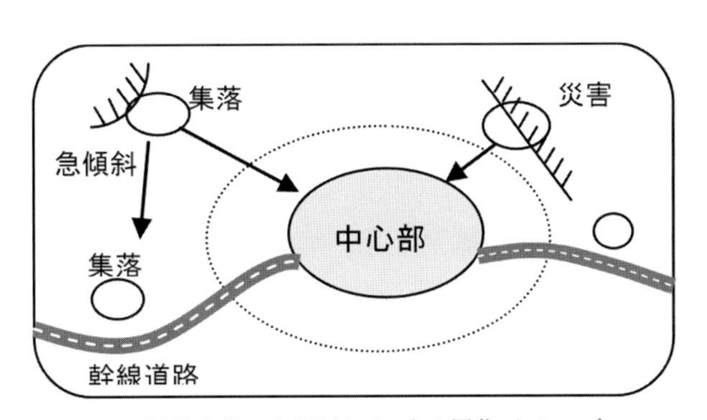

図 5-3-7　山間地における居住イメージ

> 山間部の自治体の人口減少は不可避です。今後は集落の人口動向や居住意向を考慮し、複数の集落を組み合わせた圏域を形成し生活環境を維持していくことが考えられます。また、災害に対し危険性が低く、避難しやすい集落を中心にまちを再構成していくことも考えられます。

参考文献

森田哲夫・塚田伸也・佐野可寸志：過疎・高齢地域における集約型居住に向けた人口動向・居住意識の分析－群馬県六合村におけるケーススタディー，都市計画論文集，No.45-3，pp.511-516，2010

森田哲夫・木暮美仁・塚田伸也・橋本隆・杉田浩：限界自治体の生活質と居住意向に関する研究，社会技術研究論文集，Vol.10，pp.86-95，2013

5-4　音風景による楽しいまちづくり

(1) 音風景

風景は、通常は目で見るものです。しかし、環境省が「残したい日本の音風景100選」「かおりの風景100選」を選定しているように、風景を五感で感じるものと考えてみましょう。音は風景を構成する要素のひとつであり、音風景（サウンドスケープ）と呼ばれています。近年、鉄道駅構内で、歩行者が近づく・横切る・立ちどまるといった動きに反応し、音楽や映像が流れるシステムが登場し、音風景の演出に活用されています。また、欄干をたたくとメロディを奏でる橋、自動車が走行すると音楽の聞こえる道路など音楽を活用した都市施設が見られるようになりました。このように音をまちづくりに活かす工夫が始まっています。

(2) インタラクティブ・ミュージック・システムの開発

「残したい日本の音風景100選」には、「水琴亭の水琴窟（群馬県吉井町）」「大平山のあじさい坂の雨蛙（栃木県栃木市）」「川越の時の鐘（埼玉県川越市）」などが選ばれています。「かおりの風景100選」には、「草津温泉「湯畑」の湯けむり（群馬県草津町）」が選定されています。これらの音風景、かおりの風景は、歴史・文化などその地域らしさを受動的に楽しむものです。

私たちは、音風景を能動的に演出しまちづくりに活用しようと考え、周辺の人通りなどの情報を取り入れ、それに基づいて音楽を生成するシステムを開発しました。歩行者に対し双方向的・対話的に音楽を生成するインタラクティブ・ミュージック・システムです。このシステムを、「『あなた(you)』が入ることによって『音楽(music)』になる」という意味から、「M[you]sic（ミ・ユー・ジック）」と名づけました（**図5-4-1**）。

図5-4-2のように、M[you]sicは、①人通りの状況を感知し、②音楽を生成する。歩行者が、③その音楽によって作り出された音風景を認識することにより、④ゆっくり歩くなど行動が変化する。さらにその行動変化が、①音楽の生成に影響するというフィードバックループを期待しています。M[you]sicは、小規模・低コストで移動可能なシステムを目指しており通常のパーソナルコンピュータを中心とした構成としました。これにより、既存の大規模な商用システムと比べ低予算で導入でき、小さな自治体、商工業関係の団体、市民団体等によるまちづくり活動においても、機動的に導入できます。

図5-4-1　M[you]sic ロゴマーク

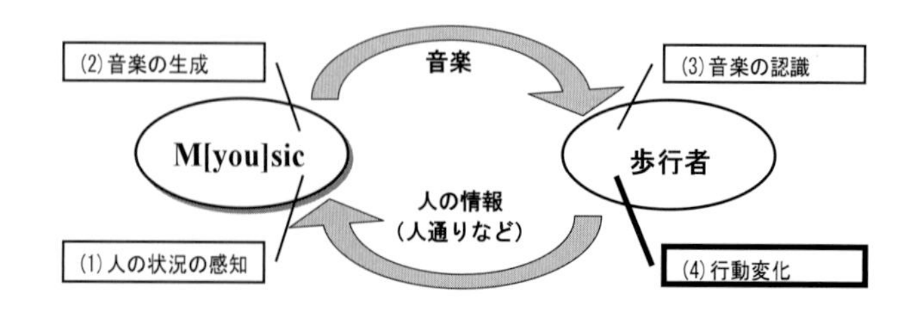

図5-4-2　M[you]sic のフィードバックループ

(3) インタラクティブ・ミュージック・システムの社会実験

システムの稼働を検証するため、平成 19 年に初めての社会実験を実施しました（**表 5-4-1**）。群馬県庁の県民ホールの通路を会場に、群馬の皆さんがだれでも知っている「上州八木節」をテーマとし音楽コンテンツを作成しました。歩行者数が増加するとそれに従って、太鼓の音が徐々に加わっていきます。システムを ON にすると、踊りだす子どもや立ち止まる高齢者が見られました（**写真 5-4-1**）。システムを ON にすると、子どもや高齢者の通過時間が長くなっています（**図 5-4-3**）。その後も、群馬県内の公園や公共施設や東日本大震災被災地で、社会実験を 30 回以上実施し、実用化に向けてシステムの改良を進めています。

表 5-4-1　社会実験の概要

イベント	上州の夏祭り（群馬県前橋市）
日　時	平成 19 年 8 月 18 日（土）　17：00～21：00　19 日（日）　10：00～19：00
場　所	群馬県庁舎 1 階県民ホール　駐車場側入口脇に設置（自動車利用の歩行者が通過する）
音楽コンテンツ	以下の規則で自動生成される。テーマは「八木節」 ・最初時は、ベースの鉦（かね）の音が静かに流れている。センサが反応すると太鼓が加わる。 ・一定時間内の人通りの数が一定以上に達すると音が重なり、八木節が完成。 ・人通りが途絶えると鉦の音だけに戻る。

写真 5-4-1　社会実験の様子（踊りだす子ども）

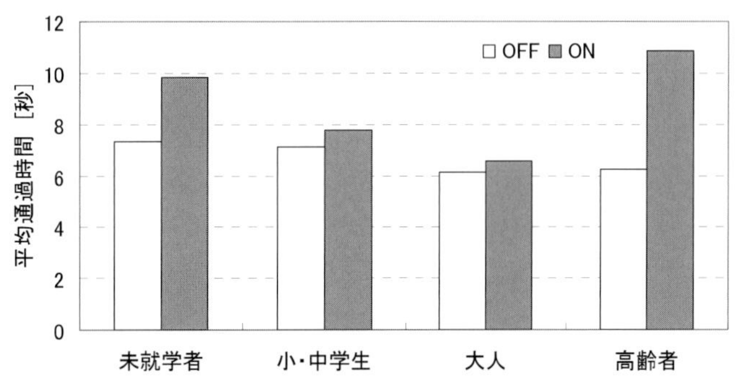

図 5-4-3　システム ON/OFF 別の平均通過時間

> まちづくりは、道路や鉄道を整備したり、再開発や区画整理を行うばかりではなく、地域の資源を活用することが大切です。「残したい日本の音風景 100 選」「かおりの風景 100 選」は地域らしさを発見し、地域の人に再認識してもらい、地域外の人に紹介する試みです。
>
> インタラクティブ・ミュージック・システムは、音風景を能動的に演出し、中心市街地の賑わい回復や心地よい公共空間を作ることを目指しています。ソフトなまちづくり活動を継続することで、いつまでも住んでいたいまちを作りましょう。

参考文献

森田哲夫・牛田啓太・塚田伸也：インタラクティブミュージックシステムの開発と公共空間の歩行者行動へ与える影響に関する分析，交通工学，Vol.45，No.1，pp.47-57，2010

森田哲夫・牛田啓太・田島洸城：公共空間の歩行者を対象としたインタラクティブミュージックシステムの実証的研究，第 30 回交通工学研究発表会論文集，pp.349-352，2010

第６章　環境を考慮したまちづくり

６－１　環境負荷の小さいまちづくり

(1) 群馬から見る地球環境問題

群馬県の温室効果ガスの推移を見てみましょう（**図 6-1-1**）。群馬県の温室効果ガス（二酸化炭素、その他の温室効果ガス）は、平成 21 年度に減少しましたが、近年は増加傾向にあります。一人あたり二酸化炭素排出量は、全国平均よりも少ないものの、近年は増加しています。

二酸化炭素の部門別排出量（**図 6-1-2**）を見ると、運輸部門が 28%であり、全国平均の 17%よりも高くなっています。運輸部門のほとんどが自動車から排出されています。群馬県は、拡散型・郊外型の都市を形成しており、集約型の都市と比べ自動車利用率が高く、自動車からの二酸化炭素排出量が多い傾向にあります。将来も持続可能な都市にするためには、化石燃料に依存したエネルギーの大量消費社会から、環境負荷の小さい都市に転換していく必要があります。

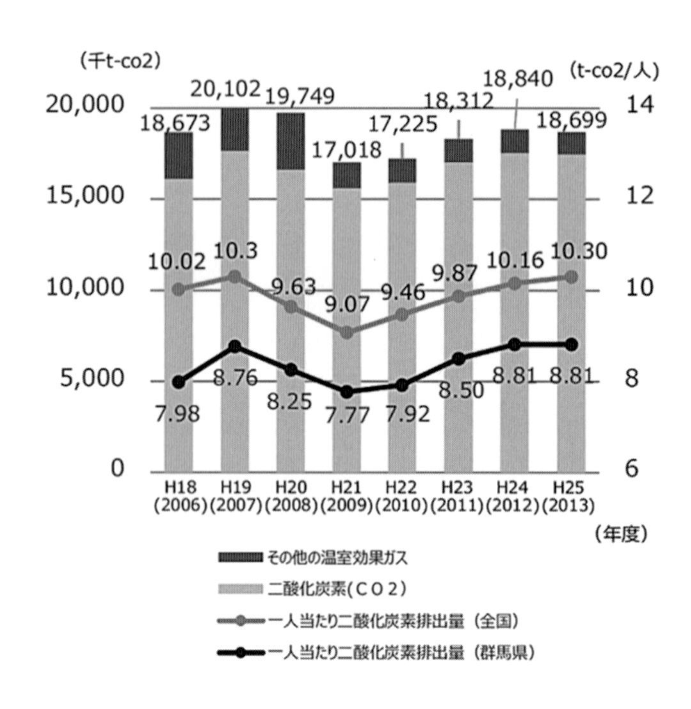

図 6-1-1　温室効果ガスの排出量と一人当たり二酸化炭素排出量の推移（群馬県）（出典：群馬県，第 15 次群馬県総合計画，2016）

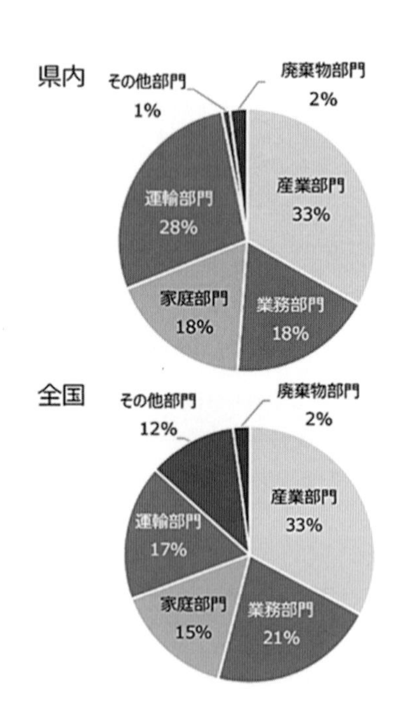

図 6-1-2　二酸化炭素の部門別排出量の割合（2013 年度、群馬県）（出典：群馬県，第 15 次群馬県総合計画，2016）

(2) 都市構造と自動車の利用状況

国土交通省が実施している「全国都市交通特性調査」を用い、都市の人口密度と自動車分担率（利用率）の関係を見てみましょう（**図 6-1-3**）。人口密度が高いほど自動車利用率が低く、人口密度が低いほど自動車分担率が高い傾向があります。つまり、人口密度が低いと鉄道やバスのサービス水準が低く、どうしても自動車による移動が増加してしまうためです。しかも、人口密度の低い都市ほど自動車利用率が上昇しています。自動車利用が多いと二酸化炭素の排出量が増加し、地球環境への影響が懸念されます。群馬県の都市は調査されていませんので、前橋市や高崎市が属する地方中核都市圏の都市（例えば、宇都宮市）を見ると、全国の都市の中でも自動車分担率が非常に高い都市であることが分かります。

運輸部門におけるエネルギー消費や二酸化炭素排出量は、都市構造によって異なります。群馬県の都市のように市街地が広がってしまった都市構造は環境負荷が大きくなります。本格的な人口減少社会を迎える群馬県は、将来の都市構造を本気で考える時期です。

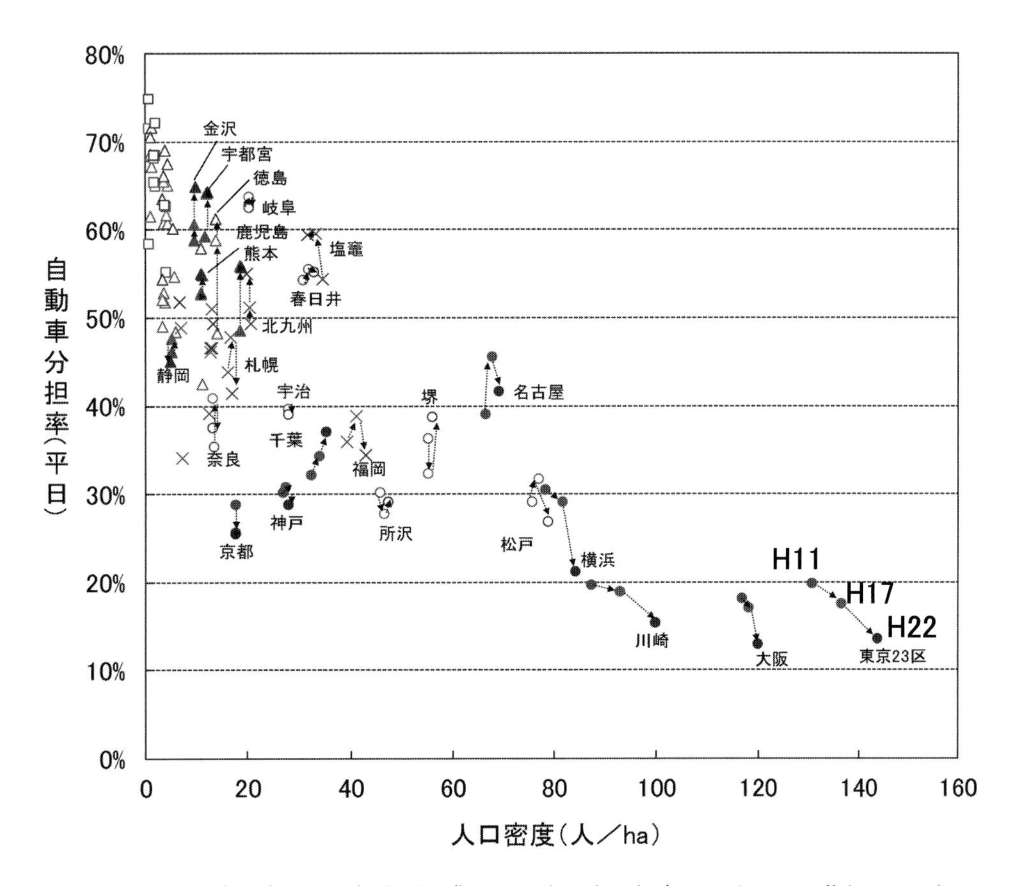

図 6-1-3　人口密度と自動車分担率（出典：国土交通省，都市における人の動き，2012）

> 市街地が拡大してしまい環境負荷の大きい都市を、今後どのようにしていくかは、まちづくりの大きな課題です。環境負荷を減らすだけでなく、人口減少、少子高齢社会において、道路や橋梁、住宅や公共施設を維持・管理していくためには、コンパクトなまちを作っていく必要がありそうです。

参考文献

群馬県：第 15 次群馬県総合計画「はばたけ群馬プラン II」，2016

国土交通省都市局都市計画課都市計画調査室：都市における人の動き－平成 22 年全国都市交通特性調査集計結果から－，2012

6－2　都市環境を評価するための方法

(1)都市環境の多面的評価の必要性

環境負荷の小さいまちづくりは大きな課題ですが、それだけでは十分ではありません。環境負荷を小さくするのであれば、外出せず、移動せず、活動せず、我慢の生活をすればいいわけです。まちづくりの目的は、便利で、快適で、安全な生活を提供することです。そのためには、環境面、生活面、経済面などから多面的に都市を評価する必要があります。また、まちづくりを検討するためには、現状を評価するだけでなく、まちづくり計画案の将来的な効果を定量的に評価する必要があります。

(2)都市環境施策評価モデルシステムの構造

都市環境に関する施策を多面的に評価するモデルシステム MERS を紹介します。モデルとは都市の活動を数式化して計算するものです。ここで紹介するのは、要素モデルを多数組み合わせた大規模なモデルシステムです。パーソントリップ調査（1－2参照)、その他統計データ、アンケート調査データを用いて開発されました。このシステムは、都市活動を「交通モデル」「土地利用モデル」により計算します。都市活動は、交通施策、土地利用施策、民生施策により変化します。都市活動は、三つの評価モデル（環境負荷、生活質、経済）に入力されます。

環境負荷評価モデルは、二酸化炭素（CO_2）排出量、窒素酸化物（NOx）排出量、二酸化窒素（NO_2）濃度、沿道の騒音を評価します。生活の質評価モデルは、住民から見た利便性、快適性、安全性の評価をします。経済評価モデルは、地価や生産額などから評価します（図 6-2-1)。

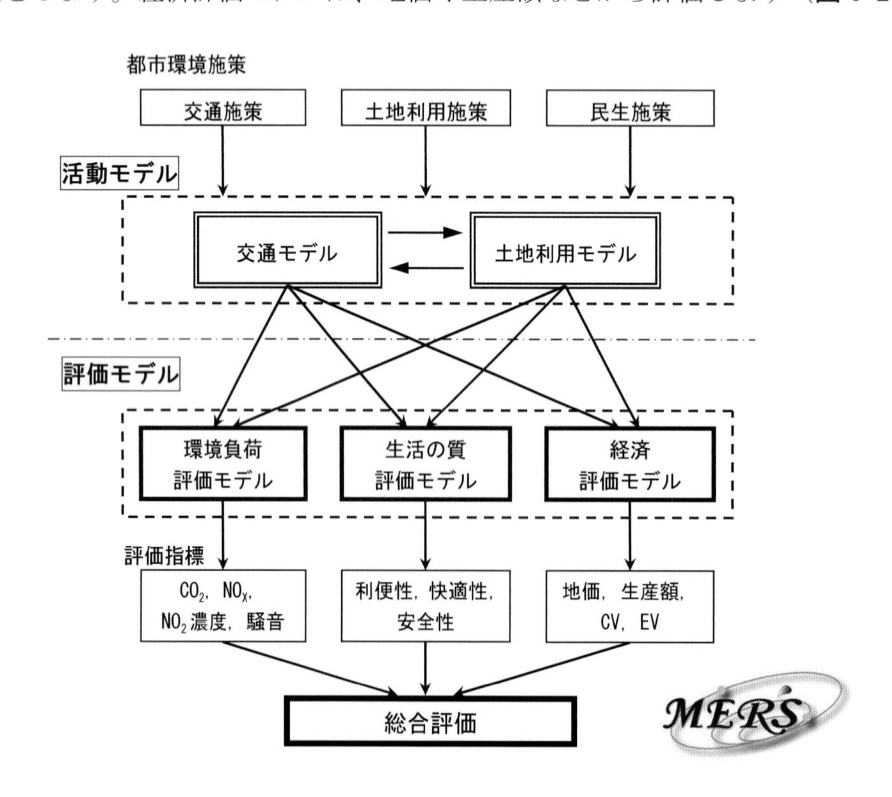

図 6-2-1　都市環境施策評価モデルシステムの全体構造

(3)都市環境施策の評価例

仙台都市圏を対象とした評価例を紹介します。都市環境施策は**表 6-2-1** のように様々な施策を評価することができます。**図 6-2-2** に示したように、評価結果がビジュアルに出力されます。このモデルを使って、仙台都市圏を対象とし、都市構造別の交通施策の評価をしてみます。都市構造としては、現状のトレンドのまま郊外化する「趨勢型」、公共交通の利便性の高い都心に居住を促す「都心居住」、郊外に 4 つの副都心を設ける「副都心型」を設定しました。趨勢型に対し、都心居住型と副都心型の差を**図 6-2-3** に示しました。

表 6-2-1　都市環境施策の例

	施策名	内容
交通施策	道路ネットワーク	・道路整備
	公共交通	・鉄道、バスのサービス向上
	TDM	・都心部の駐車容量の抑制
土地利用施策	趨勢型	・トレンドの人口動向
	都心居住型	・都心居住の負担軽減
	副都心型	・副都心整備による職住近接
民生施策	住宅施策	・戸建て住宅から集合住宅への住替え ・住宅の省エネルギー化
	地域冷暖房等	・地域冷暖房システムの導入 ・業務ビルへのコージェネレーション導入
	都市緑化	・業務ビルにおける屋上緑化 ・都市部における緑の創出

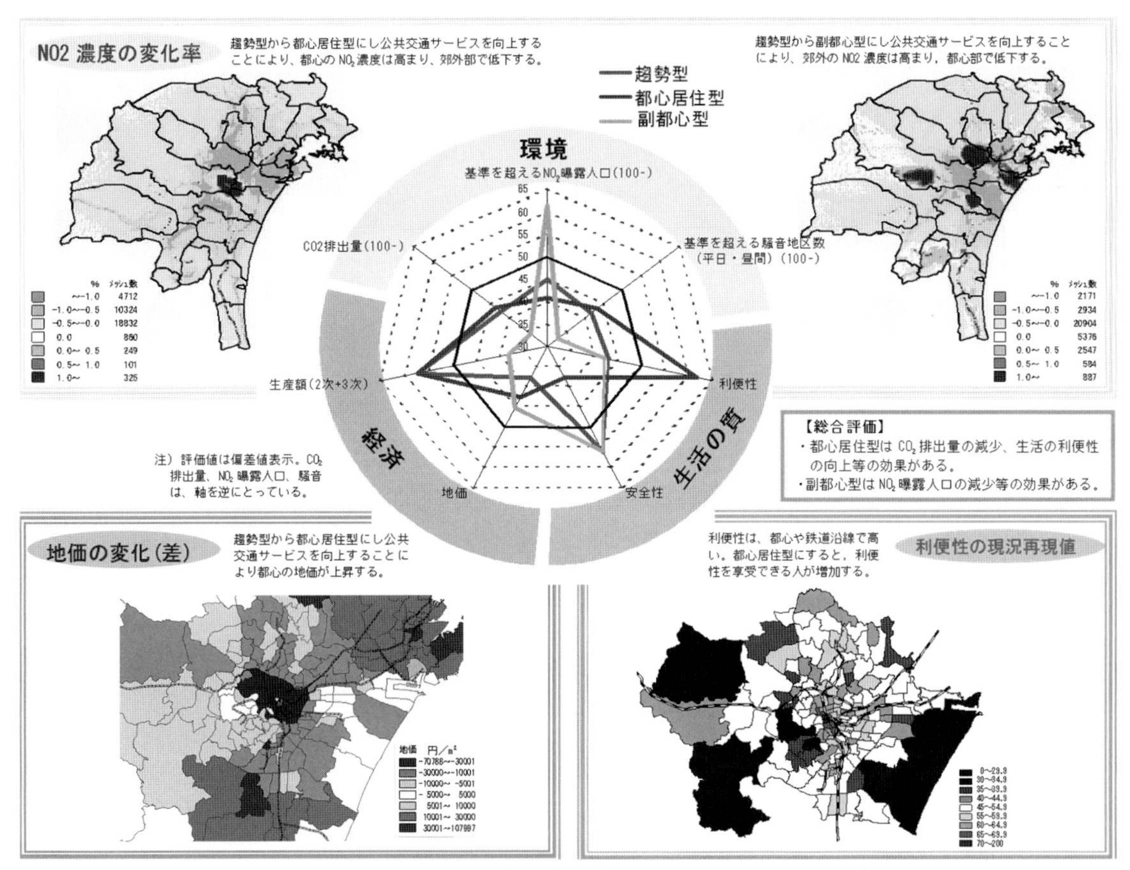

図 6-2-2　都市環境施策評価の出力例

公共交通サービスの向上により都心居住型の都市構造では CO_2 排出量の減少、基準を超える騒音の大きい地区の減少、地価の上昇の効果が得られ、副都心型では CO_2 排出量の減少、基準を超える騒音の大きい地区の減少の効果が得られるように、都市構造により得られる効果は異なることが明らかになりました。また、都心居住型における都心部の駐車容量の抑制は CO_2 排出量の削減に効果がありますが、副都心型における環状道路整備は迂回交通を誘発し、CO_2 排出量はやや増加する結果となりました。

以上の結果より、CO_2 排出量の削減、生活の利便性を向上させることを重視するのであれば都心居住型の都市構造が適していると言え、NO_2 の曝露人口の減少、市民生活の安全性をより重視するのであれば、副都心型が適していると考えられます。どちらの都市構造を選択するかは都市の課題や政策の方向性によりますが、このように、都市環境施策の効果を定量的に把握することが大切です。

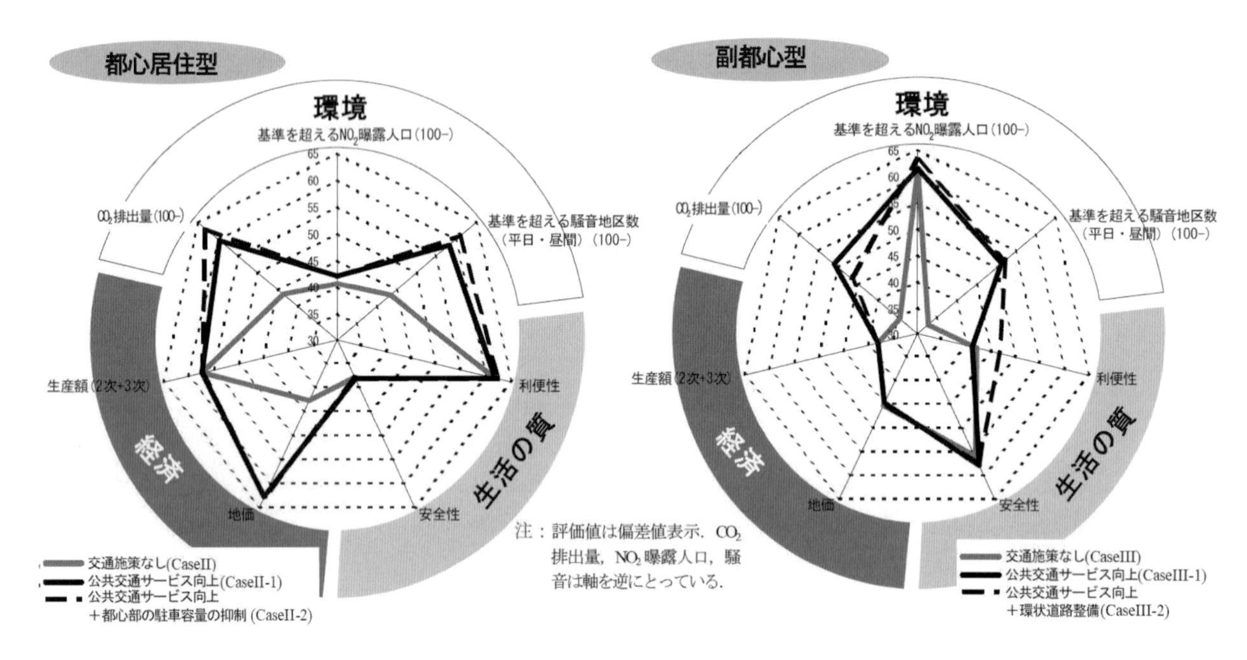

図 6-2-3　都市構造別の交通施策の評価（仙台都市圏）

(4) 前橋市における生活の質評価

前橋市富士見町は、赤城山の山頂から南にかけて南北に長く、南部に学校、病院、商業施設が立地している地域であり、平成 21 年に勢多郡富士見村を合併した町です。富士見町は、前橋市のベッドタウンとしての性格を有しています。鉄道駅は存在せず、バスが唯一の公共交通機関となっています。

合併後の住民から見た生活の質評価の資料を得るため、アンケート調査を実施しました。平成 23 年 12 月に富士見町の全世帯を対象に 7,373 票を配布し、1,534 票を回収しました。**図 6-2-4** に生活の質の評価結果を示しました。評価項目における全体的な傾向を把握するため、満足度（満足＋やや満足）と不満度（不満＋やや不満）の割合を見ていきます。まず、満足度は、「13.身近な緑にめぐまれている（77.8%）」、「11.日あたりや風とおし（75.6%）」、「10.住宅や庭のゆとり

(66.1%)」など、自然や居住環境などに関する評価が高い結果となりました。一方、不満度は、「5.公共交通の便利さ（63.1%)」、「7.自転車の乗りやすさ（58.8%)」など、交通に関する評価が低い結果となりました。この結果から、富士見町の住民は、自然や居住環境に満足しているものの、公共交通に不満がある地域として評価していると考えられます。

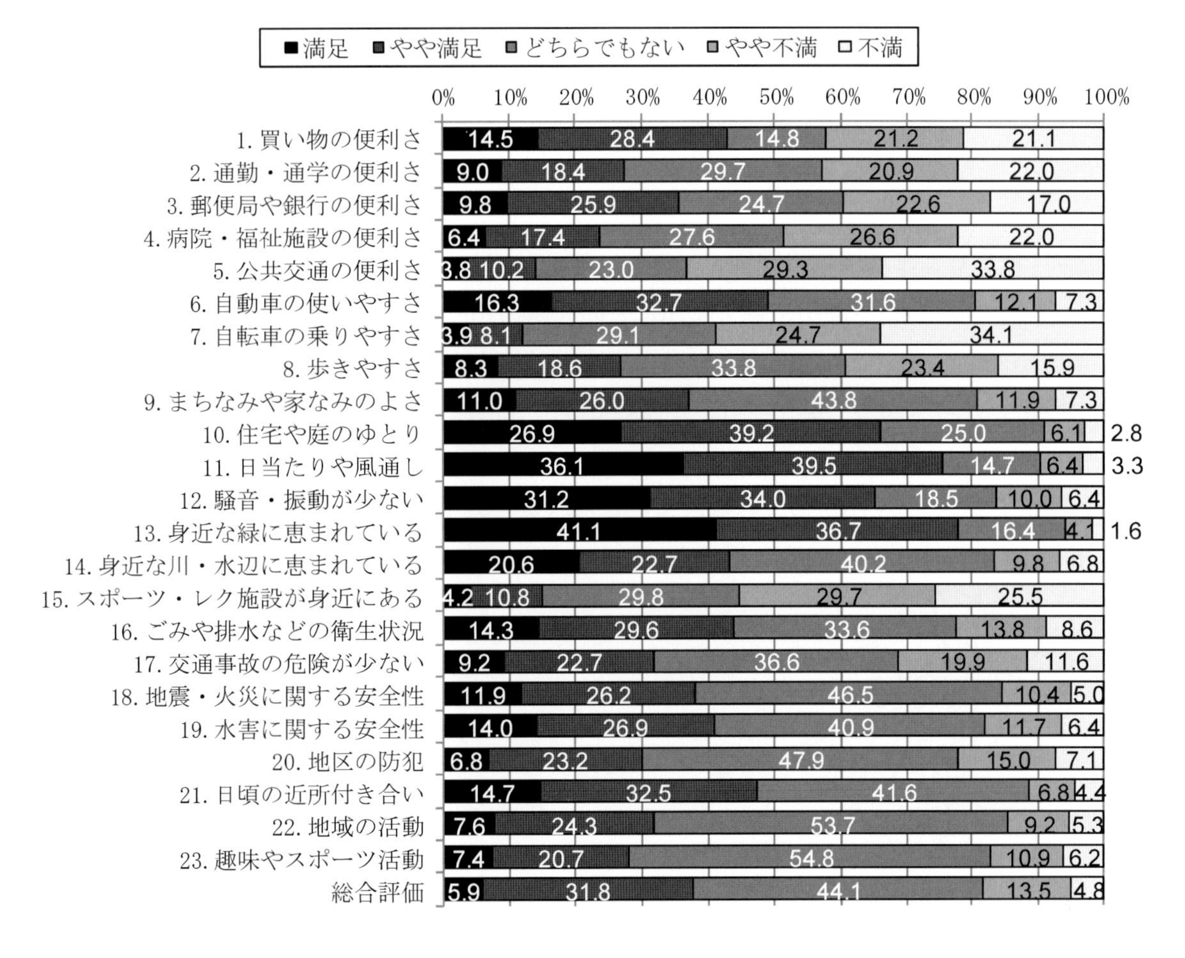

図 6-2-4 生活の質の評価結果（前橋市富士見町）

将来も持続可能な社会を実現していくためには、温室効果ガスの排出削減など環境負荷を減らしていくだけはなく、市民からみた生活の質などを含めた多面的な評価をする必要があります。まちづくり計画案について、実施前に定量的な評価を行い、その結果を公表し、市民と行政が協働してまちづくりについて検討していくことが重要です。

参考文献

森田哲夫・吉田朗・小島浩・馬場剛・樋野誠一：都市環境に関わる諸施策を評価するモデルシステムの提案，土木学会論文集 D，Vol.64，No.3，pp.457-472，2008

塚田伸也・森田哲夫・湯沢昭：前橋市富士見町を事例とした合併域における生活質の基礎的考察，第 36 回交通工学研究発表会論文集，pp.667-672，2016

6-3　水・緑に着目した都市環境の評価

(1)生活の中の水・緑環境

近年の生活の質に対する人々の欲求の強まりなどの社会状況変化の中で、のびのびとした歩行空間、身近な水辺や緑などの自然とのふれあい、町並みの美しさ、あるいは地域の個性の感じられる歴史的環境などの快適な環境に対する人々の関心が高まってきています。ここでは、前橋市で生活の質に関するアンケート調査を実施し、河川や公園などの水・緑環境を含む生活の質の評価について考えてみます。

(2)水・緑に着目した生活環境の評価

前橋市には、利根川、広瀬川、桃ノ木川などの一級河川、敷島公園などの親水公園、大正用水などの用水があり、多くの水辺環境が存在します。前橋市の利根川左岸地域を対象（**図 6-3-1**）に生活の質アンケート調査（**表 6-3-1**）を実施しました。生活の質の評価項目は、**表 6-3-2** に示す通りです。評価項目の中に、水・緑環境に関わる「A1：水害に関する安全性」「A12：身近な川、水辺に恵まれている」「A13：身近な緑に恵まれている」が入っています。

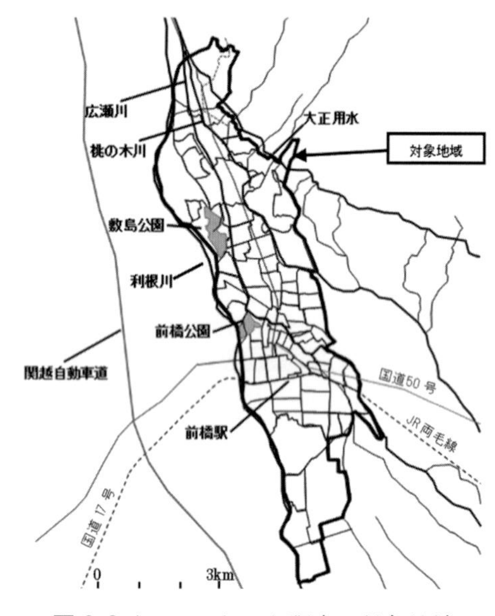

図 6-3-1　アンケート調査の対象地域

表 6-3-1　生活の質アンケート調査の概要

調査日	配布：平成 20 年 11 月中旬から下旬 回収：平成 20 年 12 月 14 日（郵送期限）
対象地域	群馬県前橋市利根川左岸 （人口約 9.9 万人、約 4.2 万世帯、84 町丁、面積約 27.6km²）
抽出	系統無作為抽出（世帯抽出）、抽出率約 9.5%
対象者	対象地域の 4,000 世帯の構成員
調査方法	配布：調査員による戸別配布 回収：郵送回収
調査内容	1)個人・世帯属性、住宅の形式 2)生活の質評価
回収数	世帯：1,293 世帯（回収率 32.3%） 個人：2,118 票（うち有効票 1,748 票）

表 6-3-2　生活の質アンケート調査の概要

No.	評価項目（略称）	No.	評価項目（略称）
A1	水害に関する安全性（水害）	A11	公共交通の便利さ（公共交通）
A2	地震、火災に関する安全性（地震火災）	A12	身近な川、水辺に恵まれている（川水辺）
A3	地区の防犯（防犯）	A13	身近な緑に恵まれている（緑）
A4	交通事故の危険が少ない（交通事故）	A14	スポーツ・レクを楽しめる場所がある（スポレク）
A5	衛生状況（衛生）	A15	日あたりや風とおし（日風）
A6	騒音・振動が少ない（騒音振動）	A16	住宅、庭のゆとり（住宅）
A7	郵便局や銀行の近さ（郵便銀行）	A17	歩きやすさ（歩き）
A8	通勤・通学に便利（通勤通学）	A18	まちなみや家なみのよさ（街家並）
A9	病院・福祉施設の近さ（病院福祉）	A19	自動車の使いやすさ（自動車）
A10	買物の便利さ（買物）	A20	自転車の使いやすさ（自転車）
		A21	総合評価（総合）

生活の質の評価項目別にみると（**図 6-3-2**）、「A5：衛生状況」「A7：・郵便局や銀行の近さ」「A10：買物の便利さ」「A13：身近な緑に恵まれている」「A15：日あたりや風とおし」の評価が高く、「A12 総合」も高い傾向にあり、性別の差異はほとんど見られません。着目している水・緑環境についてみると、「A13：身近な緑に恵まれている」が高く、次いで「A1：水害に関する安全性」「A12：身近な川、水辺に恵まれている」という結果になりました。次に、住民が生活の質をどのように評価しているかを把握するために、因子分析を行いました（**表 6-3-3**）。評価してもらった結果から因子を取り出すと、因子 1「安全性」、因子 2「利便性」、因子 3「周辺環境」が抽出されました。そして、安全性を構成する変数に「A1：水害に関する安全性」、利便性を構成する因子に「A12：身近な川、水辺に恵まれている」「A13：身近な緑に恵まれている」が含まれており、水・緑環境が生活の質評価に影響を与えていることが分かりました。

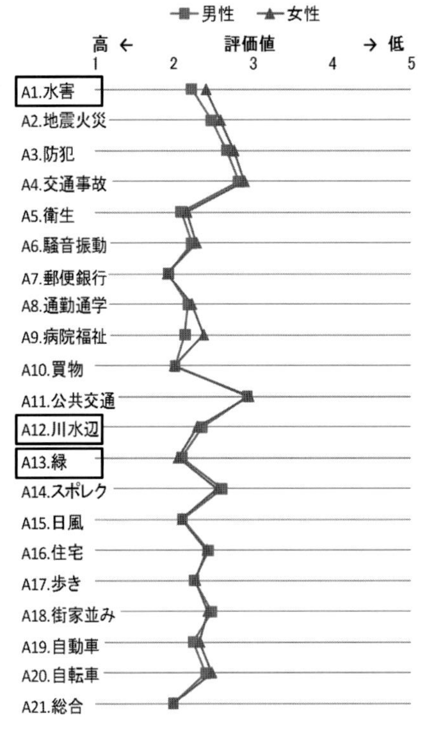

図 6-3-2　生活の質評価

表 6-3-3　生活の質の因子分析

変数	因子1	因子2	因子3	因子4	因子5
	安全性	利便性	周辺環境	住宅環境	快適性
A1 水害	0.765	0.139	0.036	0.136	0.060
A2 地震火災	0.750	0.067	0.183	0.211	0.146
A3 防犯	0.602	0.185	0.156	0.081	0.132
A4 交通事故	0.598	0.103	0.249	0.104	0.236
A5 衛生	0.441	0.277	0.285	0.179	0.161
A6 騒音振動	0.373	0.081	0.323	0.290	0.110
A7 郵便銀行	0.109	0.731	0.090	0.042	-0.022
A8 通勤通学	0.049	0.723	0.029	0.063	0.155
A9 病院福祉	0.145	0.698	0.121	0.050	-0.011
A10 買物	0.082	0.577	0.053	0.126	0.159
A11 公共交通	0.157	0.541	0.069	-0.013	0.232
A12 川水辺	0.130	0.064	0.821	0.103	0.093
A13 緑	0.252	0.058	0.737	0.276	0.095
A14 スポレク	0.209	0.250	0.504	0.139	0.174
A15 日風	0.194	0.100	0.174	0.723	0.079
A16 住宅	0.233	0.079	0.251	0.688	0.224
A17 歩き	0.324	0.303	0.169	0.158	0.623
A18 街家並み	0.291	0.169	0.270	0.299	0.504
A19 自動車	0.294	0.358	0.164	0.239	0.390
二乗和	2.761	2.656	2.029	1.494	1.138
寄与率	14.5%	14.0%	10.7%	7.9%	6.0%
累積寄与率	14.5%	28.5%	39.2%	47.1%	53.0%

前橋市は、河川沿いへの遊歩道やサイクリングロードの整備、水辺を軸にしたまちづくりを進めています。アンケート調査の分析結果から、利根川左岸地域の住民は水・緑環境をあまり高くは評価していませんが、安全性を高め、身近な河川・水辺、緑地を提供することにより、生活の質が向上する可能性があることが分かりました。

参考文献

Tetsuo MORITA, Yoshihito KOGURE, Hiroshi SUGITA, Tsuyoshi BABA, Shinya TSUKADA, Naoki MIYAZATO: A Study on Evaluation of Quality of Life in Consideration of Water/Green Environment, International Journal of GEOMATE, Vol.2, No.2, pp.241-246, 2012

6-4　ＬＥＤ道路照明による明るいまちづくり

(1) ＬＥＤ道路照明の効果

発光ダイオード（LED : Light Emitting Diode）は、省エネルギー、コスト削減効果が期待されています。LED 照明は、家庭や事業所で普及し、道路空間においては、電球式の交通信号機から LED 信号機へと全国各地で切り替えが進みました。道路照明についても、これまで高圧ナトリウム灯、水銀灯が主に用いられてきましたが、LED 道路照明への切り替えが進められています。LED 道路照明には、**表 6-4-1** に示すように、省エネルギー、コスト削減、機能性向上の効果が期待されています。

表 6-4-1　LED 道路照明の導入効果

項目	効果
1)省エネルギー・環境	・省エネルギー性能による消費電力、CO_2 排出量の削減
2)コスト削減	・電気料金の削減 ・長寿命化によるメンテナンスコストの削減
3)機能性向上	・照明性能、デザイン性、夜のまち並みの演出、運転のしやすさ

(2) ＬＥＤ道路照明の実証実験

平成 25 年の 1 月から 3 月に、群馬県において大規模な LED 道路照明の実証実験が行われました。国土交通省、群馬県、前橋市が協働し、地域の協力を得ながら実施しました。このように国、県、市が一体的に LED 道路照明の導入を検討するのは全国初でした。

実証実験の対象地域及び区間は**図 6-4-1** に示す通りです。前橋市の中心市街地の国道約 850m（A1、A2）、県道約 850m（B1、B2）、市道約 1,300m（C1、C2、C3）、合計約 3km の区間です。実験区間の道路照明は 132 灯（高圧ナトリウム灯 109 灯、水銀灯 23 灯）であり、これまでの実証実験よりも大規模な実験でした。使用した LED 灯具を**図 6-4-2** に、道路に設置した様子を**写真 6-4-1** に示しました。

図 6-4-1　LED 道路照明の実証実験の対象地域・区間

実証実験の期間中、地域住民とドライバーにLED道路照明の印象を評価してもらいました。平成25年（2013年）2月に、周辺住民571人、バス・タクシードライバー219人に協力してもらい、アンケート調査を実施しました（**図6-4-3**）。その結果、実証実験で住民、ドライバーから好評を得ることができましたので、実験後も継続してLED道路照明が設置されることになりました。その後、群馬県、前橋市ではLED道路照明が普及しています。

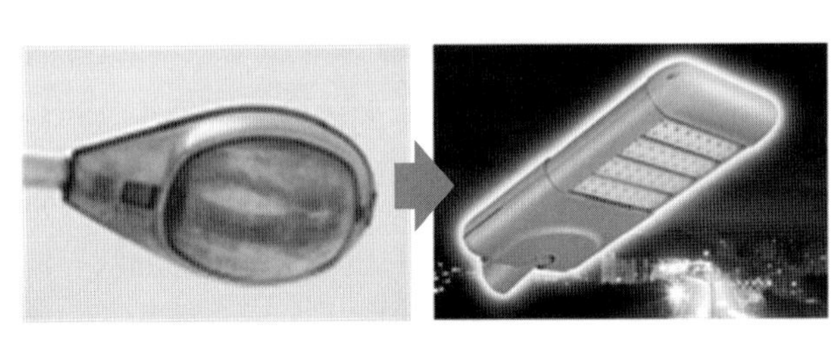

図6-4-2　実証実験に使用したLED灯具

写真6-4-1　LED道路照明の設置（区間C3）

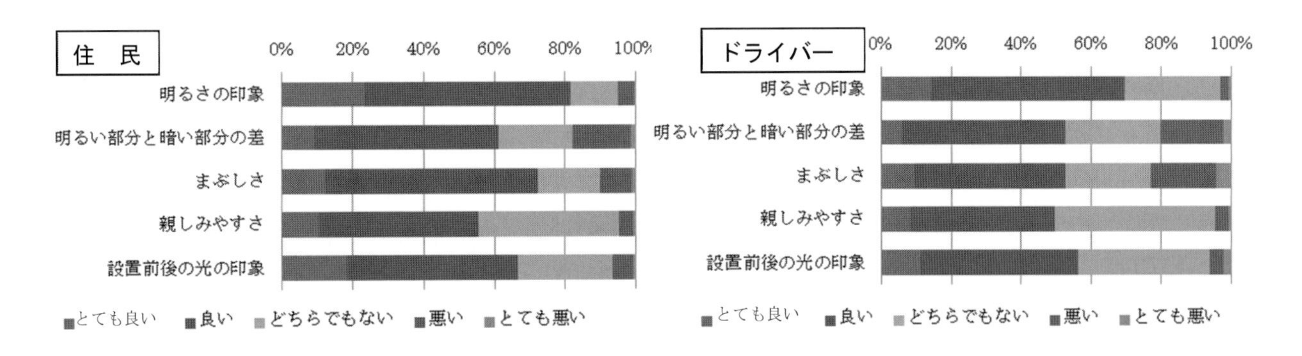

図6-4-3　LED道路照明の印象の評価

まちづくりでは、実証実験により効果を検証し、計画案を改善していくことが有効です。まちのユーザーは市民や住民ですので、市民の意向を踏まえた計画を進めるのは当然です。行政は長期的、広域的、専門的に検討し、市民と行政が連携してまちづくりを進めていく時代になってきました。

参考文献

森田哲夫・塚田伸也・今野勇人・湯沢昭：群馬県におけるLED道路照明の実証実験と道路利用者による評価，交通工学研究発表会論文報告集，No.34，pp.163-168，2014.

森田哲夫・塚田伸也・湯沢昭：住民とドライバーからみたLED道路照明の評価－群馬県における実証実験から－，交通工学，Vol.50，No.4，pp.42-47，2015.

6－5　家庭ごみの減量対策としての有価物集団回収

(1) 前橋市における一般廃棄物の現状と有価物集団回収事業

前橋市は人口約 34 万人、世帯数約 14 万世帯（平成 25 年 1 月末現在）の群馬県の県庁所在地です。**図 6-5-1** は、前橋市における一般廃棄物のフロー図（平成 23 年度）であり、総排出量は年間約 13.4 トン、最も多いのは「可燃ごみ」であり全体の 81.2%を占めています。なお、可燃ごみの組成（乾燥重量比）は「紙類」が全体の 42.4%と最も多く、次いで「プラスチック」の 24.3%、「布類」の 9.8%となっています。有価物の合計は 1.2 万トンであり、最終的には再資源化量が約 2.1 万トン、埋立処分量が約 1.6 万トンとなっています。なお、有価物とは、新聞紙、段ボール、雑誌、牛乳パック、雑古紙、金属類及び古着類の 7 種類であり、回収方法としては集団回収と拠点回収方式の二種類があります。また資源ごみとはペットボトル、プラ容器、ガラスびん、空き缶等であり、回収方法としては前橋市が定期的にごみ集積場から回収しています。有価物の全ては再資源化され、また資源ごみの中のペットボトルは直接再資源化されますが、その他の資源ごみは破砕・選別処理後にその一部が再資源化されています（残りは埋立処分）。しかし、埋め立て処分場の建設には地域住民等の環境意識の高まりなどもあり、益々困難となっています。従って、埋め立て処分される最終処分量の軽減に取り組むことが求められており、そのためには、家庭ごみの減量対策としての有価物資源回収が必要となります。

前橋市における一般廃棄物全体に占める有価物の比率は 9.0%（平成 22 年度の全国平均は 6.0%）、再資源化の比率（リサイクル率）は 15.7%（平成 22 年度の全国平均は 20.8%）となっています。従って、全国平均と比較すると有価物の比率は高いものの、リサイクル率ではかなり低い値となっていることが分かります。なお、**図 6-5-1** における有価物集団回収とは、自治会や子ども会などが定期的に収集活動を実施しているものであり（平成 23 年度末現在 326 団体が登録）、有価物拠点回収とは前橋市が市内の各所（支所や公民館など）に「紙リサイクル庫」を設置して古紙類などの回収を実施しているものです（平成 23 年度末現在 30 施設に設置済み）。

本節では前橋市を事例として集団回収事業の実態と課題を明らかにすることを目的としているため、以下に示す調査を実施しました。

①集団回収事業による回収量と団体特性との要因分析：前橋市内の集団回収事業 326 団体の活動状況に関するデータ収集と分析を行います（平成 23 年度末現在、前橋市に登録されている全ての団体）。調査内容は、年間の回収回数と品目別年間回収量です（前橋市より提供）。分析方法としては、団体別の年間回収量と各自治会の世帯数、年間回収回数との関係を分析します。

②集団回収事業実施団体の活動状況の実態把握と課題評価：集団回収事業を行っている 326 団体を対象としたアンケート方式による実態調査を実施します。調査内容としては、団体の名称、集団回収方法、集団回収事業により得られた収益の使用状況、回収事業にあたっての課題です。

(2) 集団回収事業による回収量に関する分析

表 6-5-1 は、団体種別の有価物集団回収の年間平均回数、平均回収量及び年間奨励金を整理し

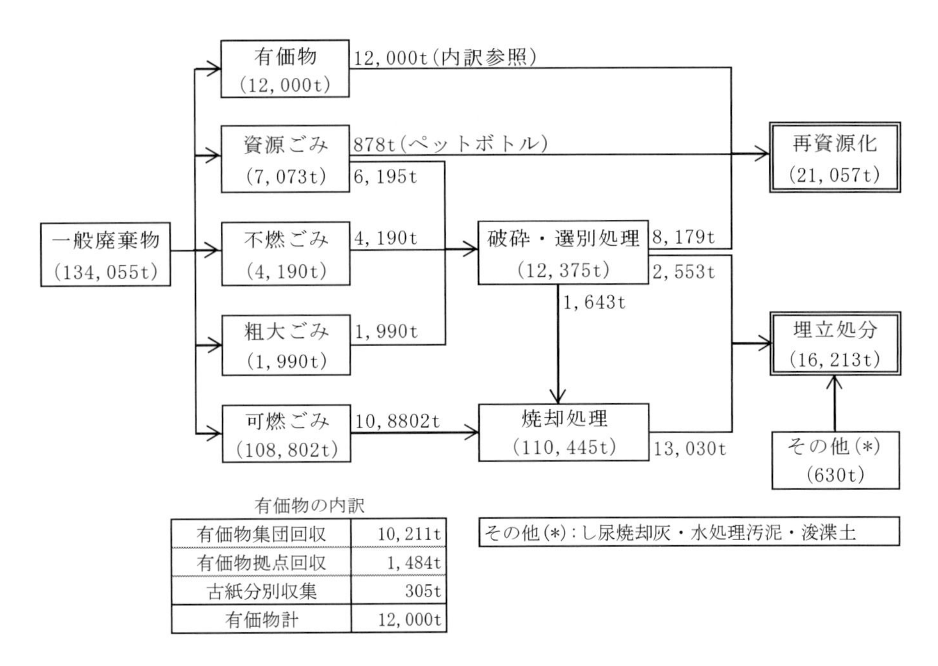

図 6-5-1 前橋市における一般廃棄物のフロー（平成 23 年度）

表 6-5-1 集団回収団体別の回収状況（平成 24 年 10 月調査）

団体種別	団体数	平均年間回数	年間回収量(kg)	奨励金(円/団体)
自治会	141	8.2	36,710	293,677
子ども会	101	5.2	29,910	239,279
学校	41	6.6	15,209	121,668
老人会	20	6.6	21,614	172,908
その他	23	10.0	41,676	333,405
合計	326	7.1	31,323	250,584

たものです。団体種別では、自治会が 141 団体と最も多く、次いで子ども会 101 団体、学校 41 団体、老人会 20 団体、その他 23 団体となっています。年間の平均回収回数ではその他が 10.0 回と最も多く、全体では 7.1 回となっています。年間平均回収量としては、自治会の平均が 36.7 トン、子ども会が 29.9 トンとなっていますが、前橋市では自治会内に子ども会と老人会が組織されているのが一般的であるため、集団回収事業は自治会・子ども会・老人会が各々単独または交互に実施する場合があります。また、市への登録団体組織の種別としては、「自治会」として登録されていますが、実際の回収事業は子ども会や老人会が実施している自治会もあります。

有価物集団回収事業の目的は、有価物の集団回収による家庭ごみの減量化にありますが、集団回収団体は回収量に応じて得られる奨励金を団体の活動費として活用しています。従って、回収量を増やすための方策としては、回収回数や回収方法に関する検討が必要となります。自治会内における集団回収による回収量は、世帯数と回収回数に影響を受けるとの仮定のもとに、年間回収量を Y（kg/年）、世帯数を X_1、回収回数を X_2（回/年）として重回帰分析を行った結果が式(1)です。なお、分析にあたっては、団体種別の中から「学校」と「その他」は除外しました（対象世帯数が不明）。また同じ自治会内で「子ども会」と「老人会」が実施している場合は回収量を合計し一つのデータに統合し、その結果採用したサンプル数は 199 です。

$$Y = 43.7 \times X_1 + 1559.7 \times X_2 \qquad (R^2 = 0.908) \qquad (1)$$

式(1)から明らかなように年間回収量は、対象地区の世帯数と年間回収回数に依存しており、平均的には世帯あたり年間 43.7kg、回収 1 回あたり 1559.7kg となることが分かります。式(1)を用いて、例えば前橋市内の全自治会（285 自治会）が年間 12 回の集団回収を実施したとした場合には、年間に約 2,500 トンの増加が見込まれます。これは平成 23 年度の有価物総量 12,000 トンの 20%に相当する量となります。このことから前橋市内の全ての自治会が有価物集団回収事業に参加をすることが、家庭ごみの減量に繋がることが分かります。

(3) 世帯の有価物集団回収事業に関する認知状況と評価

世帯における有価物の排出先としては、集団回収以外に拠点回収や店舗、民間回収業者等があります。また有価物によっては排出先が異なるため、本研究では有価物（8 種類）の排出先について品目ごとに上位 2 ヶ所を回答してもらいました（**図 6-5-2**）。その理由としては、例えば「新聞紙」を有価物として排出する場合、その状況により集団回収や拠点回収、あるいは民間回収業者に出すことも考えられるからです。**図 6-5-2** に示した比率の合計は 100%を超過する場合もあります。なお、凡例における拠点回収とは公民館などの公的施設に設置されている紙リサイクル庫です。集団回収に出している有価物としては、「新聞紙」が 61.8%、次いで「雑誌」が 51.0%、「段ボール」が 47.5%となっています。また前橋市では資源ごみ（金属類とビン類）と雑古紙の回収日が設定されているため、ごみ集積場への排出品目として金属類が 70.5%、「ビン類」が 61.4%、「雑古紙」が 42.7%と高い値となっており、集団回収への排出は多くはありません。

図 6-5-3 は、集団回収事業に対する評価構造を関係図（パス図）として表示したものです（数値は標準化係数であり、1.0 以下の値をとり、その値が大きいほど両者の関連性は高いことを示している）。図から明らかなように集団回収事業に対する「情報認知」と資源の分別や資源回収への協力から構成される「負担感」が「環境効果」へ影響していることが分かります。一方、地域に対する「愛着心」が「地域コミュニティ」へ影響し、さらに「環境効果」と「地域コミュニティ」が集団回収事業への「協力意向」へ影響し、最終的には「有価物排出行動」へと影響を与えることになります。

このように有価物集団回収事業への協力体制を構築するためには、集団回収事業の内容に関す

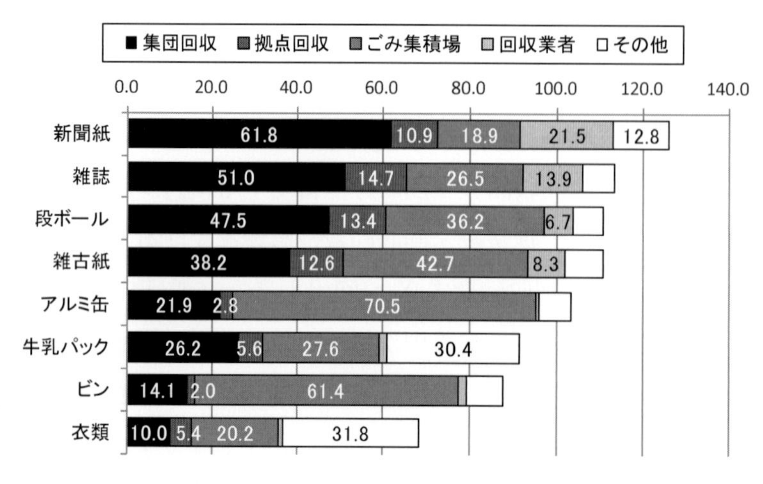

図 6-5-2 有価物の種類別の排出方法（複数回答）

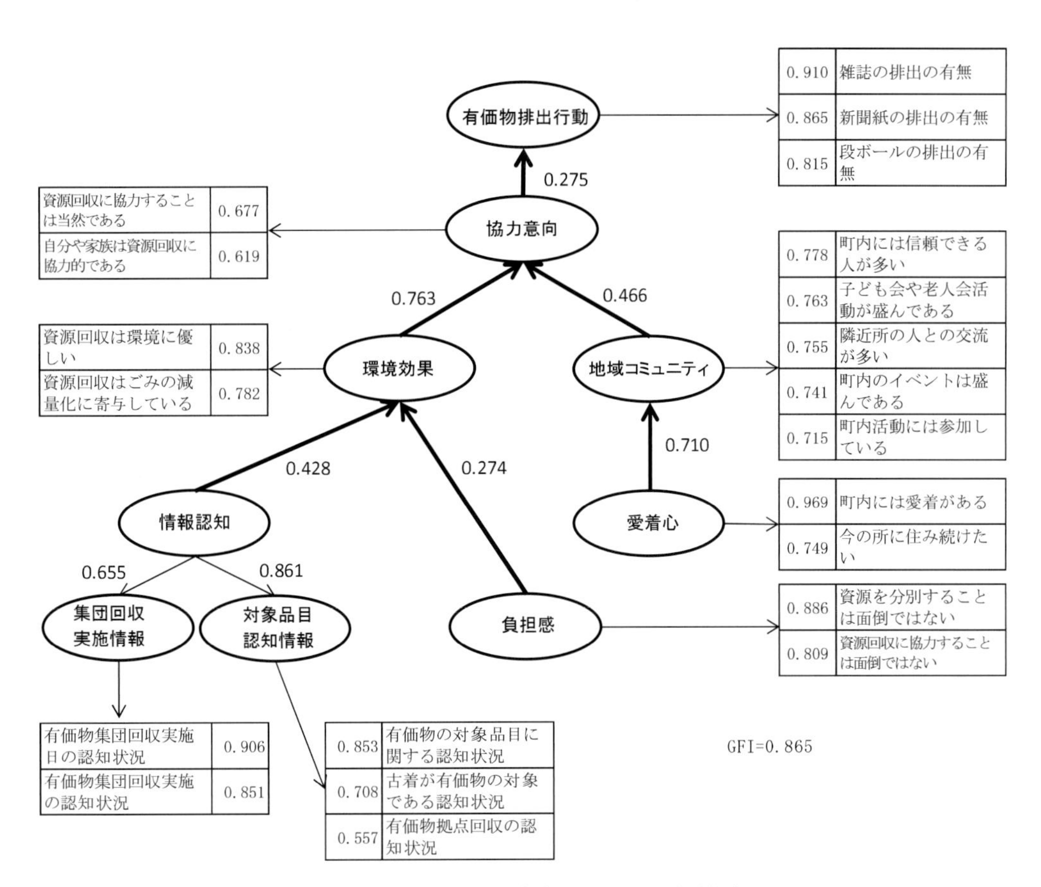

図 6-5-3 有価物集団回収事業における評価構造のパス

る「情報認知」と地域への「愛着心」の向上が不可欠です。特に地域への「愛着心」の向上のためには、自治会や子ども会といった結合型ソーシャル・キャピタル（信頼・規範・ネットワーク、**7－4**参照）の醸成が必要となります。さらに住民が有価物を排出する方法としては、集団回収以外に拠点回収など様々なものがあり、有価物の種類により排出者の方で選択している結果となりました。中でも集団回収として排出されている有価物は、新聞紙、雑誌及び段ボールが主要な品目ですが、一方、金属類や雑古紙（紙類）などは通常のごみ集積場へ排出しており、中でも雑古紙の量が可燃物全体の約 4 割を占めているという現状から、雑古紙の再資源化を図ることが一般廃棄物全体の削減とごみの資源化を図る上では重要な課題でます。

> 「混ぜればごみ、分ければ資源」。焼却処理や破砕・選別処理などから発生する埋め立て処分を削減するためには、ごみの資源化が不可欠であり、そのためには徹底した分別が必要となります。中でも現在は可燃ごみの中に混入している紙類の分別と有価物集団回収事業の更なる拡大が不可欠です。有価物集団回収事業の多くは、自治会内の子ども会や老人会などがその役割を担っていますが、少子高齢化が進む中、自治会全体として取り組むことが求められます。そのためにはキーワードは、正しい情報認識と地域コミュニティの再生です。

参考文献

湯沢昭：家庭ごみの減量対策としての有価物集団回収の実態と課題，日本建築学会計画系論文集，Vol.78，No.693，pp.2329-2337，2013

第７章　地域が取り組むまちづくり

7－1　市民参加のまちづくり

(1) 市民参加のはしご

これまで都市計画は市役所や県庁が策定し、実施してきました。高度成長期には社会基盤が不足していましたので、道路や住宅地の整備量を確保するため、行政主導で進めていくことにあまり疑問はありませんでした。現在は、社会基盤がある程度整備されています。また、よく考えてみると都市やまちのユーザーは市民です。市民の意見や意向を踏まえたまちづくりを進めるのは当然のことです。1967 年、アメリカの社会学者アーンスタインは、「市民参加のはしご Ladder of Citizen Participation」（図 7-1-1）を提案しました。最下段の「あやつり」の段階から、一歩一歩はしごを登っていこうということです。現在の日本の段階は、第 4 段階の「意見聴取」から第 6 段階の「協働」にいます。どんな場合でも最上段の「市民管理」まで登ればよいというわけではありませんが、市民の意見や意向を踏まえ、市民の提案が採用される仕組みが求められています。

〈市民自治〉
- 8．Citizen Control（市民管理）
- 7．Delegated Power（権限委譲）
- 6．Partnership（協働）

〈形式参加〉
- 5．Placation（懐柔）
- 4．Consultation（意見聴取）
- 3．Informing（情報提供）

〈非参加〉
- 2．Therapy（セラピー）
- 1．Manipulation（あやつり）

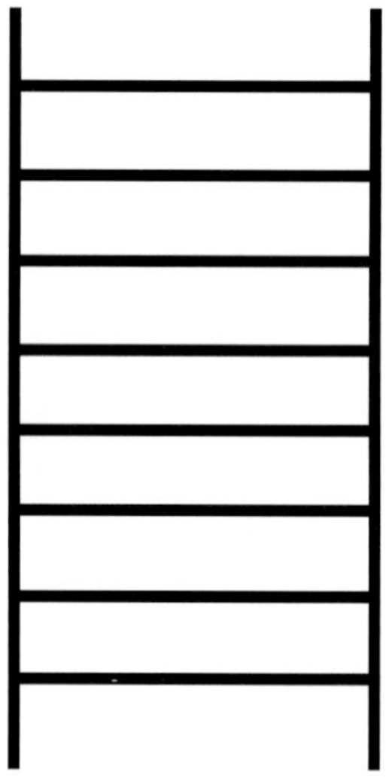

図 7-1-1　市民参加のはしご（出典：アーンスタイン，1967）

(2) 市民参加のまちづくり

全国都市緑化フェアは、都市緑化意識の高揚や都市緑化に関する知識の普及等を図ることにより、行政と市民の協力による都市緑化を推進し、緑豊かな潤いのある都市づくりに寄与することを目的として開催されています。毎年、国体のように全国の都道府県を巡回して開催しています。

平成 20 年に、第 25 回全国都市緑化ぐんまフェア「花と緑のシンフォニー　ぐんま 2008」が開催されました。他の都道府県では、少数の大規模公園を会場に開催する場合が多いのですが、群馬県では、総合会場 2 ヶ所、サテライト会場 2 ヶ所、一般会場 155 ヶ所で開催しました。会場づくりは、行政と市民の協働で行うこととしました。

一般会場の一つである六合村（現中之条町）の「花楽（からく）の里」を市民参加モデル会場としました。荒れ果てた観光施設の庭園を対象に、行政と住民が共同で計画を立て、フェア会場として自ら整備しました。計画の立案は、住民の皆さんがワークショップ形式（**写真 7-1-1**）で提案しました（**図 7-1-2**）。この計画に基づき、住民の皆さんが苗を持ち寄り、自ら汗を流し会場を整備しました（**図 7-1-3**）。市民参加のはしごの「協働」の段階でのまちづくり活動の好例です。

フェアを一過性のイベントにしないよう、群馬県ではフェア後も「ふるさとキラキラフェスティバル 花と緑のぐんまづくり」として、毎年、県内の都市を巡回しながら、市民との協働による事業を継続しています（平成 21 年高崎市、平成 22 年館林市。平成 23 年渋川市、平成 24 年前橋市、平成 25 年伊勢崎市、平成 26 年沼田市、平成 27 年中之条町、平成 28 年みどり市、平成 29 年富岡市・安中市）。

写真 7-1-1 ワークショップの様子

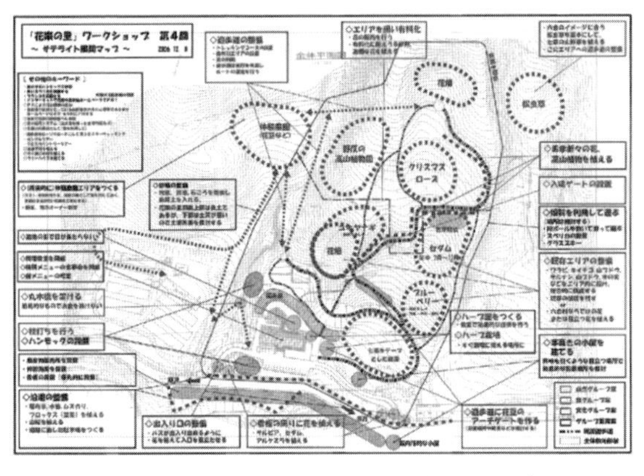

図 7-1-2 ワークショップでの提案

図 7-1-3 「花楽の里」会場マップ

まちづくりに市民が関与するのは当然の時代になりました。「市民参加のはしご」を登りながら、市民が自ら計画を提案したり、まちづくり活動に主体的に関わっていくことが重要です。さらには、まちづくり活動を継続していくことも重要となります。

7－2　地域から発案するまちづくり

(1) 市民や住民から提案するまちづくり

平成9年6月の都市計画中央審議会答申では、今後の都市整備の方向性のひとつとして、「今後は、都市整備を有効かつ円滑に進める視点から、公民がそれぞれの役割と責任を分担しつつ、協同して都市整備を推進する必要がある」と述べられていました。その際「特に、行政と住民の協同のあり方としては、行政が主導的立場に立ち、その考え方を積極的に住民に提示して意見を吸い上げていくという行政からのアプローチ（行政提案型）と、住民が主導的立場に立ってまちづくりの方向性をとりまとめ、行政に支援と協力を求めるという住民からのアプローチ（住民提案型）があり、都市整備の内容やスケールによって適切な方式を選択することが必要である」と、近年の動向を踏まえた市民・住民からのまちづくりを提案するという新しい方向性が明示されました。この方向性は、市民参加のはしご（7－1参照）の「協働」よりも上の段階です。

(2) 地域発案型アプローチ

市民・住民からまちづくりを提案する方法を、「地域発案型アプローチ」として位置づけながら見ていきます。ここでの「地域」は、①地元に根ざした活動、②行為を行っている主体であり、地元の問題を認識している主体とします。従って、①と②の条件を満たす市民、市民団体、交通事業者、地元プランナー、行政等が相当します。ただし、当該地域以外に籍をおく団体であっても、専門的な見地から地元に密着した活動を行うコンサルタントや住民団体はこれに含むものとします。

まちづくりのプロセスへの地域の関わり方のイメージを図 7-2-1 に示しました。これまでのプロセスでは、行政などの政策責任主体が計画案を作成し、市民などの地域は意見を提示するといった関わり方であり、これを受動的関与とします。これに対し、地域から意見や計画案を提示する関わり方を能動的関与とします。「地域発案型アプローチ」では、計画の初期の段階において能動的に関わることが、後の計画プロセスあるいは計画実現後に大きな影響を与える可能性があることを仮定しています。

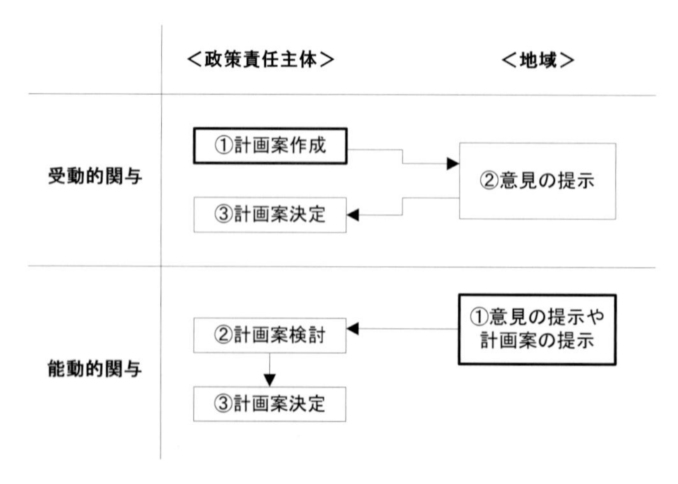

図 7-2-1　地域の関わり方のイメージ

地域発案型アプローチとは、「地域」に含まれる主体が自ら能動的に発案し、行政とその他関連主体に働きかけて発案内容の実現を図る行動とそのプロセスと定義することができます。いくつかの計画事例を調べたところ、地域発案型アプローチによるまちづくり計画は、①地元の実情を反映できる、②市民から受け入れられやすい、③計画プロセスの円滑になる、④不確実な社会状況への対応できるなどの特徴があることが分かってきました。

表 7-2-1 に地域発案型アプローチによる計画事例の年表を示しました。千葉市の大規模住宅団地と JR 駅を結ぶバス路線の計画です。計画当初から、バス事業者と地元住民・自治会は意見交換会を通じ計画に関わっていました。既存のバス事業者が路線開設を躊躇している中にあって、もともとはタクシー事業者であった小規模なバス事業者が、地域の住民との強い連携のもとに、バスサービスを開始し、定期的な改善に努めていきました。本事例は、地域の実情や意向を強く反映した交通サービスの提供となっており、地域発案型のアプローチが効果をあげている好例です。

表 7-2-1　地域発案型アプローチの事例

年度	運輸省	千葉市	バス事業者	住民
1974			会社設立	
1975			10人乗りワゴンタクシーを活用してJR駅～団地間運行開始	団地自治会、バス会社へ通勤通学輸送要望（一般乗用）
1976	バス事業者、引き続き運輸省に一般貸切（限定）免許申請継続（～1978）			
1977		千葉市長よりバス輸送依頼		地域住民より千葉市（市長）へバス輸送依頼
1978	運輸省関東運輸局、バス事業者に一般貸切（限定）バス運行認可		一般貸切（限定）免許取得 新たに3路線を小型バスで運行開始	以降、バス事業者年2回程度定期的に地元自治会・利用客と意見交換 住民・利用者もバスサービス改善へ向けて参加 （バス走行性確保のため、自治会名で警察へ違法駐車取り締まりの要望提出他） ～意見交換継続中～
	バス事業者、引き続き運輸省に一般乗合免許申請継続（～1986）			
1979			新たに1路線を小型バスで運行開始	
1982			新たに1路線輸送開始	
1986	関東運輸局、戦後初非電鉄系の会社に一般乗合免許交付		一般乗合免許取得(関東運輸局管内、非電鉄系で戦後初)、同時にタクシー免許(一般乗用)失効 関東地方交通審議会に、MOON-LIGHT TRANSFER構想(深夜における高速バスとタクシーによる連続輸送システム)提言	
1987			新路線開設	
1988			新路線開設	
1990	バス事業者の地方交通審議会への提言を受け、深夜急行バス運行認可		深夜急行バス運行開始 （東京～千葉） 同車両を用い大学送迎バス運行	
1994			新路線開設	
1996			新路線開設	
1997			駅～M地区間（K電鉄事業区域内）循環バス運行申請	
			バス事業者、免許申請後 M地区住民にアンケート実施	
	運輸省、バス事業者にM地区運行の免許交付		K電鉄とM地区の共同運行開始	

まちづくりは楽しい作業です。しかも、計画プロセスの初期段階で発案すると、地元の実情を反映できたり、円滑に計画が進むなどのメリットがあります。市役所などが募集しているまりづくりワークショップに参加したり、まちづくりの提案をしてみてください。

参考文献

中村文彦・森田哲夫・秋元伸裕・高橋勝美：.計画における地域発案型アプローチの役割に関する基礎的研究，土木計画学研究・論文集，No.15，pp.133-144，1998

森田哲夫・中村文彦・秋元伸裕・高橋勝美：我が国における地域発案型アプローチの担い手としての非行政組織の成立性に関する研究，第 34 回日本都市計画学会学術研究論文集，pp.313-318，1999

7-3　まちづくりには「熱意」が大切

(1) まちの魅力とまちづくり活動

市民の皆さんは、都市やまちの魅力をどのように捉えているのでしょうか。まちの歴史・文化、自然、交通の便でしょうか。まちの魅力には、地区のコミュニティ活動も関係してくるのではないでしょうか。**図 7-3-1** のように、まちの魅力の構成要素として、まちづくり活動が関係していると考えました。そして、まちづくり活動の構成要素の一つとして「熱意」があると考えてみました。この仮説を検証してみましょう。

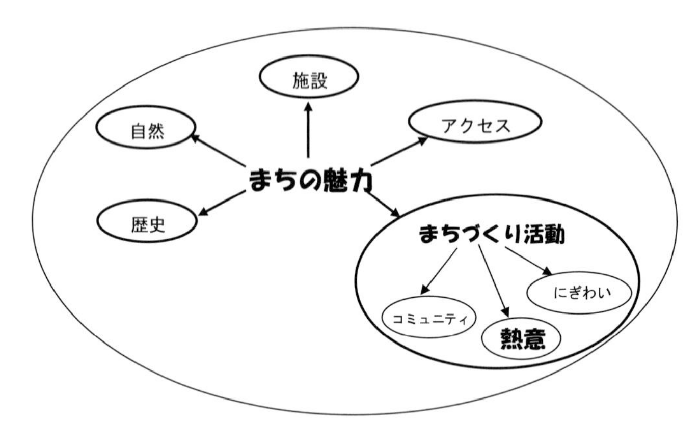

図 7-3-1　まちの魅力とまちづくり活動の関係の仮説

(2) まちの魅力アンケート調査

平成 17 年に、群馬県内でまちづくり活動をしている住民と行政担当者を対象にアンケート調査を実施しました。配布数 540 票、有効回収数 403 票、有効回収率 74.6%でした。まちの魅力とまちづくり活動の評価指標は、**表 7-3-1** のように設定しました。

表 7-3-1　まちの魅力・まちづくり活動の評価指標

まちの魅力	評価項目
アクセス	道路や交通の便がよい
	公共交通へのアクセスがよい
	主要施設へのアクセスがよい
	商業施設へのアクセスがよい
	観光地へのアクセスがよい
情報	特産品売り場が充実
	まち案内板・パンフレットが充実
	広報誌（瓦版・通信）が充実
	ホームページ・ブログが充実
きれいさ	花、緑、空気、水がきれい
	落書き・貼り紙がない
	挨拶・親切さがある
ホスピタリティ	ホテル・旅館が充実
	情報発信場所（案内所）が充実
自然	誇れる植物・動物がある
	自然現象、気象が快適
	自然資源が豊か
安心	交通安全対策（交通事故など）が充実
	防犯・防災対策が充実
	保健・福祉が充実
歴史	誇れるまちの歴史がある
	優れた遺構・伝統建築物がある
	歴史史実・人物がいる

まちづくり活動	評価項目
人材・組織	企画・とりまとめの能力のある人がいる
	多様な分野の専門家とのネットワークが充実
	まちづくりを支援する組織が存在
高質空間	休憩場所（ベンチ等）が用意されている
	まちの案内体制が充実
	衛生管理（公共施設など）の体制が充実
	街並みなどの美化活動がさかん
	町並みなど景観がきれい
風土・祭	風土・環境・生活の魅力が高い
	伝統・文化・お祭りがさかん
	芸術・文化創造がさかん
にぎわいづくり	商店街・歓楽街が賑やか
	生徒・学生などの若者が多い
	イベント・お祭りがさかん
	地場産業が活発
熱意	まちづくりに対する住民の熱意や意識が高い
	まちづくりに対する行政の熱意や意識が高い
	まちづくりリーダーが存在する
コミュニティ	住民間のコミュニティが充実
	地域のコミュニケーションが充実
	地域交流施設の利用が活発

図 7-3-1 のまちの魅力とまちづくり活動の仮説を、アンケート調査データを用い共分散構造分析で検証してみました（**図 7-3-2**）。矢印は関係があることを示しており、矢印に添えた数値（標準化係数、1.0 以下の値をとる）が大きいほど両者の関係が強いことを示しています。

この結果から、まちの魅力は商業施設や交通へのアクセス、まちのきれいさ、まちの情報、ホテル・旅館などのホスピタリティ、自然、交通安全や防犯などの安心、まちの歴史、まちづくり活動から構成され、特にまちづくり活動との関係が強いことが分かりました。そして、まちづくり活動は、まちづくりの人材・組織、景観や美化などによる高質な空間、風土・祭、にぎわいづくり、まちづくり活動へ携わる人の熱意、地域のコミュニティから構成されます。つまり、まちの魅力の一要素としてまちづくり活動があり、まちづくり活動には「熱意」が影響を与えることが分かりました。

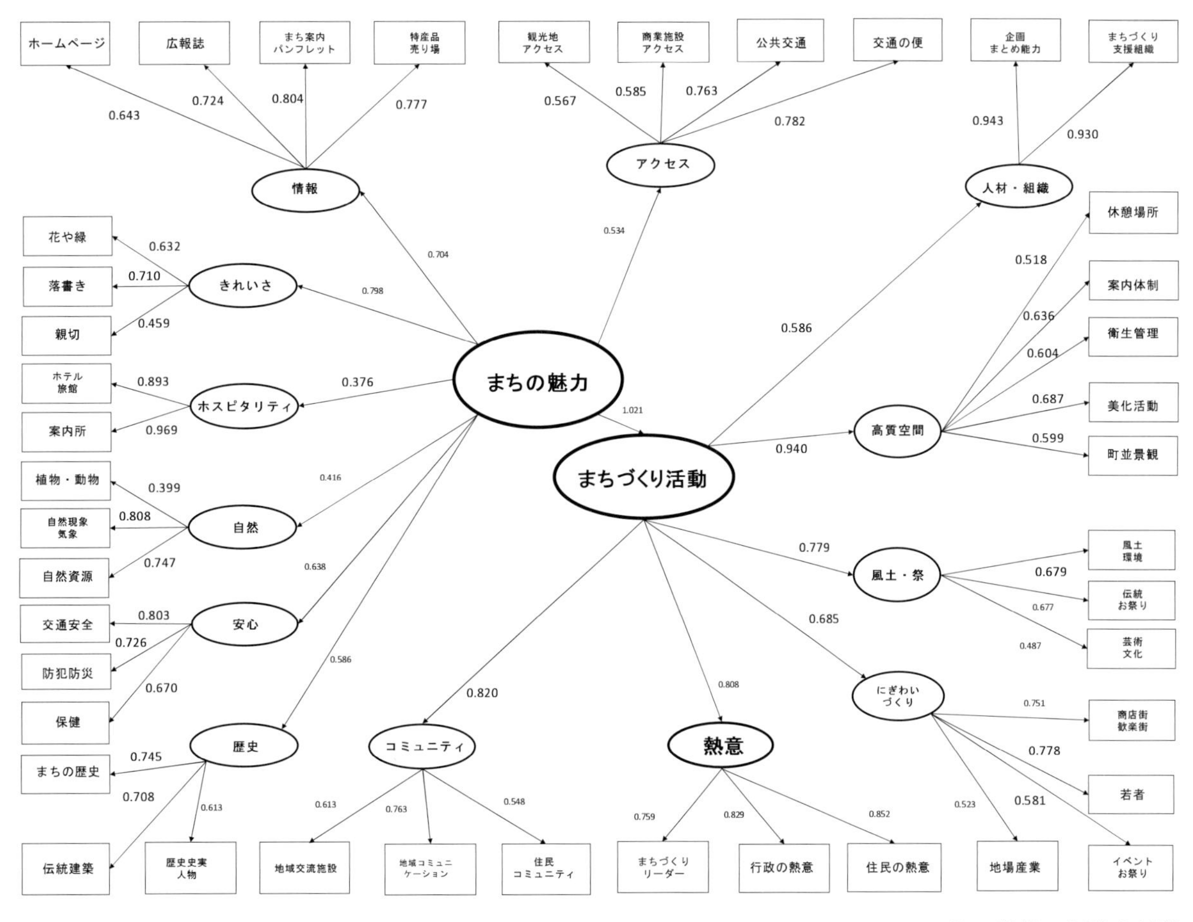

注：数値は標準化係数

図 7-3-2　まちづくり活動とまちの魅力の関係モデル

(3) 熱意のあるまちづくり活動の事例

群馬県は、平成 10 年度から 12 年間に渡り「まちうち再生総合支援事業」（以下、まち再事業と称す）により、市町村と住民が協働で行うまちづくり活動を支援してきました。まち再事業は二つの事業から成っていました。一つ目は「住民意識喚起事業」であり、まちうちの再生に向けた住民意識を喚起するための講演会やワークショップ、先進地視察、イベント開催などの諸活動費を支援します。二つ目は「プロデュース支援事業」であり、まちうち再生計画の策定に向けた調査費を支援すると共に住民からの提案をタイムリーに実現できるよう軽易なハード整備も行えます。まちの魅力アンケート調査の分析結果から「熱意」のあるまちづくり活動を進めていることを確認した事例を二つ紹介します。

①ノコギリ屋根建築の保存と活用（群馬県桐生市）

桐生市は以前から様々なまちづくり活動に積極的に取り組んできているまちとして知られています。平成13年度からは、まち再事業を活用し、中心市街地の歴史的なまちなみや絹産業遺産を活用したまちづくりに取り組みました（**表 7-3-2**）。

当初は自らのまちを知るためのウォッチングから始まり、まち歩きマップの作成、講演会やウォークラリーを開催しました。現在は、まちなみ案内ガイドがまちを案内しています。また、ノコギリ屋根などの絹産業遺産の建築物の現況調査を実施し、保存・活用について検討を続け、平成20年3月に「桐生新町まちづくり基本計画」としてまとめました。**写真 7-3-1** のノコギリ屋根工場は、カフェベーカリーとして活用されています。平成20年9月には、伝統的建造物群保存地区に指定され、平成24年7月には重要伝統的建造物群保存地区に選定されました。

表 7-3-2　桐生市のまち再事業

年度	事業内容（主なもの）
平成13年度	まちうちウォッチングの開催
平成14年度	寄合所「しんまちさろん」の開設、まち歩きマップの作成
平成15年度	まちづくりアンケート調査の実施（総論）、地域まちづくり講演会・座談会の開催
平成16年度	新町まちなみ現況調査の実施、まちなみ&まちづくりマイスター養成講座
平成17年度	まちづくりアンケート調査の実施（個別）、新町まちなみデザイン集の作成、新町まちづくり塾の開催
平成18年度	新町ウォークラリーの開催、新町まちづくり構想のPR
平成19年度	新町ウォークラリーの開催、まちづくり講演会の開催（事業の総括）

〈群馬県資料より作成〉

〈提供：桐生市、桐生商工会議所〉

写真 7-3-1　桐生市のノコギリ屋根工場とカフェベーカリー

②「キャベチュー」によるまちづくり（群馬県嬬恋村）

嬬恋村の名は、日本武尊（やまとたけるのみこと）がなき妻を追慕のあまり「あづまはや（ああ、吾が妻よ）」となげいたという故事にちなむとされています。この村名を活用し、村の活性化につなげたいというアイディアは以前からありました。平成17年11月に、村で週末に農業体験をするグループにより「日本愛妻家協会」が発足され、村名の由来や雄大な自然からここを愛妻家の聖地としたいという提案があり、村と連携することとなりました。その後、平成18年1月に「"吾が妻恋し村"嬬恋村愛妻家聖地委員会」が発足し活動が始まりました（**表 7-3-3**）。

平成18年度よりまち再事業を活用し、「キャベツ畑の中心で妻に愛を叫ぶ（キャベチュー）」イベントの開催、愛妻の丘・妻に愛を叫ぶ専用叫び台の整備等が行われ、テレビなどで日本中に報道されました。キャベチューをきっかけに、全国各地で愛を叫ぶイベントが開催されています。このような取り組みが評価され、平成20年度には、日本愛妻協会が「地域づくり総務大臣表彰」を受けました。嬬恋村では、愛妻の丘、妻に愛を叫ぶ専用叫び台（**写真 7-3-2**）を整備し、キャベチューを中心に、村が活性化する取り組みを実施しています。

表 7-3-3　嬬恋村のまち再事業

年度	事業内容（主なもの）
平成18年度	"吾が妻恋し村"嬬恋村愛妻家聖地委員会1周年記念イベントの開催
平成19年度	「キャベツ畑の中心で妻に愛を叫ぶ（キャベチュー）」イベント開催、手づくりよる「愛妻コンサート」の開催、愛妻の日パーティの開催
平成20年度	「愛妻の丘」の整備、「キャベツ畑の中心で妻に愛を叫ぶ（キャベチュー）」イベント、写真展の開催、「日比谷公園の中心で妻に愛を叫ぶ（ヒビチュー）」の開催、七夕愛妻トレッキングの開催、映画「60歳のラブレター」試写会の開催
平成21年度	愛妻の丘に「妻に愛を叫ぶ専用叫び台」整備、「キャベツ畑の中心で妻に愛を叫ぶ（キャベチュー）」イベント、愛妻トレッキングの開催

〈提供：嬬恋村〉

写真 7-3-2　嬬恋村の「愛妻の丘」と「妻に愛を叫ぶ専用叫び台」

まちづくり活動は地道な行為であり、継続していくことはなかなか大変ですが、活動そのものがまちの魅力の向上につながります。まちの魅力を高めるためのまちづくり活動は、まちづくりリーダーの熱意、住民の熱意、行政の熱意にかかっています。

参考文献

森田哲夫・塚田伸也：まちの魅力とまちづくり活動への熱意との関連についての分析－群馬県のまちうち再生総合支援事業を事例として－，都市計画論文集 No.43-3，pp.277-282，2008

金子弘・佐藤惠英・塚田伸也・森田哲夫：「まちうち再生総合支援事業」－群馬県のまちづくり活動支援12年の経験－，季刊まちづくり，31号，pp.120-125，2011

7-4　地域力向上のためのソーシャル・キャピタルの役割

(1) ソーシャル・キャピタルと地域力

現在の我が国においては、人々の生活形態の変化や科学技術の進歩等により地域コミュニティの希薄化や弱体化が問題となっています。その結果、地域の防犯や防災、介護、育児など身近な生活の安全・安心を確保するための地域コミュニティの再生、地域主権型社会の実現に向けた住民自治の確立、さらには従来の行政主体の住民サービスから「新しい公共」の形成が必要とされています。このような諸課題を解決するためには、「地域力」と「ソーシャル・キャピタル（社会関係資本）、以下SCと称す」が重要な考え方の一つとなっています。なお道路や公園などの公共施設は社会共通資本と言います。

「地域力」とは、「地域への関心力」「地域資源の蓄積力」「地域の自治能力」の三つの要素から構成され、地域課題を解決することは、「地域力」を高める活動であり、そのためには地域住民が居住地で抱えている様々な課題に対して、共同で解決しようとする行動力が必要となります。SCとは、ロバート・パットナムが唱えた概念であり、「人々の間の信頼関係」「人々の間に共有されている規範」「人々の間を取り結ぶネットワークや関係」といった地域社会に内在して、人々の間の社会関係を規定するものであり、人々の協調行動を促すことにより、社会の効率性を高めるものと定義しています。パットナムによるSCは、個人に帰属するものではなく、社会に蓄積されるものとして考えられており、「SCが蓄積された社会では、人々の自発的な協調行動が起こりやすく、市民による行政政策への監視、関与、参加が起こり、行政による市場機能の整備、社会サービス提供の信頼性が高まることにより、発展の基盤ができる」ことになります。

SCにはその現れ方により、「構造的SC」と「認知的SC」に分けることができます。構造的SCは、社会関係である制度や組織での役割、仕組みやルール、ネットワークなど組織としてのSCであり、認知的SCは、個人の規範、価値観、信条などであり、組織内の個人に帰属するものとして位置づけられるが、両者は相互補完的な関係にあります。

一方、SCを機能面から見た場合には、「結合型SC」「橋渡し型SC」「連携型SC」に類型化されます。結合型SCとは組織内部における人と人との同質的な結びつきであり、自治会や老人会、子供会などの地縁組織が挙げられ、結合型SCは強い絆と結束により特徴づけられ、内部指向性が強いため、閉鎖性・排他性に繋がることもあります。これに対し、橋渡し型SCは組織内部の結束力は弱く薄いが、開放的・横断的であり、社会の潤滑油的な役割を担っており、事例としては市民組織やNPO等があります。連携型SCは機能や役割が異なった社会・組織間でのネットワークであり、行政とNPO、企業とコミュニティなどが挙げられます（**図7-4-1**）。

表7-4-1は、地域力を構成する要因を整理したものであり、三つの要素（地域への関心力、地域資源の蓄積力、地域の自治能力）から成り、さらに各要素は、社会関係資本（SC）と社会共通資本・制度から構成されているものとします。また地域力とこれらの関係は**図7-4-2**に示すような構造を仮定しています。すなわち、SCが地域コミュニティに影響を与え、さらに社会共通資本・制度と地域コミュニティが地域力に影響を与えるという階層構造を仮定しているところに特徴が

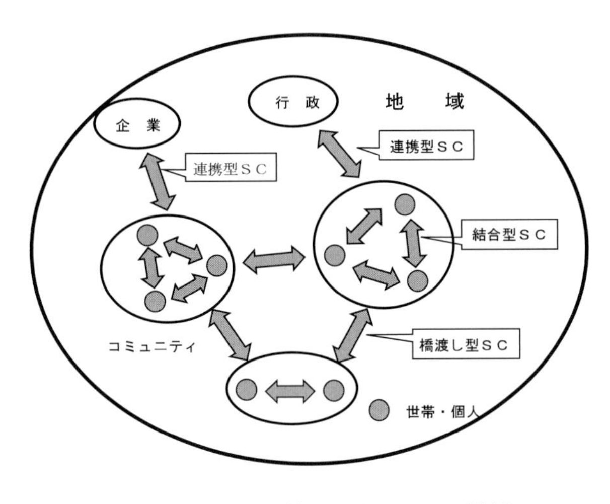

図 7-4-1 地域における SC の関係

表 7-4-1 地域力の構成要因

地域力	地域への関心力	◎ 近隣・地域社会との関わり
		◎ 地域環境への関心度合い
	地域資源の蓄積力	○ 地域の居住環境整備状況
		◎ 住民組織の結成状況
	地域の自治能力	◎ 住民組織の活動状況
		◎ 地域イベントへの参加状況

◎：社会関係資本（SC）に関連する項目
○：社会共通資本・制度に関連する項目

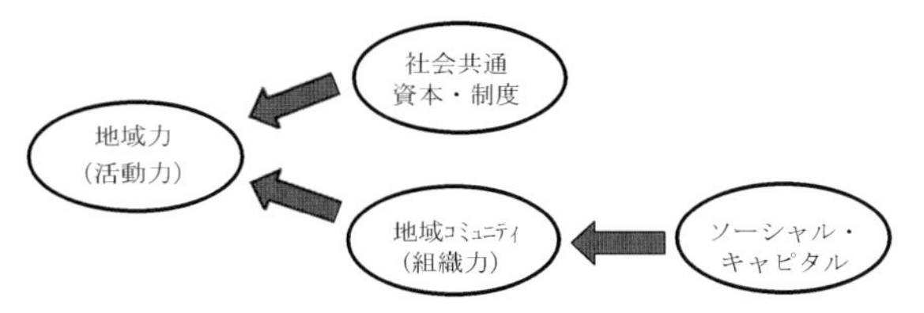

図 7-4-2 地域力と SC との関係

あります。その背景としては、土木や建築の分野では地域力の向上のために様々な社会共通資本の整備や都市計画・交通計画といった制度の導入を図ってきており、それなりの成果を得ることはできました。しかし、快適で安全・安心なまちづくりを進めるためには、社会共通資本・制度の充実はもちろんのこと、地域住民の参画が不可欠であることは明らかであり、そのためには地域コミュニティを充実する必要があります。また地域コミュニティは SC により影響を受けるとの仮説に立っており、地域力の向上のためには、SC の醸成を図ることが必要となります。

(2) 土地区画整理事業のおける地域力と SC との関係

区画整理事業は生活環境の改善と土地利用の適正化を図るために実施されますが、事業実施により従来から居住している住民と新たに転入してきた住民間における様々な問題が顕在化することがあります。特に旧住民間には強い絆と結束によるコミュニティが存在しますが（結合型 SC）、新たに転居してきた住民とのコミュニティをどのように構築するかが課題となっています。ここでは地域力（住みやすさ）は、社会共通資本・制度と地域コミュニティから構成されており、また地域コミュニティは SC の影響を受けているとの仮説に基づいて分析を行います。なお、SC については個人の規範や価値観などを対象としているため、「認知的 SC」として取り扱います。

社会共通資本・制度と地域コミュニティの現状を把握する目的で、平成 21 年 8 月に前橋市内の区画整理事業内の住民を対象としてアンケート調査を実施しました。なお、調査対象地区には大学や専門学校の学生・生徒のためのアパートが多く存在していますが、今回は調査の対象外とし、基本的には地区内の一戸建てに居住している世帯を無作為に抽出しました。その理由としては、一戸建ての場合はその多くが持家であると想定され、社会共通資本や制度に関する情報は転居時にある程度認識していると思われますが、地域コミュニティに係わる内容については居住後に認知することが多く、また世帯構成や年代により変化していくものと考えられるためです。

表 7-4-2 は、地区内の社会共通資本・制度（A1～A15、AT）、地域コミュニティ（B1～B14、BT）、及び認知的 SC（C1～C14、CT）に関する調査項目の一覧です（なお、AT、BT、CT は

総合評価を意味しています）。社会共通資本・制度については、社会共通資本に関する項目（生活利便性や施設の整備状況など）と福祉や保健などの制度に関する項目から構成されています。地域コミュニティに関しては、各種自治会活動や近隣との関係などの項目から構成されており、また認知的 SC については、世帯の諸活動への参加状況、地域への愛着心、信頼・交流に関する項目から構成されています。

表 7-4-2 に示した調査項目に対して 5 段階評価をしてもらい、その結果を用いて因子分析を適用し各々複数の因子を抽出しました。社会共通資本・制度に関する因子分析の結果からは 5 つの因子が抽出され、各々「生活利便性」「育児環境」「医療・福祉対策」「学校への通学環境」「周辺の生活環境」としました。同様に地域コミュニティに関する結果からは、「自治会活動」「近隣の連帯感」「地域防犯活動」「伝統行事・文化活動」と 4 つの因子を抽出しました。さらに認知的 SC に関する結果からは三つの因子が抽出され、各々「諸活動への参加」「地域への愛着」「信頼・交流」としました。

分析の目的は、**図 7-4-2** に示したように地域力と SC との関係を明らかにすることであるため、得られた因子を潜在変数に、また**表 7-4-2** に示した項目を観測変数として共分散構造分析を適用した結果が**図 7-4-3** です。図に示した数値は標準化係数であり（1.0 以下の値であり、その値が大きいほど両者の関係は高いことを意味しています）、いずれの係数共に 1%有意水準を満足しています。図から明らかなように地域力に影響を与えているのは社会共通資本・制度よりも地域コミュニティの方が強く、また認知的 SC が地域コミュニティに大きな影響を与えていることが分かります。この結果からは、地域力の向上のためには地域住民の認知的 SC の醸成が不可欠であることを意味しています。すなわち、地域住民の諸活動への参加や地域への愛着、近所との交流を行うことにより認知的 SC が向上し、それが地域コミュニティの醸成に繋がることになります。一方では、地域の生活利便性の向上や育児環境、生活環境の整備を図り、地域コミュニティと合わせて地域力の向上が達成できることになります。

表 7-4-2 地域力向上のための調査項目

	【社会共通資本・制度】に関する項目	因子名称
A1	銀行や信用金庫の利用のしやすさ	生活利便性
A2	食料品や日用品購入などの買い物のしやすさ	
A3	郵便局の利用のしやすさ	
A4	医院や診療所への通院のしやすさ	
A5	乳幼児のための育児環境	育児環境
A6	幼稚園や保育園の利用のしやすさ	
A7	子どもの遊び場や広場の整備状況	
A8	行政による高齢者や障害者のための福祉対策	医療・福祉対策
A9	行政による健康診断などの保健活動	
A10	夜間や休日、緊急時の医療体制	
A11	小学校までの通学のしやすさ	学校への通学環境
A12	中学校までの通学のしやすさ	
A13	自宅周辺の道路の整備状況	周辺の生活環境
A14	家庭ゴミの収集状況	
A15	公民館や集会所の利用のしやすさ	
AT	社会共通資本・制度に関する総合評価	
	【地域コミュニティ】に関する項目	**因子名称**
B1	資源リサイクル活動や資源回収の活発さ	自治会活動
B2	自治会活動や町内会活動の活発さ	
B3	清掃や公園・広場などの環境美化活動の活発さ	
B4	子ども会活動の活発さ	
B5	祭りなどの地域行事を行う際の住民同士の連携	
B6	老人会活動の活発さ	
B7	隣近所との連帯感	近隣の連帯感
B8	隣近所との助け合いの活発さ	
B9	地域の防犯活動の活発さ	地域防犯活動
B10	小・中学校と地域との繋がりの強さ	
B11	登下校時における防犯パトロールの実施状況	
B12	地域の伝統行事や文化活動の実施状況	伝統行事文化活動
B13	社寺や史跡などの歴史・文化財の管理状況	
B14	行政担当者や自治会役員との情報交換の活発さ	
BT	地域コミュニティに関する総合評価	
	【認知的SC】に関する項目	**因子名称**
C1	地域の伝統行事や文化活動への参加状況	諸活動への参加
C2	地域の小中学校行事への参加状況	
C3	地域の防犯活動への参加状況	
C4	地域の子ども会行寿への参加状況	
C5	ボランティア活動への参加状況	
C6	自治会活動への参加状況	
C7	人に何かを頼まれると断れない方である	地域への愛着
C8	今住んでいる地域のは愛着がある	
C9	地域のために貢献したいと思っている	
C10	資源回収には協力している	
C11	人と係わることは好きな方である	
C12	隣近所の人は信頼できる人が多い	信頼・交流
C13	隣近所の人とは交流が多い	
C14	信頼できる友人は多い方である	
CT	認知的SCに関する総合評価	

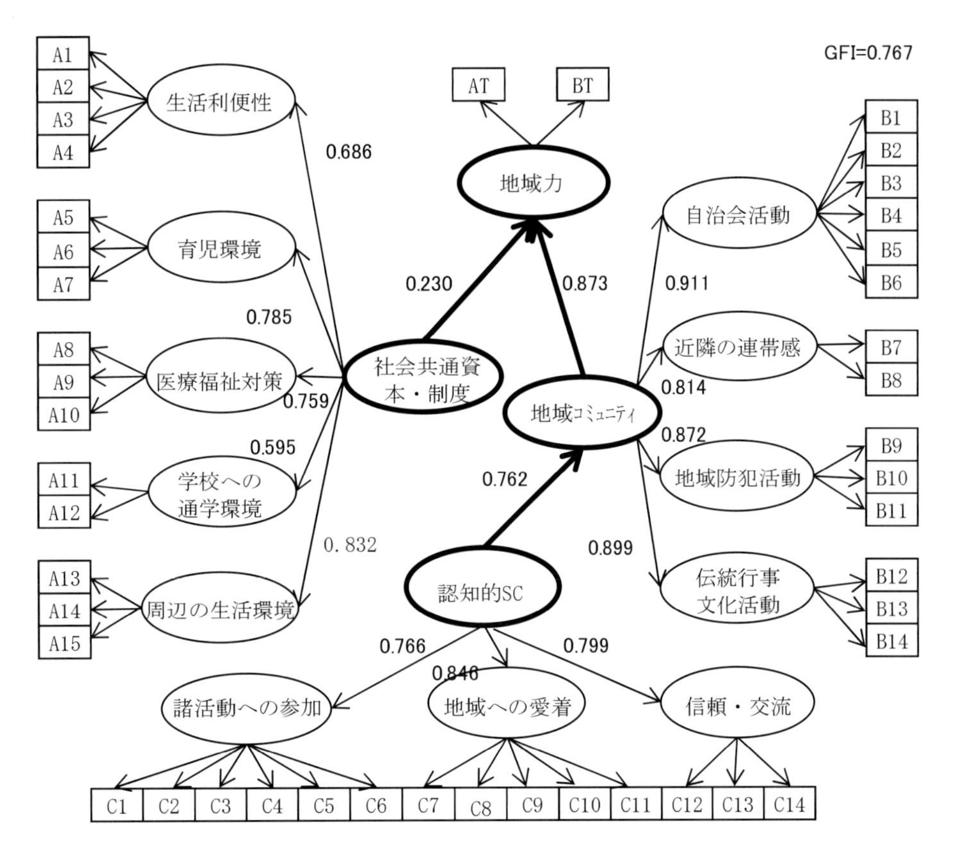

図 7-4-3　地域力と SC との関係分析結果

地域の様々な課題を解決するためには、地域力の醸成が不可欠であるとの仮説に基づいて地域力と SC との関係に着目しました。SC は地域力を支えるための根源的な資本であることが明らかとなりました。しかし、SC は直接的に地域力に影響を与えているのではなく、「SC→地域コミュニティ→地域力」の関係にあります。このことは地域コミュニティを構成しているのは個人であり、個人の認知的 SC の醸成なくしては組織の構造的 SC は成り立たないことになります。一方ではSCが蓄積された社会においては構造的SCが認知的SCへ影響を与えることも考えられます。

我々を取り巻く現代社会において SC が発展途上にあるのか、あるいは衰退しつつあるのかは必ずしも明確ではありませんが、少なくとも認知的 SC の醸成を図ることが様々な地域課題を解決する上で不可欠であることも事実です。今、多くの NPO や市民団体などが中心市街地問題や地域の様々な課題に取り組んでいます。そこには結合型 SC はもちろんのこと、橋渡し型 SC や連携型 SC などの活動も見られるようになってきました。従来のような社会共通資本の整備だけでは限界があることを認識し、SC の役割をもう一度見直す必要があります。

参考文献

湯沢昭：地域力向上のためのソーシャル・キャピタルの役割に関する一考察，日本建築学会計画系論文集，Vol.76，No.666，pp.1423-1432，2011

第８章　公園からのまちづくり

８－１　公園緑地の成り立ち

(1) 公園のはじまり

皆さんは幼いころに、公園で遊んだ思い出がありますか。その公園は、どのような公園だったのでしょうか。公園は、いつ頃からわが国に存在したものなのでしょう。江戸時代には、仙台市のサクラの馬場（1695 年、現在の榴岡（つつじがおか）公園）をはじめ、各地に馬場がありました。お寺や神社と同じように鑑賞用の樹木を植栽して、見世物小屋や射的、茶屋などが出店していました。明治時代の初めには、神戸市や横浜市に外国人の居留遊園という公園の前身となるようなものがありましたが、今のような公園ではありませんでした。明治時代に、西欧諸国を視察し、先進国となるために公園の必要性を感じた政府が、1873 年に、「景勝地・旧社寺地等を接収し、公園とする（太政官布告第 16 号）」としたのがわが国の公園制度のはじまりとされています。

(2) 東京緑地計画と公園緑地に関する研究

昭和 14 年（1939 年）、東京の過大な膨張を抑制のために、現在の 23 区に相当する東京の外周に環状緑地帯（グリーンベルト、962,059ha）を設置することを目的に東京緑地計画（**図 8-1-1**）が策定されました。この計画には、1924 年に開催されたアムステルダム国際都市計画会議で提唱された、大都市の膨張抑制を目的としたグリーンベルト、衛星都市が大きく影響したといわれています。この東京緑地計画に基づいて、渋谷区の宮下公園、神田上水沿いの緑道公園など、都心に多くの緑地を残すことができました。

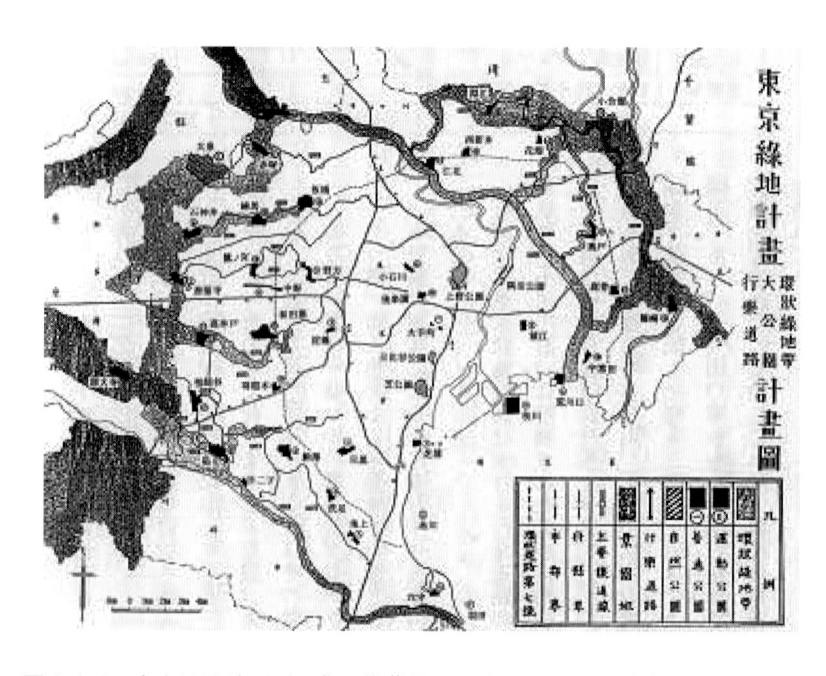

図 8-1-1　東京緑地計画（出典：佐藤昌，日本公園緑地発達史，1977）

このようにわが国の公園緑地制度の歴史は浅いものであり、本格的に地方都市に公園緑地が整備されるようになったのは、第二次世界大戦後の戦災復興都市計画事業、高度成長期における環境改善の時期と言われ、その後、急速に整備が進められました。

公園整備が進められるのに従い、公園緑地に関する研究も多く行われてきました。1970年以降から今日まで公園緑地の研究の視点を調べた結果があります。これによれば、公園緑地の研究は、「児童の遊び場」「緑地の空間評価」「公園の利用実態」「公園の史的思想」「自然環境保全」「社会資本整備・住民参加・公園経営」の大きく6つのグループに類型化することができました。「公園の利用実態」の類型に関する研究分野においては、児童を対象とした研究から始まり、高齢者や障害者の視点へ、大都市から地方都市の視点へと研究の広がりが見られました。「公園の史的思想」の分野では、欧米からアジアの視点へと着眼点が推移していました。「自然環境保全」の分野では、IT 技術の活用による新しい緑化実態の把握や環境教育、「社会資本整備・住民参加・公園経営」の分野では、公園の価値の定量化、公園管理の住民参加、利用促進策といった視点への広がりが見られます。

(3) 前橋市の敷島公園の設計思想

地域における良好な景観の保全や形成をしている公園が、市民の記憶に大きな意味があるとしても、公園の中にあった施設が撤去されたり、更新されることにより、いとも簡単に公園の改造が進められるケースがあるのではないでしょうか。ここでは、わが国で初めての近代公園である日比谷公園の計画・設計を手掛けた本多静六博士らがまとめた、敷島公園の「前橋市敷島公園改良設計案（昭和4年、日本庭園協会調査部）」によって、公園を計画・設計していく際の留意事項を解説します。敷島公園改良設計案は、「1総説」にはじまり、各施設の設計概要、予算書を含めて全8章で構成されています。なかでも敷島公園の改良設計案の思想は、「1総説」と「2設計要旨」に要約されています。

「1総説」では、「敷島公園は利根川に沿う松林を公園化して、市民の休養、運動の郊外公園にするものであり、利根川の風光にあって、遠くは赤城、榛名の秀峰を左右に望む景勝地であるのが特徴である」と敷島公園の風致を認め、その象徴である松林を活用した環境を休養や運動ができる公園とすることを理念としています（**写真 8-1-1**）。

写真 8-1-1　改良案により整備された当時の敷島公園

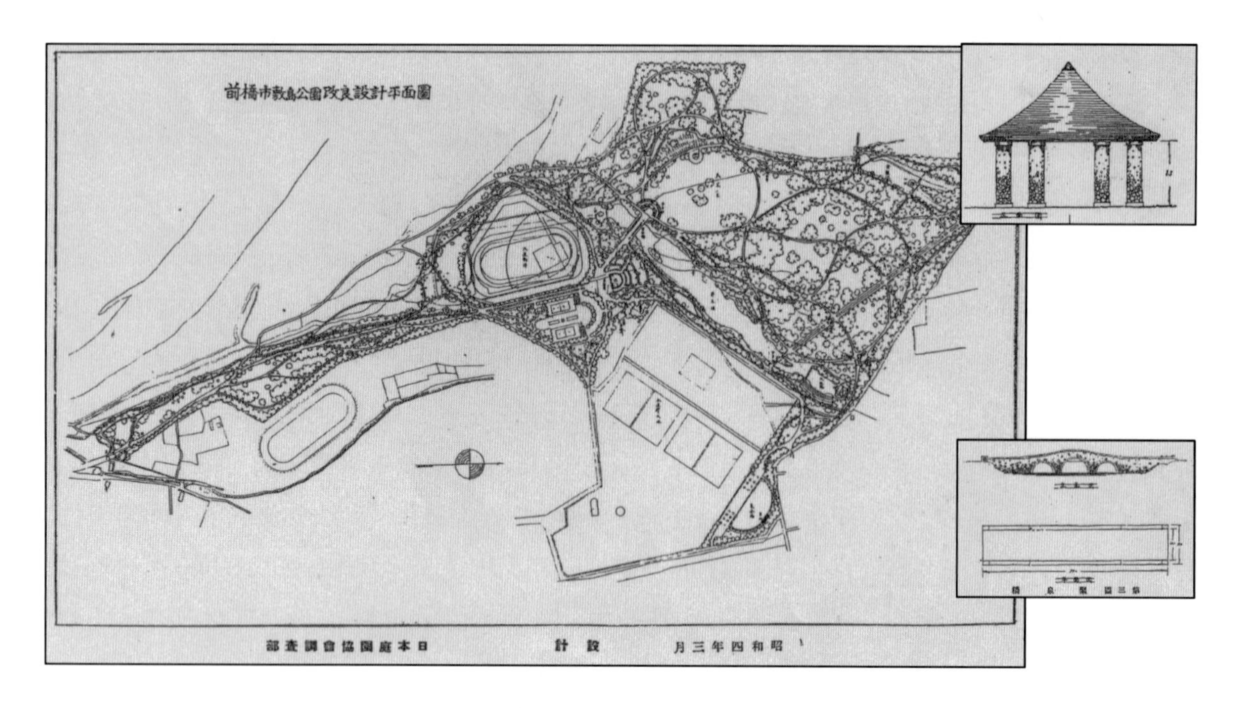

図 8-1-2　前橋市敷島公園改良設計平面図

「２設計要旨」では、「敷島公園の設計は、在来の自然を尊重して、公園の環境を善用することに努め、風景を強調するために、種々の造園的な装飾を加へたとしても、全てにおいて利根川の河原である感じを保つべきであり、各種の施設は、玉石を主材として、その様式手法に近代的な趣きを加えたとしても、自然味を豊かに保つように努めること」としており、風土と立地上の自然の保全に配慮した設計、利根川らしい玉石を主材とした公園施設の提案をしています(**図 8-1-2**)。

さらに、「前橋市は、製糸・機業の盛んである土地であるので、若い男女従業員の慰安、近隣地の人も公園を利用することを考えて、一般の公園のように、児童や学生が利用する公園と趣きが違うことを考えること」と、前橋市における産業的な特色も踏まえた上で、製糸工従事者の慰安的な利用や近隣住民の利用を想定して、一般公園の利用と異なる考え方を示しています。

(4) 戦災復興と公園緑地

前橋市は第二次世界大戦によって、中心市街地の約 8 割を焼失しました。この焼け野原から、前橋市が蘇ったのは、昭和 22 年に決定した戦災復興都市計画事業が実施されたからです。この戦災復興都市計画事業によって、公園がどのように計画されたのかを解説します。

この計画では、①公園・運動場・公園道路を配置すること、②市街地の 10%以上を緑地として確保すること、③市街地周辺の農地山林等を緑地帯として指定すること、を公園緑地の配置方針としていました。前橋市の中心を流れる利根川に前橋公園と敷島公園、東西を流れる広瀬川の河畔公園道路、東側に東公園（現在の前橋こども公園）を計画することにより、水と緑のネットワークを推進していく計画でした（**図 8-1-3**）。また、身近な公園の計画は、児童の遊び場や運動場に重点がおかれ、土地区画整理事業で確保された公園敷地に、児童の遊戯施設、休憩施設、植樹の整備が進められました。

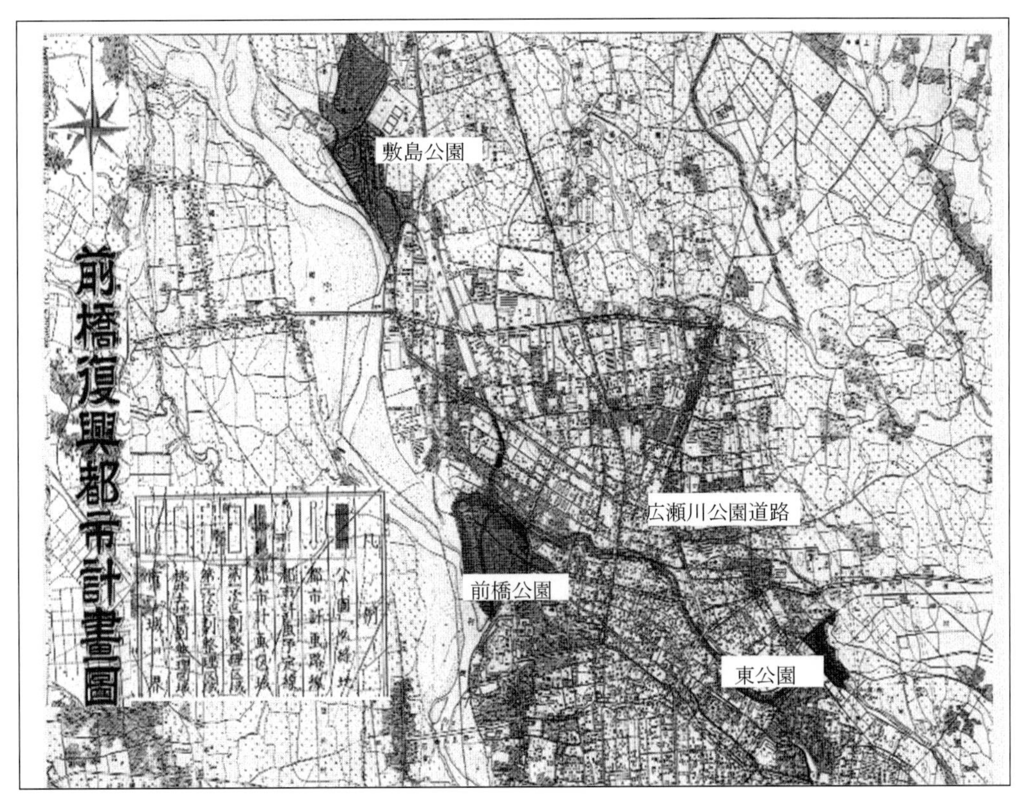

図 8-1-3 前橋復興都市計画図

なじみのある公園や身近な緑地でも、都市の歴史や自然の特性を踏まえた計画や設計への配慮があります。公園を計画・設計する場合は、様々な着眼点をもって現状を把握し当初の計画を省みることが、その地域の歴史や文化を保存していくために必要なことです。公園からまちづくりを考えるためには、①社会的な背景を踏まえた公園づくりをすること、②風土や自然の保全に配慮した公園づくりをすること、③利用者の視点から考えた公園づくりをすることが大切です。

参考文献

Shinya TSUKADA, Akira YUZAWA： A study of the development of City parks in Japan since the 1970's, Journal of landscape Architecture in Asia, Vol.3, pp.865-870, 2007
塚田伸也・森田哲夫・湯沢昭：利用と空間構成の移り変わりから捉えた敷島公園計画案の評価に関する基礎的考察，ランドスケープ研究，Vol.72(5)，pp.849-854，2009
Shinya TSUKADA, Tetsuo MORITA, Akira YUZAWA: Inquiry of the Value Parks in the Characteristics and Use of Park through Urban Revival Planning Projects in Maebashi City, International Journal of GEOMATE, Vol.3, No.1, pp.285-289, 2012

8－2　都市公園の評価

(1)都市公園の効果

都市の公園は、レクリエーションやコミュニティ形成の場であり、人々の心を和ます緑とオープンスペースから成り立っています。また、大きな地震などの災害が起きた場合には、避難場所にもなります。一般的に、都市公園（以下、公園と称す）の役割は、レクリエーション機能としての利用効果と、都市環境保全機能や防災機能といった存在効果の二つの効果があるといわれています。公園を計画・設計する人は、この効果をいかに発揮できるかが、腕のみせどころです。このためには、どのような利用効果と存在効果があるのかを知っていることが大切です。

公園の利用効果には、健康維持、子どもの健全な育成、レクリエーション、スポーツによる体力増進・運動、教養・文化・郷土意識の涵養、文化活動などの様々な余暇活動の場、社会性の増進・コミュニティ活動の場としての効果があげられます。存在効果は、都市の発展形態の規則や都市形態規制効果、都市気候や環境衛生効果、延焼防止・緊急避難地としての防災・災害防止効果、緑による精神的健康、都市景観・美化修景の心理的効果、災害等に対する安堵感など周辺地域に与える付加価値、医療費などの軽減などの経済的効果、生物の生息環境の場などがあります。

公園には、大きく二つの種類があります（**表 8-2-1**）。一つ目は、住区基幹公園であり、歩いて行くことができる範囲の居住者の生活環境、休養、レクリエーションの場として利用できる公園であり、街区公園、近隣公園、地区公園という種別の公園があります（以下、小公園と称す）。

二つ目は、都市基幹公園であり、市域の全ての住民が、休憩、鑑賞、散歩、遊戯、運動をはじめとする、総合的な利用や本格的な運動に供することを目的とした公園であり、総合公園、運動公園という種別の公園があります（以下、大公園と称す）。大公園は、大きなイベントや本格的な運動利用に対応することができ、1 箇所あたり面積 10ha 以上の面積を有する大規模な公園です。

群馬県には、1,447 箇所、2,475ha の都市公園があり、住民基本台帳人口 1 人あたり 13.6m² の公園面積があります（平成 26 年度末現在）。

表 8-2-1　都市公園の種類

種類	種別	内容
住区基幹公園	街区公園	もっぱら街区に居住する者の利用に供することを目的とする公園で誘致距離 250m の範囲内で 1 箇所当たり面積 0.25ha を標準として配置する。
	近隣公園	主として近隣に居住する者の利用に供することを目的とする公園で近隣住区当たり 1 箇所を誘致距離 500m の範囲内で 1 箇所当たり面積 2 ha を標準として配置する。
	地区公園	主として徒歩圏内に居住する者の利用に供することを目的とする公園で誘致距離 1 km の範囲内で 1 箇所当たり面積 4 ha を標準として配置する。都市計画区域外の一定の町村における特定地区公園（カントリーパーク）は、面積 4 ha 以上を標準とする。
都市基幹公園	総合公園	都市住民全般の休息、観賞、散歩、遊戯、運動等総合的な利用に供することを目的とする公園で都市規模に応じ 1 箇所当たり面積 10～50ha を標準として配置する。
	運動公園	都市住民全般の主として運動の用に供することを目的とする公園で都市規模に応じ 1 箇所当たり面積 15～75ha を標準として配置する。

(2) 公園の評価

①小公園の利用特性

魅力ある公園整備を実現するため、全国各地で、小公園の計画づくりに住民参加方式が採用されるようになりました。このような取り組みを行う場合には、住民が計画づくりに関わる公園に抱いている多様な価値観や期待を知っておくことがとても重要なことだと思います。そこで、市民に最も身近な前橋市にある小公園（**写真 8-2-1**）について、住民がどのように利用しているのか、どのように感じているのかを知るために意識調査をしました。**図 8-2-1** は、利用世代層を、高齢者（60 歳以上）、一般、幼児・小学生に分類して、小公園の利用頻度と利用目的を集計した結果です。この結果から、高齢者、幼児・小学生の利用頻度は高く、高齢者は散歩を目的とした利用が大きく占めていることが分かります。

写真 8-2-1　小公園の整備事例

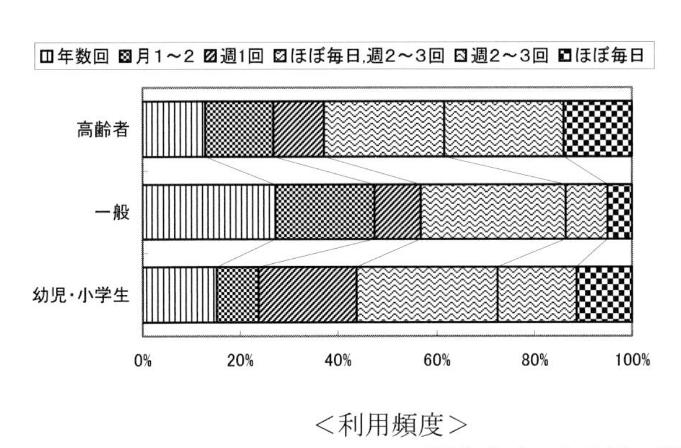

<利用頻度>

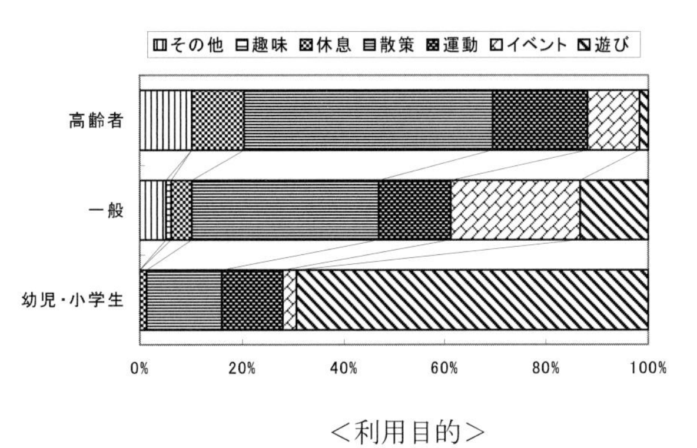

<利用目的>

図 8-2-1　小公園の利用頻度と利用目的

②大公園の利用特性

大公園の利用特性を把握するため、前橋市の中心部にある前橋公園と郊外の農村部にある大室公園を対象に調査しました（**図 8-2-2**）。前橋公園は、市内の中心部の利根川の左岸にあり、旧厩橋城（前橋城）の城跡の北角に位置し、周辺の利根川河川敷地を含め計画面積 64.4ha の総合公園です。大室公園は、前橋市の中心市街地より東方約 11km の位置にある国指定重要文化財の古墳群、雑木林、五料沼を含む 39.6ha の総合公園です（**写真 8-2-2**）。**図 8-2-3** は、前橋公園と大室公園の利用者の自宅からの距離と公園の滞在時間を表したものです。自宅からの距離では、前橋公園の距離のピークが半径 **6km** 未満であるのに対して、大室公園の距離のピークが半径 **15km** 未満になっています。公園の滞在時間の分布では、前橋公園、大室公園ともに約 **2** 時間がピークとなっていますが、このように、大室公園と比較すると前橋公園は近隣からの短時間利用が多い傾向となっていることが分かりました。大公園の計画・設計では、公園の利用目的や公園へのアクセス性（公共交通や自動車）を考慮することが大切であると考えられます。

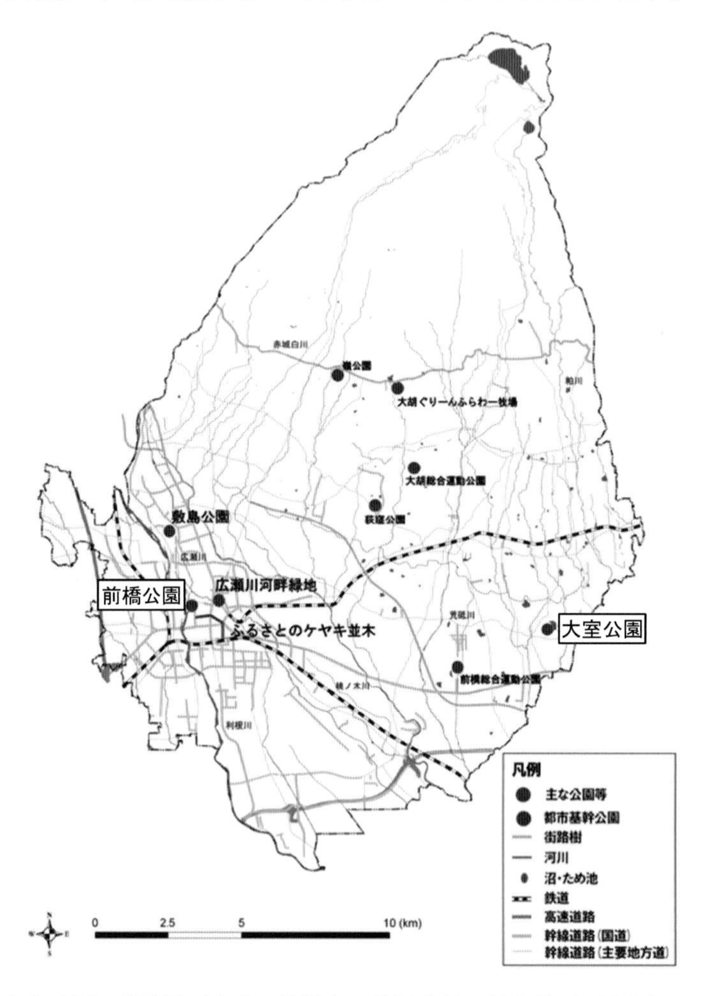

図 8-2-2　前橋市の主な公園・街路樹（出典：前橋市，前橋市緑の基本計画（改訂），2014，一部著者加工）

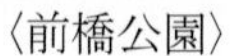

〈前橋公園〉　　〈大室公園〉

写真 8-2-2　前橋公園と大室公園

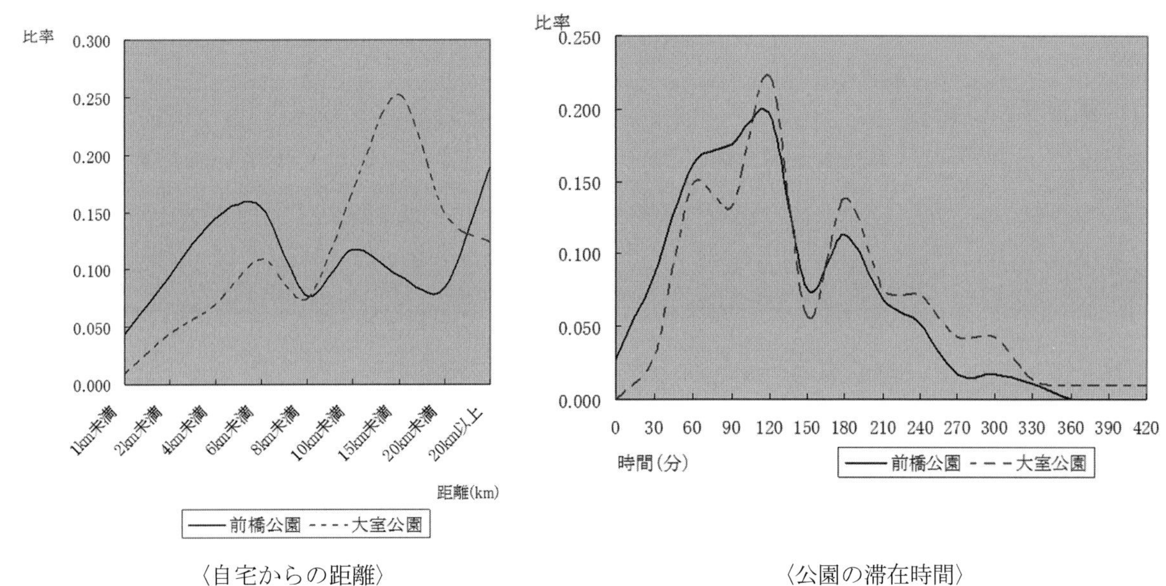

〈自宅からの距離〉　〈公園の滞在時間〉

図 8-2-3　前橋公園と大室公園の利用者の距離と滞在時間

③小公園と大公園の評価

公園の評価を把握するために、市民による公園の評価構造を分析してみました。その結果、小公園については、遊戯施設やトイレなど施設に配慮することが重要であること、利用モラルの向上や公園への愛着づくりが必要であることが明らかになりました。

大公園については、前橋公園の総合評価から、清潔感、景観、自然ふれあいが特に強い影響を与えていることが分かりました。大室公園の総合評価からは、マナーの良さや犬の安全が特に影響を与えていることが分かりました。この結果から、周囲が都市的に土地利用され、緑が少ない前橋公園については、景観や自然のふれあいなど、緑の充実が重要であるのに対して、周囲が農地であり緑が多い大室公園については、利用者のマナーの良さや犬からの安全性など利用者のモラルの充実が重要であるということが分かりました。

> 公園には利用効果と存在効果があり、両方の効果を考えてまちづくりを進める必要があります。小公園については、高齢者の散策、子どもの遊びなど利用特性を考慮した計画・設計が重要です。周辺が密集した市街地である大公園では緑環境の充実、郊外部の大公園では安全性の確保など、地域の特性に応じた計画・設計が重要です。また、公園づくりは施設整備のみならず、利用者のマナーや安全性を考慮することが重要です。

参考文献

塚田伸也・湯沢昭：住民意識から捉えた小公園の評価構造に関する検討，都市計画論文集，No.37，pp.907-912，2002

塚田伸也・湯沢昭：大公園における利用者の評価構造に関する検討－前橋市の総合公園を事例として，都市計画論文集，No.39-3，pp.193-198，2004

8－3　公園の管理とまちづくり

(1) 公園管理の必要性

緑とオープンスペースの拠点となる公園は、戦後から急速に整備が進められ数と量を増してきました。平成26年度末の全国の公園の整備量は、面積が約122,839ha、箇所数が105,744、国民1人あたりの公園面積が約10.2m²です。ヒートアイランド現象をはじめとした都市環境問題の顕在化、自然との共生意識の高まり、高齢化の急速な進展や地域コミュニティの振興を踏まえて、緑のオープンスペースの拠点である公園へ多くの期待が寄せられています。

公園を整備することに加え、有効に利活用され適切に管理・運営されるかが重要であり、施設の持つ諸機能が十分に発揮されると同時に、利用者が安心できる快適な状態である必要があります。しかしながら、今日においては管理水準の低下や施設の老朽化に伴い、本来の利用が阻害されるなど公園施設内における安全性や防犯等が社会問題となっている公園もあります。このことから時代の新しいニーズにあった公園の適正な管理・運営が求められており、公園の実態を踏まえた上で、より効率的でかつ適切な管理が望まれています。

(2) 公園の活用と管理の視点

近年では、インフラの管理・運営についても様々な調査や研究が行われています。例えば、住民のボランティアによる公園管理団体（以下、公園愛護会と称す）の研究が行われており、成立過程と発足状況、活動内容と団体の性格、活動や利用促進方策などに関する報告があります。

公園の管理・運営の問題は大きく二つに分類されます。一つ目は除草や清掃、植物の消毒や剪定、施設工作物の修繕や点検、占用などの法的管理を含む「施設管理」です。これは、公園ストックの増大と施設の老朽化、植物の生長を踏まえて、どの様に適切な管理を効率的かつ効果的に行い、快適で安全な状態を確保していくかという問題です。二つ目は、公園の利用価値の高揚や利用マナーの育成など日常の公園利用で生じる「利用管理」です。これは利用者のモラルを原因とする施設の破損や犯罪行動を抑制するとともに、利用者が公園への愛着を醸成しながら有効に活用できる環境づくりをいかに育むかという問題です。

①小公園の管理

従来の公園の管理は、公園利用者の直接的な意見（あるいは公園愛護会からの要求）や管理者（行政職員や公園管理委託業者）による公園パトロールの実施結果（See）により、予算計画と次年度の行動計画（Plan）が作成され、対象公園の修繕や改修（Do）を行うという、PDSサイクルによって実施されています。しかし、公園の施設管理は、修繕対象となる公園が他の公園と比較してどのような位置づけにあるのか（全体像の位置づけ）、どのような原因で修繕となり、どのような対策を実施すべきか（問題構造の把握）が大切であると思います。このため、今後の適切で効率性の高い公園の施設管理を実現するためには、従来のPDSサイクルから発展した「客観性が高い評価（Check）」、「改善策の検討（Action）」を導入したPDCAサイクルに基づく対応が必要です。

②公園愛護会の活動

前橋市の公園愛護会の歴史は古く、戦災で荒涼した市街地に残された敷島公園の松を見た住民が緑の重要性を実感し、昭和29年に住民のボランティア団体が結成されたことを起源とします。愛護会は、多くの自治会を中心に、子どもから老人まで幅広い世代層で活動し地域的な取り組みとして定着しています。中でも街区公園には、ほぼ全てに公園愛護会が組織されており、除草や清掃といった日常管理が実施されています。この公園愛護会の活動は、草が繁茂する4～12月に行われ、特に公園利用が増大する5～10月に集中的に行われています。

公園愛護会の会長さんを対象としたアンケート調査の自由意見（**表 8-3-1**）では、愛護活動の問題に関する意見が多く出されていました。中でも愛護会の組織の高齢化に対する問題が深刻でした。また公園利用では利用マナーに対する意見が多く、犬・猫の糞、ゴミの投棄などが深刻な問題でした。また公園施設に関しては、遊戯施設の充実や安全点検の実施の要望が多くありました。樹木に関しては、高木の剪定の意見が多くありました。このことからも公園愛護会が抱える問題として、組織の高齢化、公園利用のマナー改善、施設管理の問題として遊具の充実、高木の剪定が重要な問題となっていました。

意見の内容を詳細に分析すると、公園愛護会の組織が参加意識の低下や高齢化によって、除草・清掃等の作業に苦慮している現状がうかがわれます。公園愛護会の組織に関する改善要求として、住民への意識啓発・若年層の活動参加が望まれていました。活動に関する改善要求ついては、清掃器具の充実や除草機会の導入に関するものが多くありました。また、行政からの金銭的支援に関する意見もありました。この背景には、農業就業の減少に伴い、除草作業の技術が乏しい傾向、活動のための道具が整わない状況もうかがわれました。

公園利用に関する問題では、ゴミの投棄や犬・猫の糞の処理など、公園利用者の利用マナーに対する問題が深刻でした。また、浮浪者、若者の集団など不審者に対する意見がありました。公園施設の問題としては、樹木（特に高木）の生長に支障を及ぼしている現状があり、樹木管理の充実や遊具などの定期的な施設点検の充実が要望されていました（**写真 8-3-1**）。

③指定管理者制度の導入

平成15年に公布された地方自治法の一部を改正する法律により、「公の施設」の管理・運営に関し指定管理者制度が設けられました。指定管理者制度とは、多様化する住民ニーズに対して公の施設の管理に民間の能力を活用し、より効果的かつ効率的な住民サービスの向上を図ることを目的としています。公園についても機能の増進に資すると認められる場合、公園管理者以外に公園施設の設置または管理を許可することができるとし、多くの大公園に指定管理者制度が導入されています。

各自治体が悩む点には公園の指定管理者の選考基準がありますが、選考基準について都道府県へアンケート調査を行ったところ、経営基盤を重視する自治体と業務の充実度を重視するタイプがあることが分かりました。選考基準の作成にあたっては、安全・安心、公益性、提案事業、緑地保全、雇用計画の5つの大きな観点から基準を設定していました。

表 8-3-1　公園の管理に関する意見（前橋市）

大分類	意見数	中分類	意見数	小分類	意見数	具体的意見(抜粋)
愛護活動	106	活動問題	68	除草苦慮	17	新しい公園のせいか草むしりが大変である.
				参加意識	10	集合住宅も有り公園愛護への参加意識が統一出来ない.
				組織の高齢化	21	町内の高齢化が進み、作業の負担が増している.
				処分方法	4	落ち葉など公園で出たゴミが焼けなくなったこと
				活動評価	16	年1度の各班の清掃は住民のふれあいの場となっている.
		活動改善	38	機械化	12	草の量が多いので刈払機で刈らないと大変.
				薬剤散布	12	除草剤で良い物があれば配布して貰いたい.
				清掃器具	8	清掃用具は各自持参だが草ｶｷを持っている家が少なく、除草に時間がかかる
				報奨金援助	6	作業後, 飲み物を支給しているが, 財源がなく苦慮, 更なる奨励金の援助を.
公園利用	77	不審者	13	若者	7	ｽﾍﾞﾘ台等の蔭で, 高校生が煙草を吸ったりいたずらをしたりで苦慮している.
				ホームレス	6	ホームレスが寝泊りしている. 食品の容器の散乱.
		利用マナー	64	自転車・車両	8	ｻｲｸﾘﾝｸﾞ内に掛かる違法駐車
				いたずら・破損	8	子供のいたずら、例えばﾍﾞﾝﾁを壊す等.
				ゴミ投棄	22	藤棚の下で飲み食いして, ｺﾞﾐを片付けない.
				犬・猫の糞	26	砂場があるが, 犬猫の糞害で困っています.
公園施設	158	遊戯施設	60	老朽化	27	ﾌﾞﾗﾝｺ、ｽﾍﾞﾘ台、ﾍﾞﾝﾁ等の施設の老朽化が目立. 利用されない事も原因の一つ.
				安全確保	4	遊戯使用中の怪我, 対処法, 責任等は.
				利用支障	2	公園内が狭いので, 滑り台の移設をお願いしたい.
				遊具の充実	19	近隣の保育所、幼稚園、小学校等の子供達が利用するため, もう一基遊具が欲しい.
				安全点検	8	遊具の安全点検, 補修をお願いしたい.
		管理施設	19	防犯	6	公園の暗がり解消やいたずら未然防止のため, 公園の防犯灯の増設を.
				老朽化	13	周囲のﾌｪﾝｽの塗装が剥げている所があるので点検の上, 善処して欲しい
		休養施設	39	休憩施設の充実	23	語らいの場所として, 四屋やトイレの充実をお願いしたい.
				老朽化	16	休息所の屋根(ｽﾚｰﾄ)床面(平板)傷んできた.
		園路広場	19	排水	17	公園の入り口がバリアフリーになったのはいいが, 土砂が流出する.
				老朽化	1	グラウンドのネットや園路の平板が老朽化している.
				占有利用	1	広い公園なので団体に利用されて喜ばれるが, 反面団体に占拠されている感もある.
		便益施設	21	いたずら・破損	3	いたずらによる公園内の便所施設のﾄﾞｱ, 外柵2ヶ所の破損.
				トイレの改善	10	便所が暗い. 明るいトイレに改善を. トイレットペーパーが盗まれる.
				老朽化	8	トイレの管理, 施設備品の老朽化.
樹木	109	高木の生長	47	うっそうとしている	21	公園が全体的に暗いｲﾒｰｼﾞなので, 欅1本を伐採　して明るくしたい.
				防犯・安全	10	樹木が伸長して電線にふれている
				消毒ができない	6	アメヒト消毒にサクラの木が大きくなって困る.
				落ち葉に苦慮	10	秋の落ち葉の苦情に困っている.
		改善要求	43	高木の剪定	37	樹木の枝で、中が見えにくく剪定の回数を増やしてほしい
				樹木の枯損	6	マツクイにより, 大量に枯れたマツを、どうしたらよいか教えてほしい.
		意識・啓発	19	技術援助	5	剪定教室を実施して欲しい.
				花壇設置	14	花壇を造成中だが, 予算不足で進まず.

写真 8-3-1　伐採された樹木・施設の老朽化

写真 8-3-2　ポケットパーク整備事例

④ポケットパークの利用と管理

道路の交差点、まちかどなどに、面積 100～500m² に満たないくらいの小さなオープンスペース（以下、ポケットパークと称す）を見たことはあるでしょうか。このポケットパークは、花壇や小さな緑地となっていたり、ベンチが置かれたりと、小さいながらまちに彩りや夏の木陰を作ります（**写真 8-3-2**）。ポケットパークについて、全国的に利用実態と管理における調査を行った結果があるので紹介します。ポケットパークの利用頻度に関しては、常に利用者がいる状態のものが少ないことが分かりました。利用形態としては、通行者の休憩機能が最も多く、次いで子どもの小さな遊び場の機能や、小さなコミュニティの場として機能している結果となりました。

ポケットパークの管理実態の問題としては、ゴミの投げ捨てあるいは施設の汚損の問題がありました。また、利用安全の問題として未成年者の夜間のたまり場の問題、ケンカや施設の破損の問題が見られました。利用者からは、日常的な施設管理の充実、ゴミ箱の設置を望む声がありながらも、施設管理の費用増加や、逆に日常的にゴミが投棄されるという問題がありました。ポケットパークの設置や管理は行政が行っています。せっかくの貴重なまちのオープンスペースであるので、利用者である地域の人がポケットパークの管理に参加し、より利用され愛されるような施設となることを望みます。

(3) 公園管理からまちづくりへ

公園がいつでもきれいな状態になっていると気持ちいいものです。公園が整備されると公園利用がはじまります。これからの公園管理は、公園利用者が関わりをもって地域の公園を管理していくことが望まれます。公園の緑は、私たちの住む環境を良くするとともに、公園を利用することによって利用者も健康づくりができます。

> 公園管理のためには、客観性が高い評価、改善策の検討を導入した PDCA サイクルによる対応が必要です。小公園の管理を担っている愛護会組織の高齢化や農業離れにより技術や道具の確保に苦慮しており、地域ぐるみの管理体制の確立が求められています。また、ポケットパークの管理にも住民参加を取り入れ、公園管理活動の活性化を図りましょう。

参考文献

熊野稔・亀野辰三・湯沢昭・岩立忠夫：ポケットパークの活用と管理における自治体の動向と評価，ランドスケープ研究，No.64(5)，pp.675-678，2001

塚田伸也・湯沢昭：小規模公園の管理実態とその評価に関する考察，ランドスケープ研究，Vol.66(5)，pp.719-722，2003

塚田伸也・湯沢昭：前橋市の総合公園（前橋公園）を事例とした地方都市における市街地大公園の利用的課題，ランドスケープ研究，Vol.69（5），pp. 597-600，2006

塚田伸也・湯沢昭：都市公園における指定管理者の選考基準の現状と評価構造の分析，日本建築学会計画系論文集，Vol.73，No.631，pp.1923-1928，2008

8-4　心の風景 広瀬川

(1) 水辺は心の風景

強い印象を受けた体験や、日常の積み重ねによる体験から思い出される風景を心象風景と呼びます。この体験は、意識あるいは無意識に働きかけ、人の価値観を形成する一つの役割を担っていると考えられています。これらは、生活空間を主にする日常的な体験と旅先などで得られる非日常的な体験に大きく分けられます。心象風景の一つに、中学生ぐらいまでの自己形成の期間に日常的に体験する「水辺」があるとされます。このため、身近な河川の空間を整備する際には、人の心象風景に及ぼす影響に配慮して、風景を考えることが大切なことと言えます。

(2) 前橋市の広瀬川河畔緑地

広瀬川河畔緑地は、前橋市の中心市街地を東西に流れる広瀬川河畔両岸の帯状の緑地を総称したもので、しばしば前橋市の顔として登場します。広瀬川河畔緑地には、両岸に生長したシダレ柳やソメイヨシノが植えられています。遊歩道があり、ベンチや四阿（あずまや）、トイレ、観賞池や彫刻などが設置されています（**写真 8-4-1**）。

広瀬川は、前橋市民にとって、長い時間の歴史の中で愛され親しまれてきた前橋市の DNA とも言える心象風景です。この空間の整備の考え方と市民からの評価について紹介します。広瀬川は、渋川市の坂東橋の上流において、利根川からの取水と佐久発電所の放水を取り入れて、前橋市の中心市街地を流れ伊勢崎市内に至る全長約 42km の都市河川です。

広瀬川は、1394～1427 年の変流によって現在の河道になったとされ、田の灌漑用水として利用されてきました。江戸時代には、水運（船による物資輸送路）の河港となった広瀬河岸があり、江戸へ送る上り荷として年貢米や炭などを積み、前橋には塩や干鰯（肥料）などの物資が下り荷として輸送されていたという記録があります。

〈航空写真〉　〈比刀根橋付近〉

写真 8-4-1　広瀬川河畔緑地の風景

(3) 広瀬川河畔緑地の歴史・文化

明治時代、広瀬川の水は水車（製糸、精米等）、製材、簗場として利用されましたが、最も多く用水を利用したのは、養蚕地帯である前橋周辺の村々で盛んでした製糸用水車の動力としてです。広瀬川の諏訪橋の橋詰には、明治10年に製糸工場である交水社が設立され、大正時代から昭和初期まで多くの製糸工場が広瀬川沿いにありました（**写真 8-4-2**）。しかし、昭和 20 年の終戦の後は、製糸工場をはじめとする絹産業は軍需産業への転換が図られました。その後、敗戦によって前橋市の中心市街地が壊滅的な被災を受け、戦後のナイロンなどの代替繊維が普及することによって製糸産業は減衰していきました。

〈通学の様子〉

〈ベンチと植樹〉

写真 8-4-2　大正時代・昭和初期の広瀬川河畔緑地（出典：平田一夫，大正末から昭和のはじめ，1990）

(4) 広瀬川の断面構成の変遷

前橋市の広瀬川河畔緑地は、**図 8-4-1** のように断面構成が移り変わってきました。大正から昭和のはじめ（1 期）には、広瀬川に沿った 3.6m 幅の歩道は、生活や商いの空間として活用されてきました。終戦後（2 期）には、広瀬川の空間に防災機能や交通機能をもたせるため、左岸に 5m の車道、右岸に 15m の歩行者と車道の整備を行いました。昭和 50 年代（3 期）には、文化性を有する空間として、左岸に歩道を配置し、修景的な様相を強めた緑道へと空間構成の整備を行いました。近年（4 期）は、透水性自然石アスファルト舗装、川側の植栽を整理し水面を見られるようなフェンスの設置、夜景を楽しむためのフットライトの設置などの整備が行われました。

(5) 心の風景 広瀬川

広瀬川河畔緑地の歴史的・社会的な背景も含めて、住民の心にある広瀬川のイメージを明らかにするためにアンケート調査を実施しました。調査対象区域は、前橋市の中心市街地にある厩橋から久留万橋周辺の住民としました。広瀬川河畔緑地の歴史や社会的背景の説明をした上で、広瀬川を撮影した写真などから、「あなたが広瀬川河畔緑地に思いを抱くイメージ対象を最大で三つまで選択してください」と質問しました。

調査の結果、周辺の建物や店・緑地の休憩施設と比較して、遊歩道や橋、広瀬川の水、緑地の雰囲気を多く選ぶ傾向が分かりました（**図 8-4-2**）。また、年齢階層の属性に注目すると若年層が「近くの人工的な施設空間」、壮・高齢層が「遠くの自然的な空間」を好む傾向がありました（**図**

8-4-3)。さらに分析を進めると、広瀬川河畔緑地のイメージを想起するパターンとして、「広瀬川の水」と「橋と遊歩道」、「緑地の植栽」と「緑地の雰囲気」、「周辺の建物や店」と「緑地の夜景」、「緑地休憩施設」を組み合わせるというイメージパターンを知ることができました。

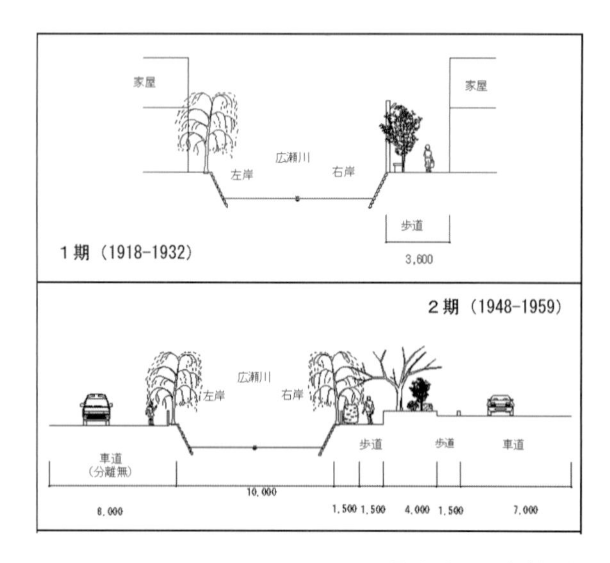

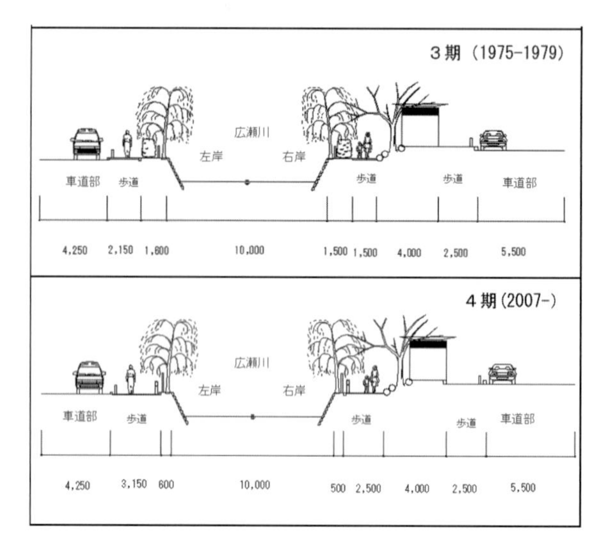

図 8-4-1　広瀬川河畔緑地の断面構成の変遷

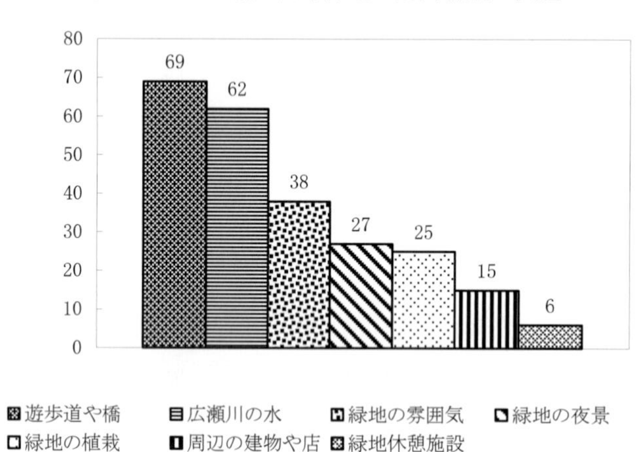

図 8-4-2　広瀬川河畔緑地に思いを感じるイメージの選択

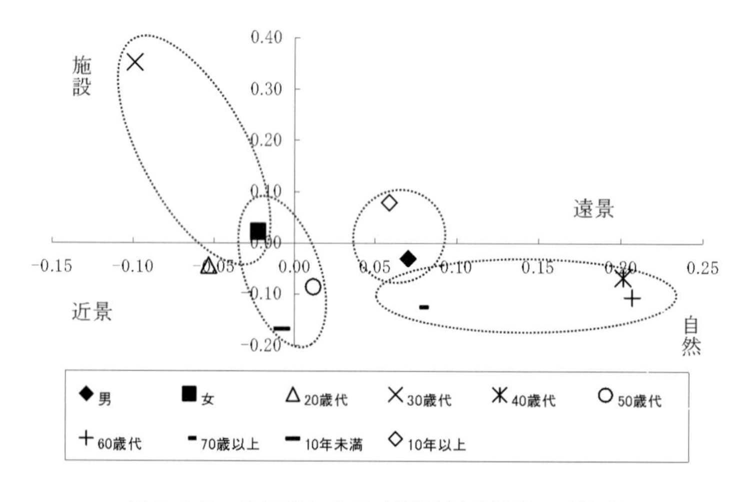

図 8-4-3　各属性による広瀬川河畔緑地の嗜好性

広瀬川河畔緑地には、郷土詩人である萩原朔太郎の縁から多くの詩碑が建立され、厩橋上流の柳橋から久留万橋の区間において、緑陰が豊かな遊歩道の整備、観賞池や水車などのモニュメントなどが整備されています。また前橋文学館が建設され、心象画の画家である近藤嘉男のアトリエを改造した広瀬川美術館（国登録有形文化財指定）があります。秋から冬にかけては有志のボランティアによって、河畔緑地の両側にシルクランプが灯されていたこともあります。

(6) 水辺のまちづくり

平成 19～23 年に開催された広瀬川河畔緑地再整備検討会における住民の意見のやりとりは、広瀬川がより良い前橋市の風景として生きつづけるように考えるための貴重な記録です。会議では、萩原朔太郎の詩に込められた情景など各々の委員がイメージする広瀬川の思いが語られました。また、再整備を行うことで、これまでの雰囲気を壊さないかなど、再整備による雰囲気の損失の危惧が示されました。一方で、子どもも水面が見られるように人が滞留する仕掛け、イベントの効果的実施、住民参加による整備後のしかけづくりに関する意見など、改善に向けた期待感もありました。現地調査では、構造物や記念碑、鉄平石や大理石、アスファルトなど舗装材の仕上げといった統一感のある整備が重要であることが共有されました。また、段差が多い、舗装が劣化しているなど、現有施設の問題が視認され、バリアフリー改善の必要性も委員間で共有されました。

現地調査の検討結果を踏まえ、①親水性への配慮、②歴史的なモノの保存、③統一感のある整備、④機能面を高めつつ自然素材の高い選択、⑤利用に配慮した整備の 5 つの基本方針が示され、「市民に親しまれ受け継がれる広瀬川河畔」のコンセプトが設定されました。

委員は、各々が持つ広瀬川に対する感性の違いを受け入れ、自ら現地調査を行ってコンセプトを作成しました。各々の感性の違いを再びコンセプトへフィードバックすることで、整備の方向を明確化していきました。会議の最終段階においても“新しいデザインも良いが歴史や伝統の美に欠ける”といった感性の違いが最後まである方もいました。異なる感性を融合していく手立てを今後も考えていく必要があるでしょう。

> 広瀬川河畔緑地は、前橋市民の心の風景です。広瀬川河畔の風景は、遊歩道や橋、広瀬川の水・緑地の雰囲気から成り立っています。若い人は人工的な施設空間、高齢者は自然的な空間を好む傾向があるなど、市民の感性を考慮した風景づくりが必要です。風景づくりにあたっては、住民参加により合意を得ながら進めていくべきであり、各々の感性の違いをどのように受け入れていくかが課題となります。

参考文献

塚田伸也・湯沢昭・松井淳・桜沢拓也：群馬県前橋市中心市街地における広瀬川河畔緑地の再整備の評価について，造園技術報告集，Vol.74(6)，pp.18-21，2011

塚田伸也・森田哲夫・橋本隆・湯沢昭：地方都市の河川緑地における風景評価に関する一考察，日本建築学会計画系論文集，Vol.78，No.686，pp.875-882，2013

第９章　水と緑のまちづくり

9－1　心の風景によるまちづくり

(1)風景は文化と歴史

皆さんには思い出の風景がありますか。その風景は、いつ、どこで、心に刻まれたのでしょうか。風景は、人に関わりなく存在するのではなく、人のあり様に応じて様々な形で現れるものです。人の視点のわずかな揺らぎに応じて一変し、風景を語る言葉によっても見えるものが異なります。同じ構図の風景であったとしても、誰もが同じ風景を体験できるものでなく、風景の味わいや気配は人の好みや想像力に頼るところが大きいものです。風景は、このように人の主観に強く依存していますが、まちの成り立ちや自然条件と全く無関係ではないと考えられています。つまり、人の住む場所の地理的構造や歴史は、風景そのものではないのですが風景の母胎であると言えるからです。

(2)群馬と前橋の風景

群馬の風景は、赤城山、榛名山、妙義山、浅間山などの山岳、坂東太郎と称される利根川などの大河川によってつくられたダイナミックな地形に、古墳に代表される古代から多くの人の文化的な営みが折り重なりあった多様性が魅力と言えます。この風景の中で育った郷土人は、自然主義文学の祖とである田山花袋、近代の口語自由詩を確立した萩原朔太郎をはじめ、わが国の文化の熟成に大きな影響を与えてきました。

①朔太郎が見た風景

「前橋が生んだ詩人」とい言うとまず思いつくのが「萩原朔太郎」ではないでしょうか。萩原朔太郎のほかにも、萩原恭次郎、高橋元吉、平井晩村など多くの偉大な業績を残した詩人が、前橋市から輩出されています。朔太郎の詩を分析すると、詩の中の語に、風景要素となる「山」や「河原」などが現れています（**表 9-1-1**）。また、萩原朔太郎が撮影した写真には、詩に共通した風景要素が出現している傾向がありました（**写真 9-1-1**）。朔太郎の詩が、自身の見た風景の産物であるとすれば正に「前橋が生んだ詩人」と呼ぶに相応しいと考えてよさそうです。

表 9-1-1　朔太郎の詩にあらわれた風景要素の一部（順不同）

山	松	野原	犬	海	吊橋	交流
河原	桜	草地	馬	中州	八ツ橋	遊び
湖	生垣	湿原	鳥	砂浜	桟橋	賑わい
水際	緑地	芝生	自動車	道	公園	櫓
川辺	花	田畑	自転車	坂	駅	煙突
流れ	盆栽	平野	乳母車	街路	停車場	風船

〈山を撮影したもの〉

〈松や草地を撮影したもの〉

写真 9-1-1　朔太郎の撮影した写真（出典：前橋市教育委員会，萩原朔太郎撮影写真集，1981）

②校歌に現れた風景

皆さんの中には思い出の風景として校歌に現れる山岳をイメージする人もいるかもしれません。この関係を探るため、群馬県内の中学校の校歌を集めて分析してみました。どんな語が使われているでしょうか（**表 9-1-2**）。1 番多くあらわれたのは「赤城」でした。その他にも、「榛名」「妙義」の上毛三山がありました。群馬県を代表する山岳である「赤城」という語が入った校歌を持つ中学校は、赤城山の頂上を中心として、沼田市、渋川市、前橋市、桐生市、太田市、館林市など各方面に広く分布している状況が分かります（**図 9-1-1**）。また、語と語の関係を分析することによって、「赤城」と関係する修飾語に「高い」、「明るい」、「強い」という語と強い関係があることが分かりました。校歌に現れた風景は、主対象である「光を受けた赤城山」に中学生生活で期待される思いと解釈できる「希望」や「理想」などが投影されていました。また、視点場である「母校」に「みどり」や「花」などの風物に語が関連付けられ、「学ぶ」、「励む」や「進む」など中学校生活での取り組みに関する語と強く結び付きあう特性を把握することができました。

表 9-1-2　校歌の語の出現頻度（地名、風物に関する語）

出現順位	抽出語	出現頻度	出現順位	抽出語	出現頻度
3	**赤城**	91	55	水	29
6	山	80	63	野	23
10	空	65	70	**浅間**	21
13	風	59	105	笠懸	14
14	光	57	105	高崎	14
16	嶺	54	105	里	14
23	雲	45	120	**妙義**	13
27	道	43	120	館林	13
29	みどり	40	120	藤岡	13
37	**榛名**	35	120	富岡	13
41	利根	33	135	前橋	12
41	緑	33	141	若草	11
51	川	30	141	太田	11
55	丘	29	141	渡良瀬	11

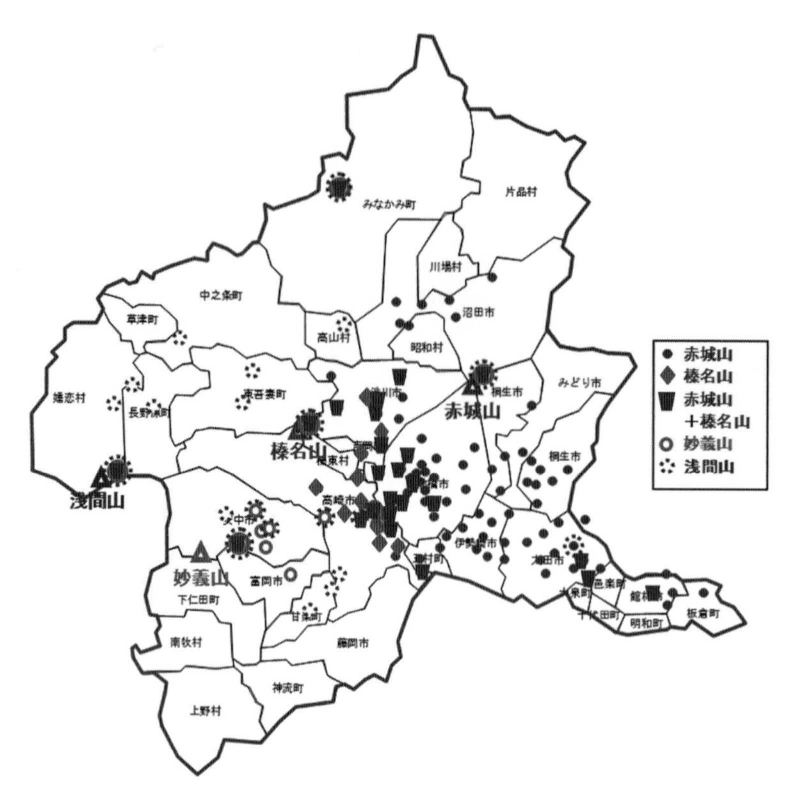

図 9-1-1　群馬県の中学校の校歌に現れる山の名前

③前橋市のイメージを言葉であらわすと

アンケート調査を実施し、前橋市のイメージを自由に書いてもらい、テキストマイニング手法を用い分析しました。出現頻度が大きい語は、「公園」「緑」「敷島」などがあげられました（**表 9-1-3**）。語と語の関係を分析することにより、前橋市の良いイメージとしては、「住み易い」「おいしい水」「近辺にある」「自然に恵まれる」「川、山が見える」「赤城山が見える」「広瀬川・歩道・畔」というイメージを抽出することができました。

このように、テキストマイニング手法により分析することにより、都市のイメージを形づくる具体の地物や構成物を把握することができます。また、「生活満足度」と「おいしい水」の関係を定量的に把握することによって、視覚的な水辺景観や水辺での活動ではなく、味覚としての水のおいしさを市民が高く評価していることも知ることができます（**図 9-1-2**）。このような分析を続けることにより、市民が持つまちの具体的なイメージを把握することができます。

表 9-1-3　前橋のイメージを構成する語（名詞）

1位	公園	7位	災害	13位	県庁	19位	赤城山
2位	緑	8位	街	14位	道路	20位	周辺
3位	敷島	9位	自然	15位	医療	21位	生活
4位	近辺	10位	広瀬川	16位	便利	22位	地域
5位	水	11位	利根川	17位	環境	23位	景色
6位	前橋	12位	場所	18位	バラ	24位	都市

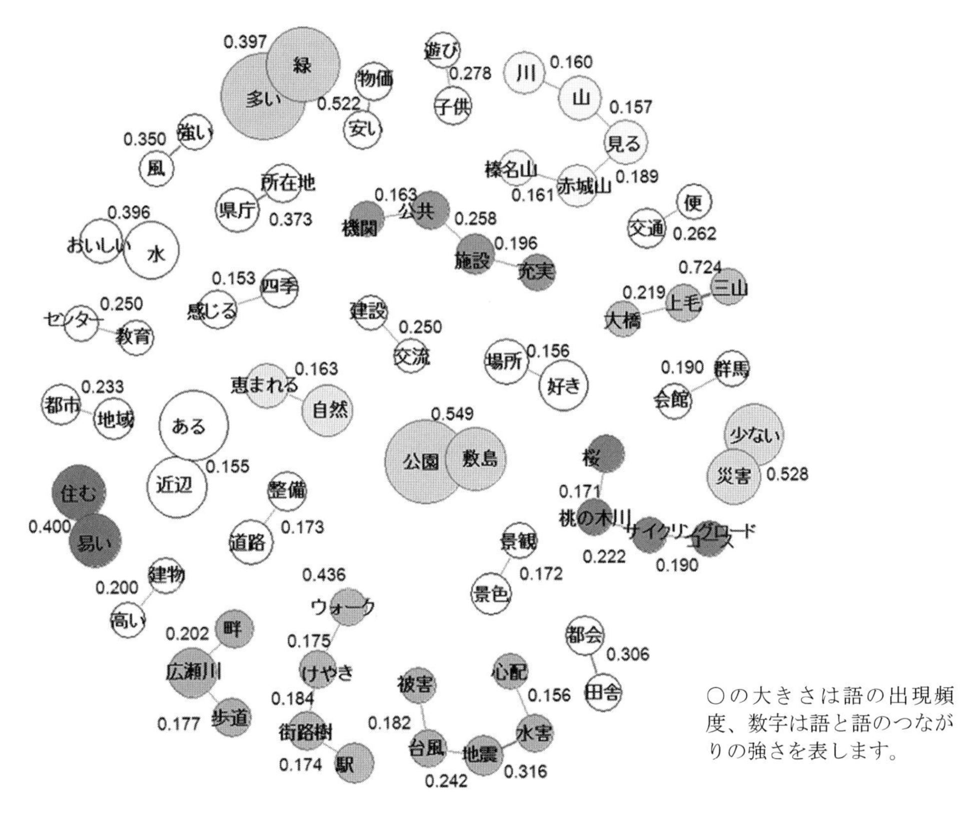

図 9-1-2 前橋のイメージ

(3) 風景からのまちづくりへ

風景を活用したまちづくりについて考えてみましょう。風景を楽しむためには、眺める対象となる環境が大切であるとともに、眺める主体となる人が楽しむ心をもつことが大切です。風景づくりが目指しているのは、眺める主体となる人々が楽しむ風景体験ができる環境を保全、提供することなのです。このためには、風景となる空間のデザインに際し、環境がどのように知覚されているのか、どのように意味づけられているのか、どのように評価されているのかという、一連の構造を理解していくことが大切です。

> 風景からまちづくりを進めるためには、優れた先人の風景観を知ることが大切です。そして、その地域の歴史や文化に根ざす風景を感じてください。美しい風景に出会い自己の風景観を養うことが何よりも大切なのです。

参考文献

塚田伸也・森田哲夫・湯沢昭・橋本隆：近代詩人萩原朔太郎の撮影した写真が捉えた風景要素に関する検討，ランドスケープ研究，No.5，pp.89-94，2012

森田哲夫・入澤覚・長塩彩夏・野村和広・塚田伸也・大塚裕子・杉田浩：自由記述データを用いたテキストマイニングによる都市のイメージ分析，土木学会論文集 D3，Vol.68，No.5，pp.315-323，2012

塚田伸也・森田哲夫・橋本隆・湯沢昭：群馬県中学校の校歌を事例としたテキスト分析により導かれる山岳の景観言語の検討，ランドスケープ研究，Vol.76，No.5，pp.727-730，2013

9-2　天狗岩用水を活かしたまちづくり

(1)天狗岩用水の歴史

農業用水は用水本来の目的に加え、農村環境の保全、農産物・農機具の洗浄などの役割を担ってきました。また、水田等に配水された後、水生生物の生息環境保全や地下水涵養源など、多面的な役割を果たしてきました。しかし、水道の普及、農薬の使用、用排水分離など近年の都市化が進められると用水路に蓋がされ、長い利水の歴史のなかで培われた人の生活との関わり合いが希薄となってきました。しかし、近年の環境に対する意識の高まりにより、人と用水の関係が見直され、まちづくりの資産として注目される事例も多くあります。

取入口を利根川の坂東大橋付近とする全長約 25km、前橋市、高崎市、玉村町を灌漑する天狗岩用水（**写真 9-2-1**）は、1604 年に植野城（総社城）の城主である秋元長朝が植野堰を設け、領内発展のために開削した農業用水です。領民の協力を得るため 3 年間を免租とし、地元農民の労力によって開削工事が行われ、地域住民に守られることにより地域営農の安定に貢献しました。現在は、周辺の市街化が進んでおり、水路沿いに管理用園路の用地が確保され、地域用水機能増進事業によって花壇等の環境整備が行われています。用水のある総社地区を中心としたボランティア組織が、施設の点検、遊歩道の除草作業、植栽や種まきなどを行っています。

(2)天狗岩用水の評価

天狗岩用水の評価を行う目的で、用水周辺の総社地区に居住する人を対象に、アンケート調査を実施しました。調査の内容は、前橋市周辺の歴史や自然環境などの郷土の誇り、天狗岩用水周辺の環境評価、天狗岩用水の価値評価のための設問等から構成されました。調査は平成 23 年 7 月に実施し、258 人から回答を得ることができました。分析結果を紹介します。

①前橋市の誇り「天狗岩用水」

前橋市や総社地区に存在している遺跡・文化財、有名人、神社・仏閣、伝統行事、名所・公園など、市のホームページや観光案内で紹介されることの多いものから選んでもらいました（最大で 5 個まで選択）。その結果、総社地区・前橋市内の史跡や文化財で誇りと思うもので、最も多かったものは、「上毛かるた」であり、次に「天狗岩用水」があげられました（**表 9-2-1**）。

②天狗岩用水の価値評価

天狗岩用水の価値を貨幣価値として明らかにすることを試みました。「天狗岩用水は、総社地区にとっては農業用水や地域の環境を守る上で重要な施設です。また歴史的に見ても重要な施設でもあります。しかし、天狗岩用水周辺の環境を維持するためには、費用が必要となります。天狗岩用水周辺の環境を維持するために、市民から税金を徴収するとした場合、あなたにとってどの位の金額が適当だと思いますか」と仮定の状況で質問しました。

回答は、「年間の一世帯あたりの徴収金額」として、「天狗岩用水周辺の環境」を維持するために「役に立たない金額」「安いと思われる金額」「高いと思われる金額」「これ以上に高くなるならば周辺の環境悪化もしかたない金額」の 4 つを質問しました。この結果が**図 9-2-1** の支払い意思

写真 9-2-1 歴史的資産である天狗岩用水と古墳群

表 9-2-1 総社地区・前橋市内の史跡や文化財で誇りと思うもの（上位 18 位、回答率%）

上毛かるた	82.6	焼きまんじゅう	50.4	上野総社神社	26.0
天狗岩用水	76.7	敷島公園	41.9	ばら園	25.2
上毛三山	75.2	秋元長朝	34.1	光厳寺	19.8
総社古墳群	70.5	前橋花火大会	34.1	前橋初市祭り	19.4
萩原朔太郎	59.7	総社秋元歴史祭り	33.3	山王廃寺	19.4
利根川	51.9	臨江閣	29.1	力太遺愛の碑	17.4

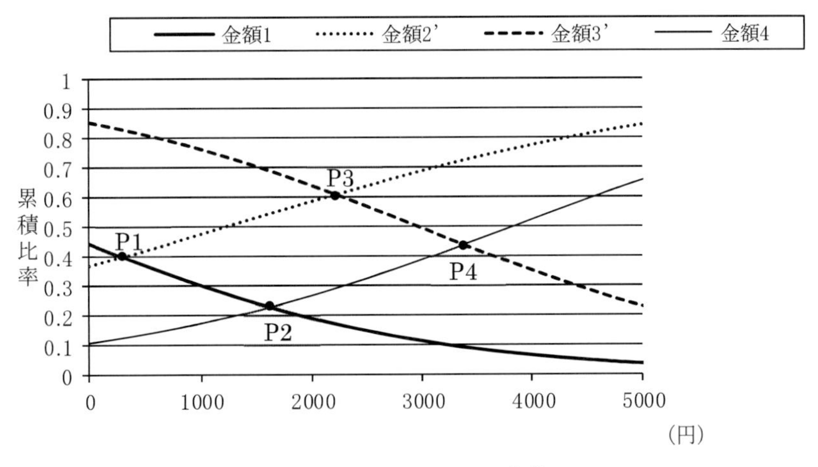

図 9-2-1 支払い意思の曲線

表 9-2-2 支払い意思額の属性別分類

		下限価格 P1（円）	最小抵抗価格 P2（円）	無差別価格 P3（円）	上限価格 P4（円）
全体		298	1,622	2,217	3,382
性別	男性	919	1,931	2,068	3,296
	女性	815	1,516	1,765	3,009
年代	50歳代以下	976	1,900	2,235	3,479
	60歳代以上	215	1,402	1,849	3,193
居住年数	30年以上	281	1,918	1,955	3,759
	30年未満	789	1,538	1,745	3,126

の図です。この図には 4 つの交点があり、金額 1 と金額 2’ の交点 P1 が「下限価格」、金額 1 と金額 4 の交点 P2 が「最小抵抗価格」、金額 2’ と金額 3’ の交点 P3 が「無差別価格」、金額 3’ と金額 4 の交点 P4 が「上限価格」です。金額は、「下限価格」が 298 円、「上限価格」が 3,382 円、

「最小抵抗価格」が 1,622 円、「無差別価格」が 2,217 円となりました。**表 9-2-2** は、支払い意思額を性別、年代、居住年数別に算出した結果です。最少抵抗価格に着目すると、男性が女性より 415 円高い金額、居住 30 年以上の人が 30 年未満の人より 380 円高い金額を示しました。この結果より、男性が女性より、居住 30 年以上の人が 30 年未満の人より、天狗岩用水周辺地域の環境や歴史文化を高く評価していると考えられます。最小抵抗価格 1,402 円（属性別で示された最低価格）を、一世帯あたりの基礎評価額として算出した金額は、年間約 3,626 千円となりました（地区の世帯において、本調査により支払い意思額を提示した割合の 77%の世帯が賛同するとした場合）。この金額は、2011 年度の「天狗岩遊歩道愛護会」の年間予算である 1,200 千万円と比較しても約 3 倍の額になります。このように、天狗岩用水周辺を維持していく環境価値は、十分に高いものと判断することができます。

③天狗岩用水の環境評価

天狗岩用水の周辺の環境をどのように感じているのかを把握するため、歩道の整備といった「施設整備」から犯罪からの安全といった「治安安全」に関する 20 項目について、「非常に良い」から「非常に悪い」まで 5 段階で評価してもらいました。この結果を分析することにより、「施設整備」「自然景観」「地域特性」「治安安全」の 4 個の因子を抽出しました（**表 9-2-3**）。

図 9-2-2 の関係図（パス図）は、最も上位に「用水総合（天狗岩用水の総合評価）」を潜在変数として中央に配置し、その下に 4 つの因子を潜在変数として配置しました（⬭で表示された変数）。さらに 4 つの因子に、それぞれ関係の深い 20 項目の評価結果を観測変数として配置しました（▭で表示された変数）。このモデルについて共分散構造分析を行いました（数値は標準化係数であり、1.0 以下の値をとり、その値が大きいほど両者の関連性は高いことを示している）。標準化係数の大きさより、「用水総合」には、「自然環境（0.813）」が最も大きい影響を与える要

表 9-2-3　環境評価のための調査項目

周辺環境に関する調査項目	略称	因子名称
歩道の整備状況は	歩道	施設整備
歩行時の安全性は	歩行安全	
ごみなどの散乱状況は	ごみ	
フェンスなどの管理状況は	フェンス	
交通事故からの安全性は	交通安全	
周辺の草木の管理状況は	草木管理	
野鳥などの多さは	野鳥観察	自然景観
自然の豊かさは	自然豊富	
景観の良さは	景観質	
樹木の多さは	樹木豊富	
心がやすらぐ場としては	心安らぎ	
水のきれいさは	水衛生	
水辺の生き物の多さは	水辺生物	
地域のシンボルとしては	地域シンボル	地域特性
地域の歴史を感じる施設としては	地域歴史	
地域の交流の場としては	地域交流	
子どもの遊び場としての安全性は	遊び安全	治安安全
夜間の明るさは	夜間照明	
痴漢などの犯罪からの安全性は	犯罪安全	
ベンチなどの休憩施設の多さは	休憩施設	

因であることが分かりました。また、「自然環境」の中でも「景観質（0.747）」が最も大きい影響を与える評価項目であったことが分かりました。また、「施設整備」には、「歩道（0.846）」が大きい影響を与える評価項目であることが分かりました。さらに、「地域特性」に「地域シンボル（0.871）」、「治安安全」に「遊び安全（0.652）」が大きい影響を与える評価項目であることが分かりました。

この結果から、天狗岩用水の環境評価では、施設整備、地域特性、治安安全のいずれの要素よりも、自然環境の要素が天狗岩用水の環境評価に、最も大きい影響を与えていることが分かりました。中でも、景観質が最も大きい影響を与えている評価項目であることが分かりました。

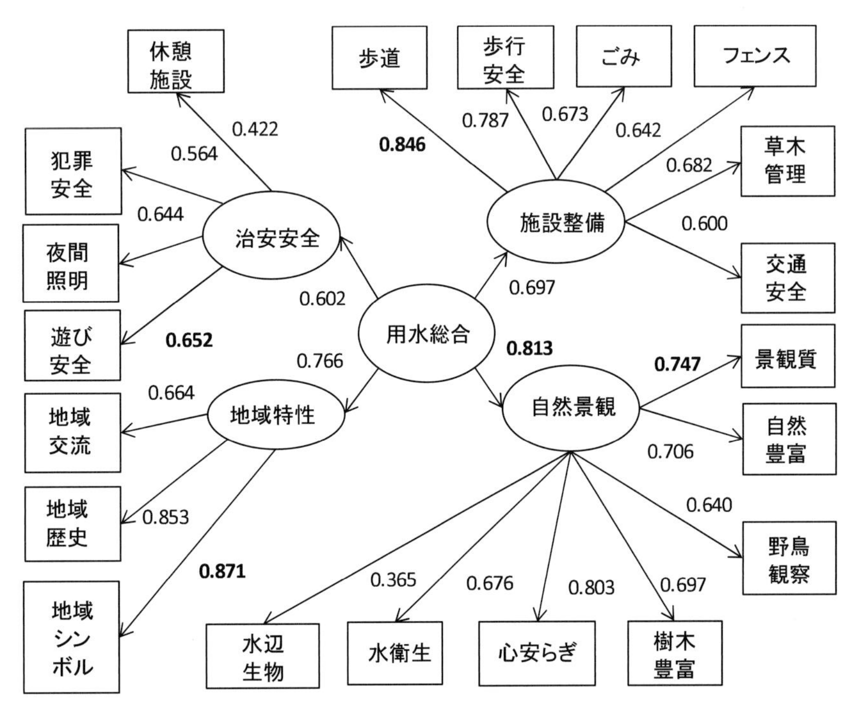

図 9-2-2　天狗岩用水の環境評価モデル

私たちの周りには、遺跡・文化財、有名人、神社・仏閣、伝統行事、名所・公園など多くのまちの資源があります。これらの中には、天狗岩用水のように今日では農業用水としての機能が失われていても、かつてから生活と強く結ばれてきた歴史的資産があり、今一度価値を見直す必要があるかもしれません。私たちが、まちの資源に気づき、価値を認め、これをまちづくりに活用・保全していくことが必要です。歴史的資源は、壊したら再び作ることができない大切な財産です。

参考文献

塚田伸也・湯沢昭・森田哲夫：生活環境と地域コミュニティ及び用水の評価とまちづくり，土木学会論文集 G，Vol.43，pp.279-286，2015

塚田伸也・森田哲夫・橋本隆・湯沢昭：前橋市を流れる天狗岩用水の認知と環境価値の評価に関する検討，ランドスケープ研究オンライン論文集，Vol.7，pp.146-152，2014

Shinya TSUKADA, Akira YUZAWA, Tetsuo MORITA: Study on assessing the value of Tenguiwa irrigation canal, International Journal of GEOMATE, Vol.10, Issue 22, pp.2007-2010, 2016

9-3　オープンガーデンによるまちづくり

(1)オープンガーデンとは

オープンガーデン（以下、OGと称す）は70年ほど前にイギリスで始まりました。OGは、個人の庭を好意により一定のルールのもとで一般の人に公開する活動です。日本でも10年前ぐらいから始まり、長野県の小布施町や埼玉県の深谷市の取組みが有名です。前橋市では、平成20年に開催された第25回全国都市緑化ぐんまフェア「花と緑のシンフォニー　ぐんま2008」を契機に、敷島公園周辺の敷島町や緑が丘町などの皆さんが活動しています。

(2)前橋でのオープンガーデンの取り組み

前橋市の敷島公園を総合会場として全国都市緑化ぐんまフェアが開催されました。全国都市緑化フェアは「国民ひとり一人が緑の大切さを認識するとともに、緑を守り、愉しめる知識を深め、緑がもたらす快適で豊かな暮らしがある街づくり進めるため」の事業であり、「『緑ゆたかなまちづくり』窓辺に花を・くらしに緑を・街に緑を・あしたの緑をいま作ろう」を基本理念としています。総合会場に隣接する敷島町・緑が丘町の住民の皆さんは、平成18年から、地元での説明会や講演会、定期講習会、先進地視察などに参加し、OGの準備を進めました。フェアの後もOGの活動が定着し、毎年5月に敷島公園で開催される「ばら園まつり」の期間に、OGが行われています（**写真9-3-1**）。OGのイラストリーフレット、案内マップも作成されています（**図9-3-1**）。

写真9-3-1　敷島公園の周辺で行われているオープンガーデン

図9-3-1　「しきしま　オープンガーデンフェスティバル」リーフレット

OG の活動を行っている人の意識を把握するため、個人の庭を「開放している気持ち」についてのアンケート調査を実施しました。その結果、「開放している気持ち」は、「まちづくりに自分の意見を活かしたい」「まちづくりに自分の意見をもっている」「まちづくりのシンポジウムに参加したい」など「まちづくりに対する参加意欲」と深い関わりがあることが分りました。

(3) 前橋駅前広場を会場とした造景コンテスト

平成 27 年に NHK 大河ドラマ「花燃ゆ」が放映されました。この大河ドラマの放映を機に「まえばし造形コンテスト」が実施されました。**写真 9-3-2** の左側の作品は、審査で最優秀賞の作品でありテーマは「燃えるような花壇」とし、前橋の迎賓館と言われる「臨江閣」の茶室から覗く秋の庭をハンギングバスケットで表現した作品です。流木に苔をのせるなどの工夫が見られ、前橋らしい魅力的な庭の表現になりました。**写真 9-3-2** の右側の作品は、大河ドラマの主人公である楫取素彦が、執政として力を入れた前橋市の製糸産業が繁栄した時代背景を表現した作品です。テーマは、「前橋＝絹＝繭」であり、土留めに真竹 5 段の押し縁を化粧として施し、モチーフである繭の曲線を壊さないよう、見立てである臥龍垣という技法を用いた創作竹垣で表現しました。中央に座繰器（繭から生糸を繰糸する器具）を真竹で表現し、前橋らしい作品になりました。

「燃えるような花壇」

「前橋＝絹＝繭」

写真 9-3-2　前橋駅北口で行われた造景コンテスト

> 風景を作ることは特別な行為ではなく、オープンガーデン活動や造形コンテストの作品のように庭づくりを勉強し楽しむことで、まちづくりに貢献することができます。自慢の庭を開放することによってまちづくりに参加している満足感が得られます。

参考文献

三分一淳・湯沢昭・熊野稔：オープンガーデン実施者の開放性に関する意識構造の検討，ランドスケープ研究，Vol.75，pp.391-396，2007

三分一淳・湯沢昭：自宅の庭の維持管理と開放・閉鎖する意識の差異に関する検討（英文），日本建築学会計画系論文集，Vol.75，No647，pp129-138，2010

塚田伸也・茂木一彦・松井淳・森田哲夫：前橋駅前空間における歴史的背景をテーマとした造景作品の評価，ランドスケープ研究，Vol.80，2017

9-4　市民農園活動によるまちづくり

(1) 市民農園の歴史と設置目的

我が国においては戦前から市民農園が開設されていましたが、昭和50年に農林水産省が市民農園をいわゆる「レクレーション農業」として認め、平成元年に「特定農地貸付に関する農地法等の特例に関する法律（特定農地貸付法）」が制定、さらに平成2年には「市民農園整備促進法」が制定され、それまで設置できなかった農機具収納施設や休憩施設等の附帯施設の整備も可能となりました。さらに、平成17年の改正特定農地貸付法の施行により地方公共団体や農業協同組合以外の者であっても市町村等と協定を締結した者であれば、農地所有者はもちろんのこと、農地を所有していない個人や企業、NPO法人等も市民農園の開設が可能になりました。また市民農園において趣味的な目的で農作物の栽培を行い、栽培された農作物のうち自家消費量を超えるものを直売所等で販売することができるようになりました（「市民農園の整備の推進に関する留意事項について」農林水産省農村振興局長からの通達、平成4年3月）。

現在、市民農園の開設には三つの方法があります。①特定農地貸付法によるもの（地方公共団体、農協等が農業委員会の承認を受けて農地を利用者に貸し付ける）。②市民農園整備促進法によるもの（知事が基本方針を策定し、農園開設者が整備計画を作成、市町村の承認を受けて貸し付ける）。③農園利用方式によるもの（農家の指定する場所に入園し、そこで農作業を通じて農園を利用する方式）。

図9-4-1は、平成4年度以降の我が国における市民農園数と総面積の推移を表したものであり、平成4年度末には農園数が691箇所、総面積は202haであったものが、平成26年3月末現在では4,113箇所（特定農地貸付法が3,611箇所、市民農園整備促進法が502箇所）、1,377haとなっており、市民農園数は年々増加傾向にあります。市民農園の形態としては、日帰り型（自宅から通って農園を利用）と滞在型（農村に滞在しながら農園を利用）がありますが、近年では農作業の教育的効果や医療的効果が認められることから、農業体験や園芸治療を目的とした学童農園や福祉農園なども見られます。さらには農園開設者が農作物の栽培指導や収穫祭の実施、都市住民との交流を積極的に図るような農園も増加しています。

このように市民農園は、教育的機能、福祉的機能、コミュニティ機能なども有していることから、これからの高齢社会への対応として、高齢者の健康増進や生き甲斐づくり、身体障害者等のリハビリテーションの場として、さらには農耕・園芸作業を通じた福祉的利用、学童・学校農園は子どもたちの食育や農業体験の場としての役割が期待されています。

(2) 関東地方における市民農園の現状

平成26年3月現在で全国に4,113箇所の市民農園が開設されていますが、関東地方一都六県内には1,575箇所の市民農園が開設されており、全国の38.3%を占めています（特定農地貸付法によるものが1,437箇所、市民農園整備促進法によるものが138箇所）。都県別では神奈川県が最も多く589箇所、次いで東京都の475箇所、埼玉県の210箇所となっており、最も少ないのは栃木

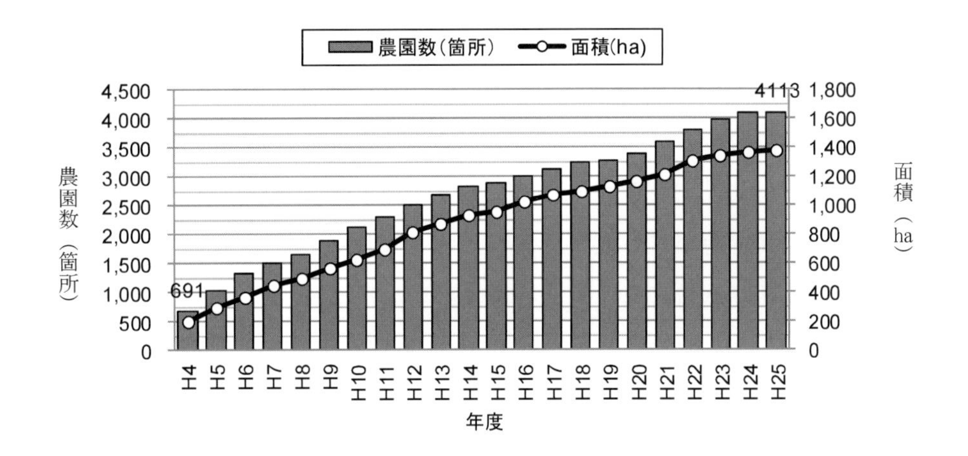

図 9-4-1　我が国における市民農園数の推移

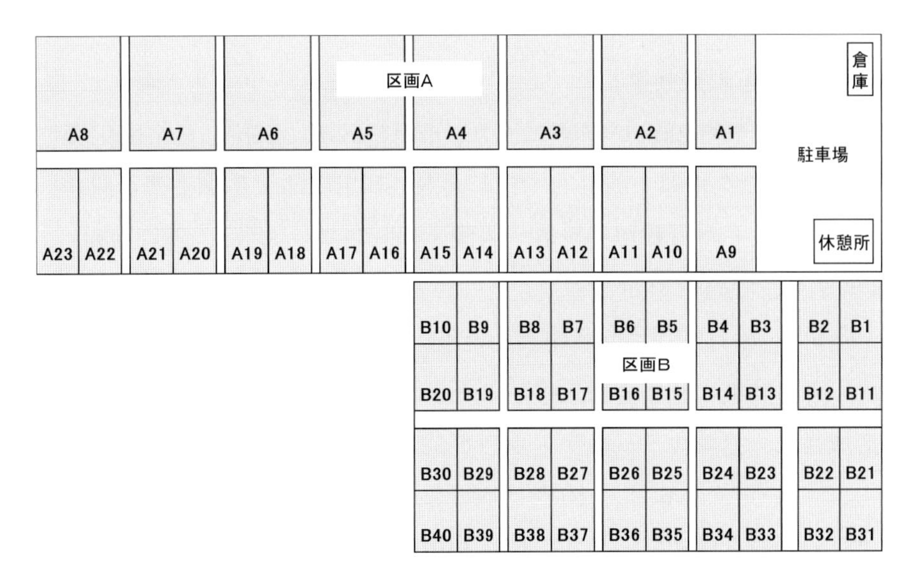

図 9-4-2　コミュニティファーム「ゆい」の区割り図

県の 24 箇所であり、群馬県は 88 箇所、千葉県は 90 箇所、茨城県は 99 箇所であることから、市民農園は都市部において開設件数が多いことが分かります。

前橋工科大学では、大学と地域との連携強化や学生を中心とした地域貢献・実践的な教育の場の提供を目的として平成 21 年 6 月にグリーンプロジェクト事業を開始しました。その事業の一環として市民農園を開設し（特定農地貸付法に基づき前橋工科大学地域連携推進センターが開設)、その効果についての実証研究を進めました。開設当初における市民農園の開設効果としては以下のようなことを想定していました。①地域コミュニティの再生（ご近所の仲間づくり）: 多様な人が世代を超えて気軽に触れ合える場の提供。②良好な景観の維持：耕作放棄地などを適切に管理することによる都市景観の維持。③環境教育（食育）の場：子どもらが自ら農作業を行うことにより食物を育てることの難しさを体験する場の提供。④心と体の健康：事故や病気による身体機能の回復、心に傷を負った人への治療法。⑤学生と地域とのコミュニティ強化とプロジェクトを通して得られる教育効果。

農園利用者の募集にあたっては、大学と地域とのコミュニティ強化が主な目的であることから対象者を自治会や各種グループに限定し、平成 21 年 10 月に開設しました。当初は総面積が約 3,000m^{2}であり、区画数は 23、区画あたりの面積は 20 坪と 40 坪、また農機具（管理機が 2 台、その他の農具多数）を完備しており、ビニールハウスの休憩所を設置しました（**図 9-4-2** の区画 A)。また参加者の多くは農業の経験がなかったため、土づくりや野菜の植え方等に関して専門家の指導を受けながら活動を進めました。その後、市民農園の活動が周辺の住民に知れ渡り、その結果個人での利用希望者が急増したため、平成 22 年 4 月に 10 坪単位の 40 区画を新たに増設し（**図 9-4-2** の区画 B)、現在は総面積が約 4,500m^2、総区画数が 63 区画となっています。なお、開設当初は前橋工科大学地域連携推進センターが運営主体でしたが、大学の法人会に伴い平成 25 年度からは農園利用者から構成されているコミュニティファーム「ゆい」が管理・運営をしています（以下、「ゆい」と称す)。

(3)「ゆい」の利用実態と利用効果

「ゆい」は前橋駅の南方約 2km の位置にあり、市街化区域に隣接した市街化調整区域内にあります。「ゆい」の利用実態を把握する目的で、農園内に利用に関する調査票を置き、利用者に必要事項を記載してもらいました（利用者氏名、入園・退園時刻、人数)。調査期間は、平成 22 年 8 月から平成 23 年 7 月までの 1 年間です。

図 9-4-3 は、「ゆい」の月別利用回数を表したものであり、冬季（12 月から 2 月）の利用者数は少なく、それ以外の時期の利用者数は多いことが分かります。農園利用者より自然発生的にコミュニティが形成され、そのコミュニティが自発的に農園の管理や他の利用者への情報提供などを行っています。「ゆい」では 6 月と 10 月に収穫祭を行っており、本学学生と利用者及び利用者間のコミュニティの醸成を図っています。また利用者有志による情報交換会や旅行なども積極的に開催されており、当初の目的であった「多様な人が世代を超えて気軽に触れ合える場の提供」は十分機能していることが明らかとなりました。

「ゆい」の利用効果を明らかにするために利用者を対象としたアンケート調査を実施しました。**図 9-4-4** は「ゆい」の活動に参加しての評価結果であり、いずれの項目共に高い評価となっています。中でも「新鮮な野菜の収穫」や「農作業への興味の増加」などの項目が顕著です。また「健康増進に繋がった」との評価についても 80%以上の人が評価していることが分かります。このように市民農園は、単に野菜を作ることだけではなく、その活動を通して健康増進や仲間意識の醸成などの効果が図られることが分かります。

本プロジェクトは、地域コミュニティの再生を主な目的として立ち上げたものであり、当初の目的は十分に達成できたものと考えています。また参加者の多くが 70 歳以上の高齢者であり、農作業を通して健康増進や新たな生き甲斐づくりに大きく寄与していることが実証されました。地方に限らず都市部における市民農園の需要は今後も増加するものと思われます。また遊休農地の増加などを考慮すると行政も積極的に市民農園の開設を進めることが、地域コミュニティの再生や高齢者の健康づくりには効果があるものと思われます。

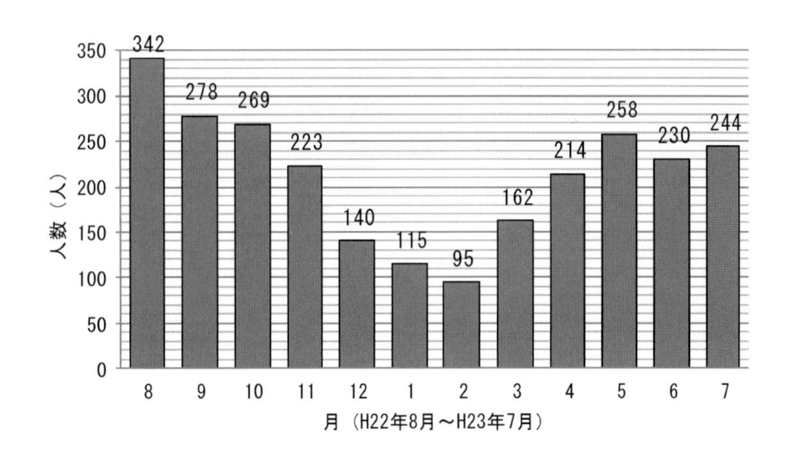

図 9-4-3　「ゆい」の月別利用者数の推移

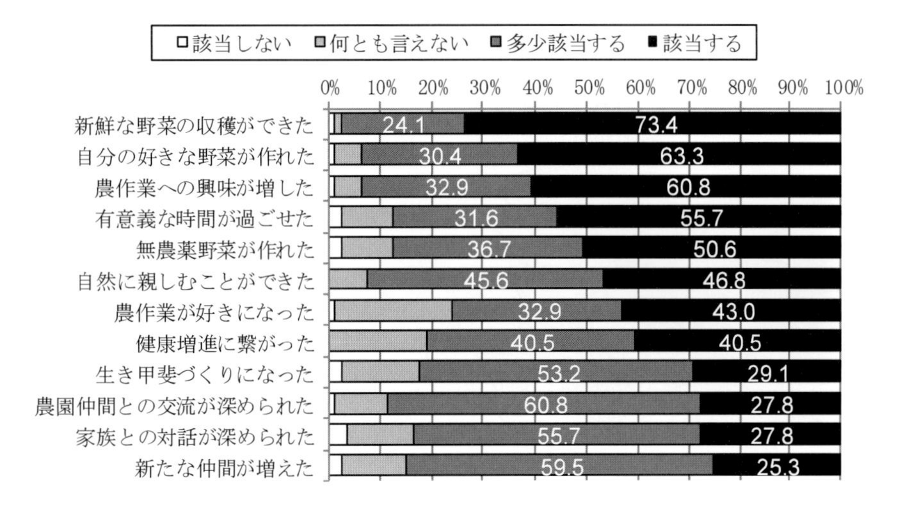

図 9-4-4　「ゆい」に参加しての評価

地域におけるコミュニティを再生するための一つの方法として市民農園を開設しました。すなわち高齢化が進む地方都市においては新たなコミュニティの場が必要となりますが、市民農園活動を通して参加者間のソーシャル・キャピタル（7－4参照）が醸成され、また健康づくりにも一定の効果が認められました。都市部の周辺には多くの空地や耕作放棄地があります。農地の有効活用や市民の健康づくりの面からも、計画的な市民農園の設置が求められています。

参考文献

湯沢昭：市民農園の利用者特性と効果に関する一考察，日本建築学会計画系論文集，Vol.77，No.675，pp.1095-1102，2012

第10章　市町村合併によるまちづくり

10-１　市町村合併後のまちづくりの視点

(1) 市町村合併の状況

我が国では、2000年以降に平成の大合併が進展し、市町村合併後の都市計画区域再編や中心市街地活性化が各地の課題となっています。**図10-1-1**は、2001年と2011年における群馬県内の市町村を示しており、群馬県では10年間で70市町村が35市町村へと半減したことが分かります。その結果、群馬県内面積の約7割が市町村合併後の市町に相当し、群馬県内人口の約8割が市町村合併後の市町に居住しています。このように、群馬県内では大きな割合を占める面積、人口が市町村合併の影響を受け、この市町村合併を踏まえた都市計画やまちづくりが進められています。

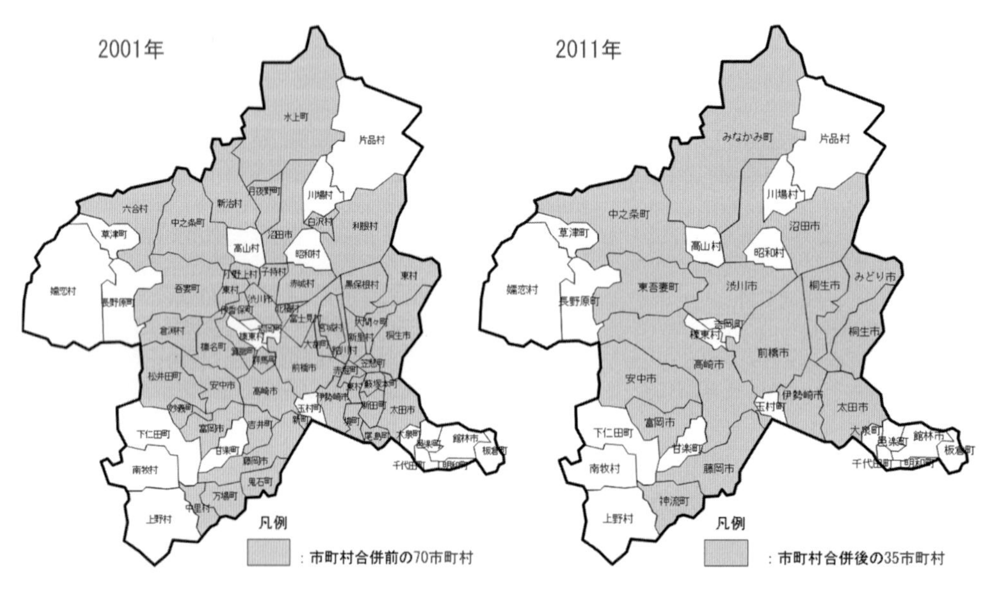

図10-1-1　市町村合併前後の市町村（群馬県内）

(2) 市町村数と都市計画区域数

それでは、全国の市町村数はどうなってきたのでしょうか。**図10-1-2**は、全国の市町村数と都市計画区域数を整理したものです。やはり、2000年以降に市町村数は激減してきており、その市町村数の激減に追随するように都市計画区域数の減少も進んでいることが分かります。

市町村合併後の都市では、行政区域の拡大により広域的かつ一体的な行政運営が期待されています。その中でも、新しい都市づくりの方向性を決める都市計画行政は、市町村合併後の都市において重要な課題となっています。市町村合併前に行政区域と同面積の都市計画区域を有していた市町村では、都市計画区域内に定められた規制誘導が行われていました。しかし、合併時に都市計画区域の再編が行われなかった場合には、たとえ1市町村1都市計画区域の市町村同士の合併であっても、新しい行政区域内に都市計画区域が併存し、都市計画区域内の規制誘導に地域格差が生じてしまう可能性があります。

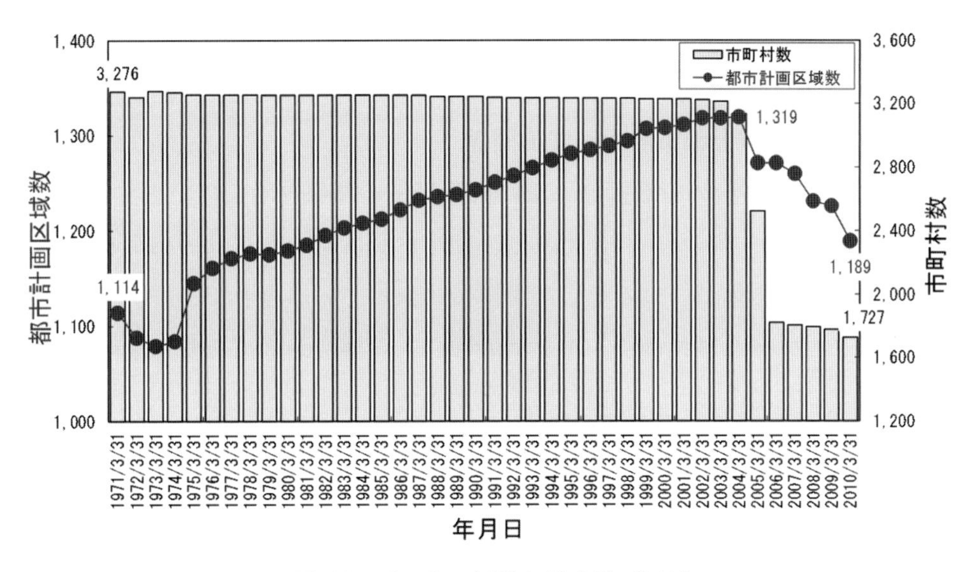

図 10-1-2　市町村数と都市計画区域

(3) 市町村合併後のまちづくりの視点

市町村合併後のまちづくりの視点は多様であり、その一例として、前述した都市計画区域の再編を挙げることができます。**図 10-1-3** は、市町村合併の観点から捉えた計画系研究系譜の変遷を整理したものであり、主に都市計画施設再編、公共施設再編、圏域再編、都市計画区域再編の大きく 4 つに分類できます。私達が市町村合併後のまちづくりを考える視点も数多く考えられますが、これらの研究の変遷を参考にしながら、将来の都市計画やまちづくりを考えていくことが重要であると考えます。

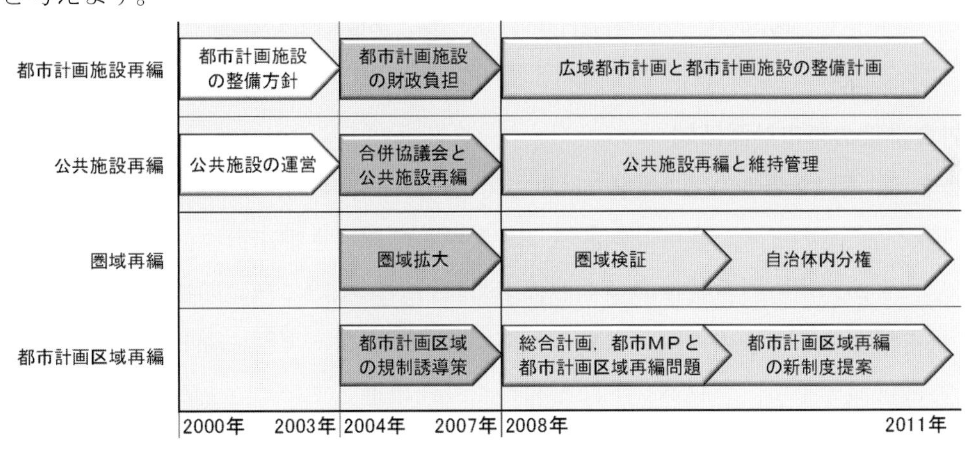

図 10-1-3　市町村合併の観点から捉えた計画系研究系譜の変遷

> 群馬県内では大きな割合を占める面積、人口が市町村合併の影響を受けており、こうした市町村合併を踏まえた新しい都市計画やまちづくりが進められています。市町村合併後のまちづくりの視点は様々ですが、過去の市町村合併や都市計画の歴史をより深く理解して、将来のまちづくりを考えていくことが重要です。

参考文献

橋本隆・湯沢昭・森田哲夫・塚田伸也：市町村合併の観点から捉えた計画系研究の変遷と展望―2000 年以降の査読論文を対象として―，日本建築学会計画系論文集，No.685，pp.653-662，2013

10-2　市町村合併の進展と都市計画区域

(1) 市町村合併後の行政区域と都市計画区域の関係

図 10-2-1 は、市町村合併後の行政区域と都市計画区域の関係を示しています。①は、行政区域全体が都市計画区域に入っていない場合であり、都市計画区域を有さない市町村がこれに分類されます。②は、行政区域全体が一つの都市計画区域に入っている場合であり、広域都市計画区域の中の市町村等がこれに分類されます。①と②の中間的な場合が③であり、行政区域の一部が都市計画区域に入っている場合、④は、行政区域全体が複数の都市計画区域に入っている場合です。

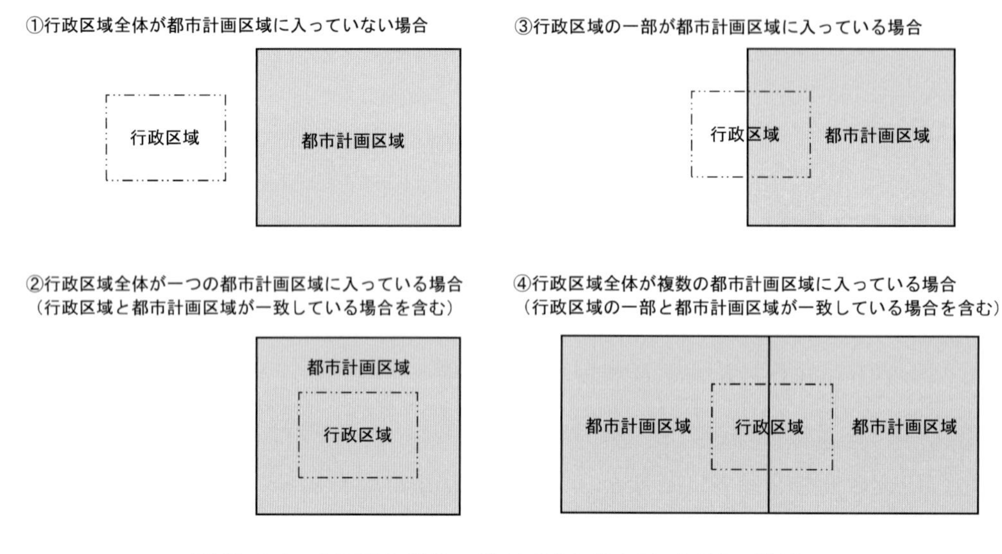

図 10-2-1　市町村合併後の行政区域と都市計画区域の関係

(2) 市町村合併後の都市計画区域

図 10-2-2 は、**図 10-2-1** の④の関係について、さらに行政区域内の都市計画区域数に着目して類型毎に整理したものです。都市計画区域は、大別して線引き都市計画区域と非線引き都市計画区域がありますが、市町村合併後の多くの都市では行政区域内に複数の都市計画区域が併存しており、これを解消するための再編が求められています。また、再編に際しては市町村合併により拡大した行政区域の中で、コンパクトなまちづくりを推進していくことが重要となります。

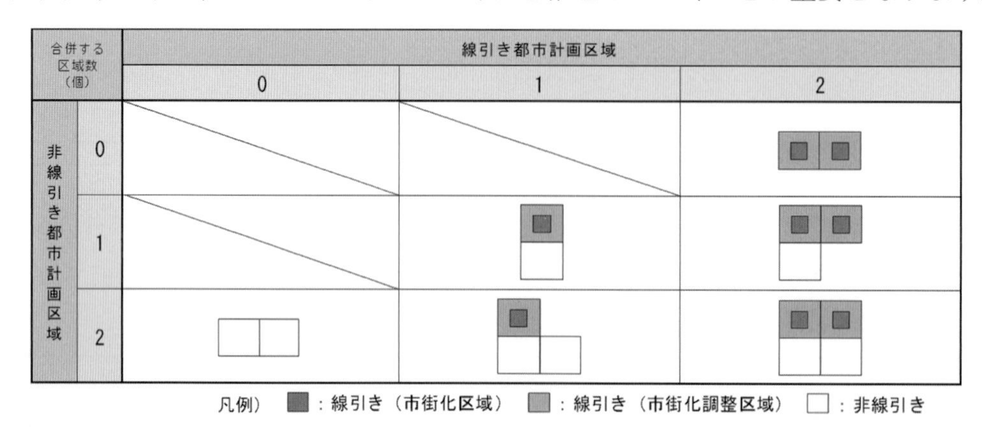

図 10-2-2　市町村合併後の都市計画区域の類型

(3) 市町村合併後の都市計画区域再編

市町村合併後の都市計画区域の地域格差は、住民意識にも格差を生じること、さらに住民意識の一体感醸成には多くの時間を要することが分かっています。また、市町村合併後の都市計画区域の地域格差を是正する自治体の意識にも格差が生じることから、こうした格差を考慮しつつ、地域の実態に合わせた慎重な都市計画区域の再編の検討が必要と考えます。**図 10-2-3** は、都市計画区域再編後の都市計画区域の三つの類型を示しており、**図 10-2-2** の都市計画区域は、将来的にこれらのいずれかの類型になります。そこで、線引き・非線引き都市計画区域が併存している 44 市に対して自治体意識調査を行い、再編後の都市計画区域のあり方として、①回答市に限らず一つの行政区域内の都市計画区域として望ましいか、②回答市の都市計画区域として望ましいかの両面の回答率を整理しました。その結果、**図 10-2-4** の通り、①の質問に対しては、全域線引きが望ましいとの回答率が最大となる一方、②の質問に対しては、現在の状況と同じ線引き・非線引き併存が望ましいとの回答率が最大となりました。この結果から、線引き・非線引き併存市の多くは、都市計画区域再編により一つの線引き都市計画区域に再編することが理想であるものの、各市の現状を勘案するとそれは非常に困難であると考えていることが理解できます。

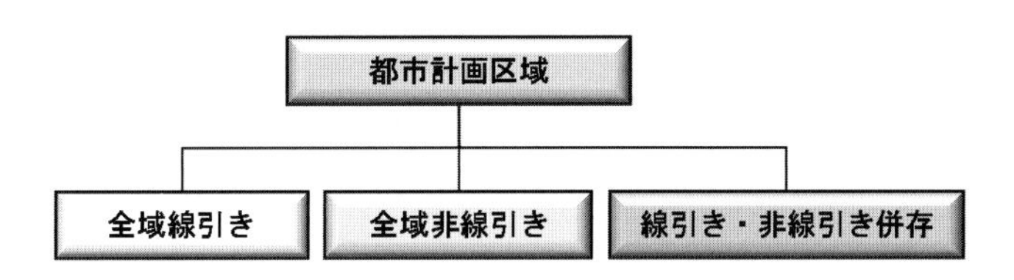

図 10-2-3　都市計画区域再編後の都市計画区域の類型

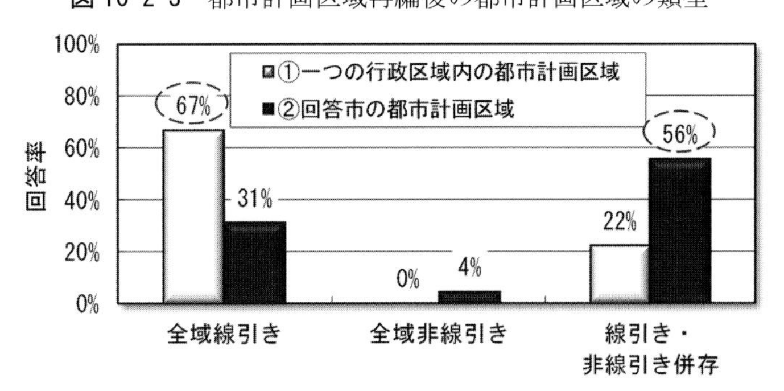

図 10-2-4　再編後の望ましい都市計画区域

> 線引き・非線引き都市計画区域が併存している市の多くは、将来的には全域線引きが望ましいと考えているものの、各市の状況を勘案すると現状維持が望ましいと考えています。今後は、地域の実態に合わせた慎重な都市計画区域の再編を検討していく必要があります。

参考文献

橋本隆・湯沢昭：市町村合併後の都市計画区域の地域格差と住民意識に関する研究－群馬県伊勢崎市を事例として－，都市計画論文集，No.40-3，pp.91-96，2005

Takashi HASHIMOTO, Akira YUZAWA, Tetsuo MORITA, Shinya TSUKADA: Changes in the Residents' Consciousness due to Environmental Improvements After Consolidation of Municipalities, International Journal of GEOMATE, Vol.2, No.2, pp.235-240, 2012

橋本隆・湯沢昭：市町村合併後の都市計画区域の地域格差と自治体意識に関する研究－人口 5 万人以上の 160 市を事例として－, 都市計画論文集, No.41-3, pp.601-606, 2006

10-3　都市計画区域再編に向けた自治体の意識

(1)合併市の都市計画区域

図 10-3-1 は、都市計画区域の規制誘導の地域格差を示しています。線引き都市計画区域では、市街化区域及び市街化調整区域の二つの区域区分に分けられます。市街化区域には用途地域やこれを補完するための特別用途地区が指定され、非線引き都市計画区域内でも用途地域、特別用途地区、特定用途制限地域が指定される場合があります。一方、市街化調整区域では、開発を可能とする都市計画法第 34 条による規制緩和の運用も図られています。このように、地域地区や開発許可の制度を適切に運用することにより、都市計画区域内のきめ細かい規制誘導が行われています。

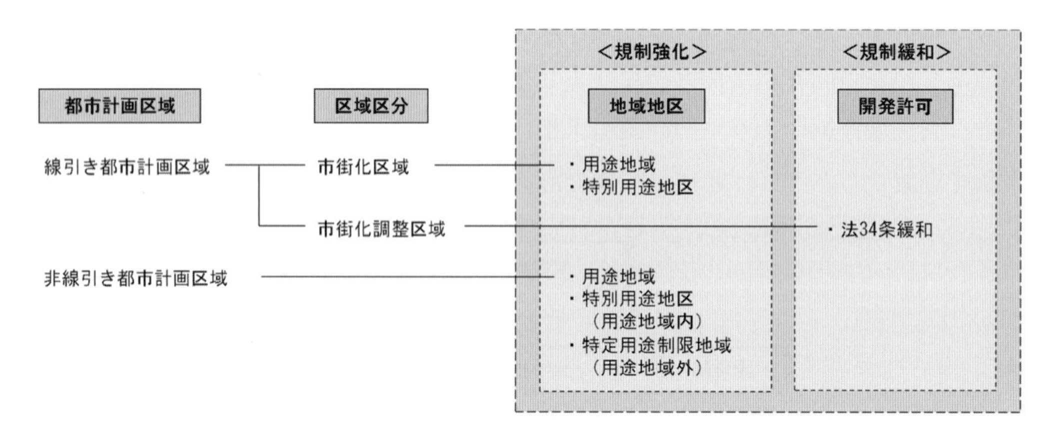

図 10-3-1　都市計画区域の規制誘導の地域格差

(2)都市計画区域の規制誘導の地域格差による問題

実際に都市計画区域の規制誘導の地域格差が生じた場合、どのような問題が懸念されるのでしょうか。**図 10-3-2** は、市町村合併後の 160 市に自治体意識調査を行った結果です。特に、地域格差が大きくなる線引き・非線引き併存の自治体の多くは、「非線引き都市計画区域の緩い規制に対する不公平感」に大きな問題意識を持っていることが分かります。

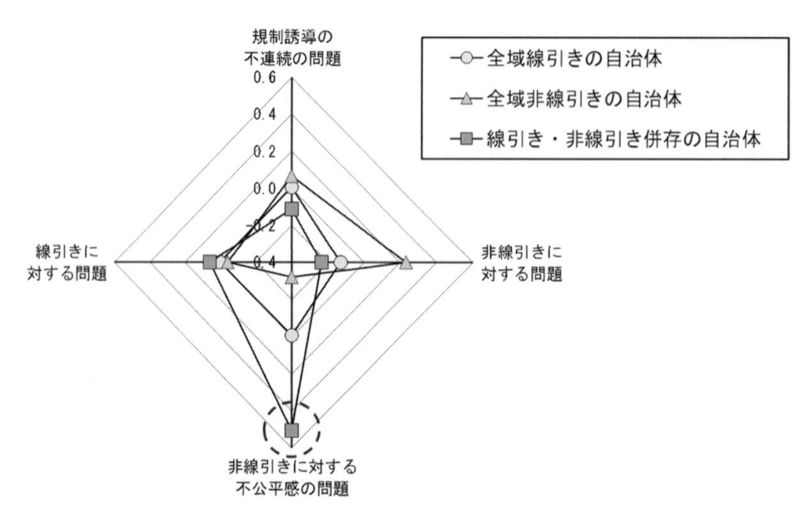

図 10-3-2　都市計画区域の規制誘導の地域格差による問題点

(3) 規制誘導の重要度

図 10-2-2 のような都市計画区域の地域格差が生じた場合、都市計画区域内のきめ細かい規制誘導によってどのように解決を図るべきでしょうか。**図 10-3-3** は、都市計画区域の地域格差が生じた場合の規制誘導について、線引き・非線引きが併存している 45 市に対して意識調査を行った結果です。その結果、**図 10-3-2** では、非線引きに対する不公平感の問題が卓越していたにもかかわらず、非線引き都市計画区域への規制強化ではなく、市街化調整区域の規制緩和（都市計画法第 34 条）の重要度が高くなることが分かります。

これらの結果から、市町村合併後の都市計画区域の地域格差に起因する市街化調整区域の規制緩和が進み、市街化調整区域への一層の郊外化が懸念されます。また、将来的に懸念される問題としては、暫定的な規制誘導やその住民合意によって、地域格差の解消に向けた抜本的な都市計画区域の再編が困難となってしまうことが挙げられます。このため、暫定的な規制誘導や都市計画区域再編の実現に向けては、長期的な視点からも検討を行っていく必要があると考えます。

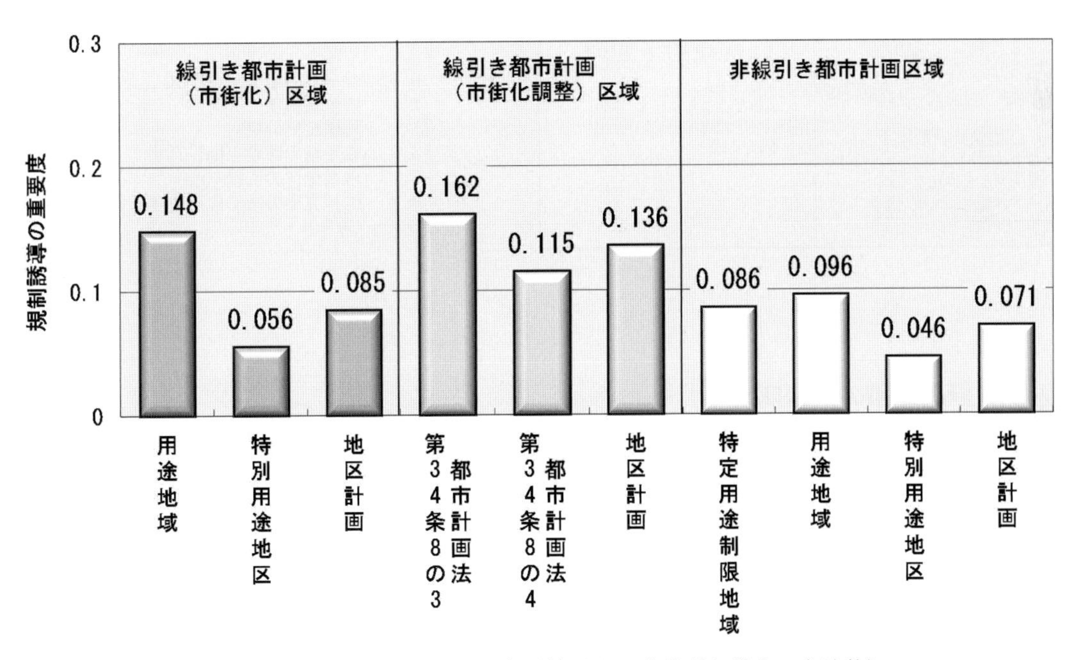

図 10-3-3　規制誘導の重要度（線引き・非線引き併存の自治体）

> 線引き・非線引き都市計画区域が併存している市の多くは、非線引きに対する不公平感に大きな問題意識を持っているにもかかわらず、市街化調整区域の規制緩和が重要であると考えています。今後は、長期的な視点から、暫定的な規制誘導や都市計画区域再編の実現に向けた検討を行う必要があります。

参考文献

橋本隆：市町村合併による都市計画区域再編に関する研究，前橋工科大学大学院工学研究科，平成 25 年度博士学位論文，2014

橋本隆・湯沢昭：市町村合併後の都市計画区域の併存状況に応じた規制誘導の重要度に関する実証的研究－人口 5 万人以上の 45 市を事例として－，日本地域政策研究，第 5 号，pp.153-160，2007

10-4　市町村合併による財政負担の縮減

(1) 都市計画施設の集積度

我が国が迎えた超高齢社会においては、コンパクトなまちづくりを進めていくことがますます重要になります。そのコンパクトなまちづくりの効果として財政負担の縮減が挙げられることもありますが、本当に都市計画施設の集積度の増大が財政負担の縮減に効果的でしょうか。その根拠として、空間的な集積度を測定する際に用いられる指標 H.I.（フーバーインデックス）を用いて、より定量的に捉えてみましょう。H.I.は、一般に人口比率と面積比率の差の絶対値の和によって算出され、1 に近いほど集中的であり、0 に近いほど分散的（均一）であることを示す指標です。**図 10-4-1** は、H.I.の算出方法を示しており、44 市の統計資料に基づいて各種 H.I.（人口、街路、下水道）の関係を確認しました。

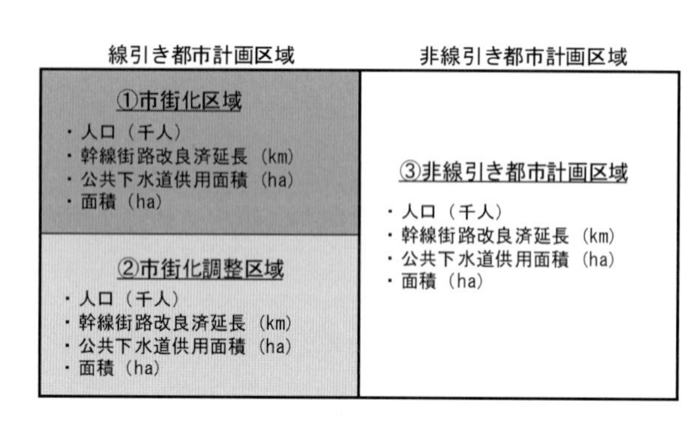

$$\mathrm{H.I.} = \frac{1}{2}\sum_{i=1}^{n}\left|\frac{Xi}{X} - \frac{Si}{S}\right|$$

ここに、H. I.：フーバーインデックス
Xi　：各地域の値
X　：地域全体の値
Si　：各地域の面積（ha）
S　：地域全体の面積（ha）
n　：H. I. 算出のために分割する地域数

図 10-4-1　フーバーインデックスの算出方法

(2) 人口と都市計画施設の集積度

図 10-4-2 は、人口と都市計画施設の集積度の関係を整理したものです。同図によれば、いずれも大きなばらつきを有し、決定係数 R^2 も低く十分な相関は認められません。人口の集積度に対して、街路及び下水道の集積度が大きなばらつきを有しているということは、人口集積に対して都市計画施設が過度に拡散していたり、逆の場合には、都市計画施設の集積に対して非効率となるような人口拡散が生じている可能性があります。さらに、例えば合併市が都市計画区域を再編す

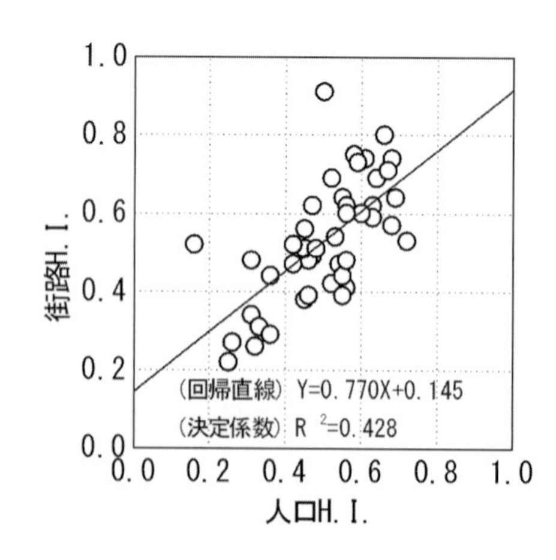

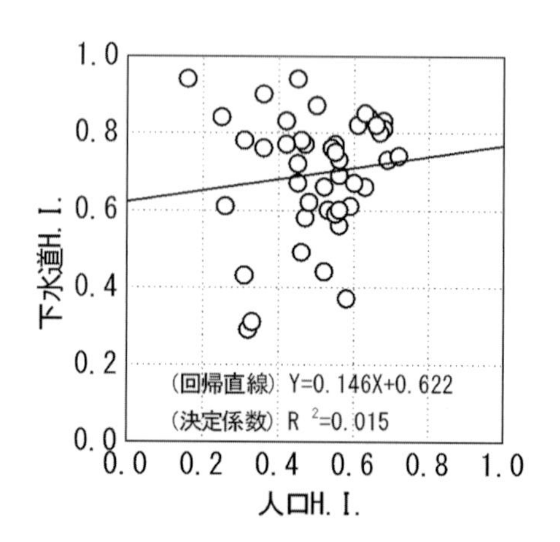

図 10-4-2　人口と都市計画施設の集積度

るような場合には、市街化区域の範囲を決定する大きな要因の一つである「人口」だけでなく、人口集積度との相関が明確に現れていない都市計画施設の集積度にも十分に配慮する必要があることが理解できます。

(3) 都市計画施設の集積度と歳出率

図 10-4-3 は、都市計画施設の集積度と歳出率の関係を示しています。縦軸は、目的別歳出額である街路費又は下水道費を歳出総額で除した値の百分率を示しており、これらの街路費や下水道費には、整備費と維持管理費の双方が含まれています。この図からは、H.I.の増大に伴い、歳出率が減少する傾向にあることが分かります。これらの傾向から、今後は都市計画施設の拡散を抑制し、集積度を向上させることにより、都市計画施設の歳出率の縮減を目指す整備方針を採用していくことも十分検討に値するでしょう。

さらに今後は、街路や下水道を含む社会資本ストック全体の維持管理費用や更新費用が増大していくと考えられることから、こうした傾向は、より一層顕著になっていくことが予測されます。従って、財政負担の観点から考えれば、今後の都市計画区域再編に伴って市街化区域の拡大、都市計画施設の拡散が進む場合には、多くの合併市で財政負担が増大することが懸念されます。また、人口集積度に対して都市計画施設の集積度が著しく低い合併市では、財政負担縮減の観点からは、市街化区域を拡大しない政策を採用していくことが望ましいと考えます。

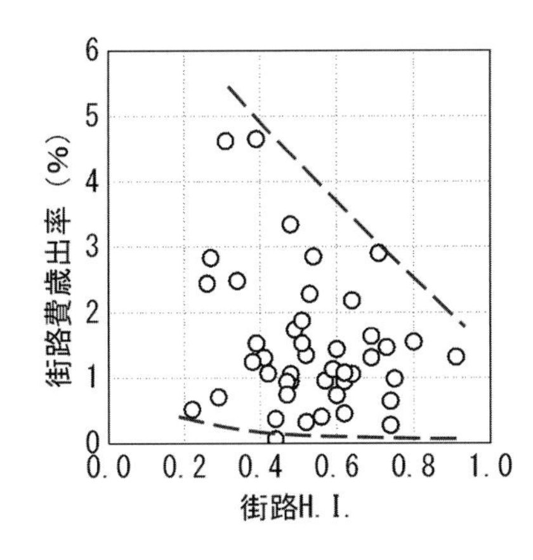

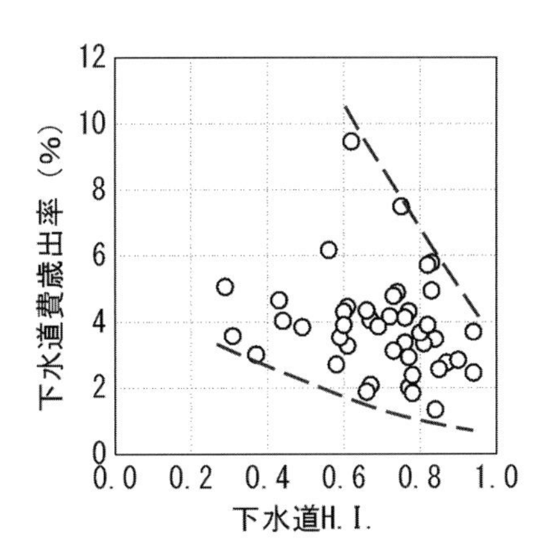

図 10-4-3 都市計画施設の集積度と歳出率

> 今後は、社会資本ストック全体の維持管理費用や更新費用が増大していくと考えられることから、都市計画の方針として、財政負担の縮減に向けた整備方針や財政負担の縮減に向けた都市計画区域再編を示していくことも重要になると考えます。

参考文献

橋本隆・湯沢昭：高齢者の住民意識に基づくシルバーコンパクトシティの重要性に関する実証的研究―群馬県伊勢崎市を事例として―，日本地域政策研究，第4号，pp.127-134，2006

橋本隆・湯沢昭：市町村合併後の都市計画区域の地域格差と財政負担に関する研究，都市計画論文集，No.42-3，pp.865-870，2007

第11章　世界遺産を活かしたまちづくり

11-1　富岡製糸場の歴史的変遷

(1)富岡製糸場と絹産業遺産群

富岡製糸場は、明治5年（1872年）に明治政府が設立した、我が国で最初の世界最大級規模の器械製糸場です。製糸技術開発の最先端として国内養蚕・製糸業を世界一の水準に牽引し、また田島弥平旧宅・荒船風穴・高山社跡などと連携し、蚕の優良品種の開発と普及を主導しました。和洋技術を混交した工場建築の代表であり、長さ100mを超える木骨煉瓦造の繭倉庫や繰糸場などの主要な施設が創業当時のまま現存しています。明治26年に三井家に払い下げ、明治35年原合名会社に譲渡、昭和14年に片倉工業との合併などの経緯がありました。昭和62年（1987年）の操業停止後、平成17年7月には国指定史跡「旧富岡製糸場」となり、同年9月に所有者の片倉工業株式会社が建築物を富岡市に寄付しました。平成18年1月には敷地を富岡市に売却し、7月に明治初期の建造物などが国重要文化財に指定されました。平成19年1月には「富岡製糸場と絹産業遺産群」として世界文化遺産暫定リスト入りし、群馬県・富岡市・伊勢崎市・藤岡市・下仁田町が連携して世界遺産登録運動を推進しました。そして平成25年1月に文化庁が正式版推薦書をユネスコに提出し、諮問機関イコモスによる現地調査後、近代化産業遺産として平成26年6月25日に我が国で18件目の世界遺産に登録されました（図11-1-1）。本節では、明治5年11月4日の操業開始から昭和62年3月5日の操業停止に伴う閉所式までの115年間を操業期とし、また操業期以前を建設期、閉所式以後を操業停止後としその歴史的変遷をたどります。

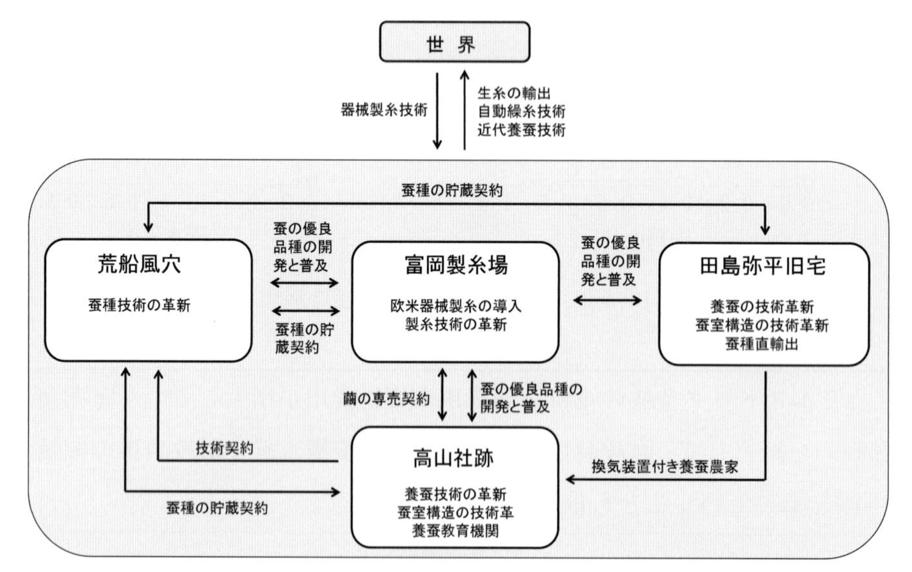

図11-1-1　富岡製糸場と絹産業遺産群の関係（出典：群馬県企画部世界遺産課ホームページ）

(2)建設期の歴史的変遷

1859年の横浜開港後、養蚕の盛んなフランスやイタリアでは蚕の微粒子病が蔓延し、生糸の大輸出国であった清朝（現在の中華人民共和国及びモンゴル国の一部）がアヘン戦争（1840～1842年）や太平天国の乱（1851～1864 年）などで混乱していました。需要が拡大した日本産の生糸は輸出量を急激に伸ばしましたが粗製乱造が横行していました。明治政府は、日本を外国と対等な立場にするため、富国強兵・殖産興業を重点施策とし、特に「生糸の輸出振興と品質向上」を主施策の一つとしました。明治政府は、近代的な製糸工場を自ら建設することが我が国の産業発展の基になると考え、明治 3 年（1870 年）2 月に器械製糸技術を普及させるために模範工場を建設することを決定しました。模範工場建設の基本的な考え方は、以下の通りです。

①外国の器械製糸機を導入して外国人を指導者として製糸技術の伝習を図ること。

②全国から工女を募集して伝習を終えた工女は国元へ戻り地元の指導者とすること。

③生糸の輸出に便利なように東京（横浜）から余り遠くない場所とすること。

④原料繭の確保に便利な養蚕地帯とすること。

明治 3 年 6 月に明治政府は、ブリューナが提出した製糸業に関する見込書を全面的に採用し、ブリューナと雇い入れの仮契約を締結して工場の設立を決定しました。工場用地の選定には、埼玉・群馬・長野の候補地の中から、以下の理由で富岡を最適地としました。

①優良な原料繭の確保：江戸時代から養蚕業が盛んな地域で優良な原料繭が確保でき、富岡は付近の生糸の取引の中心地でもあった。

②広大な敷地の確保：地域住民に貸与されていた元代官陣屋（役所）跡予定地を中心として、工場建設に必要な広い土地の確保が容易であった。

③地域住民との合意形成：当時の富岡の全町民が建設賛成の請書を提出した。

④多量の用水の確保：妙義山を源とする高田川からの用水の利用や、候補地の脚下には鏑川の清流があることなど、製糸に必要な用水の確保が容易で豊富であった。

⑤動力源燃料の確保：近くでボイラー燃料の石炭（亜炭）の採掘が可能であった。

その結果、明治 3 年 10 月に明治政府はブリューナと正式に契約し、土木建築はブリューナが担当しました。

(3) 操業期の歴史的変遷

富岡製糸場の女子従業員は、戦前に工女もしくは女工と呼ばれ、戦後に女子労働者と呼ばれていました。富岡製糸場の工女数は、片倉工業が原合名会社から経営を引き継ぐ直前の 1937 年度には 498 人でした。1940 年度には 613 人へ増加しましたが、1950 年度 312 人、1964 年度 189 人、1976 年度 99 人、操業停止直前の 1986 年度は 35 人でした。1974 年度は、1937 年度と比較すると 498 人から 100 人へ 5 分の 1 に減少しました。

生糸生産量は、自動繰糸機が導入されるなどの技術改良などにより、生産効率を格段に向上させました。1980 年にニッサン HR 式自動繰糸機 10 セットにまで増強し、1986 年度の 1 日 1 人あたりの繰糸量 21.6kg に達しました。また、生産量は 1872 年の操業開始以来、1974 年度には最高の 373.4 トンに達しました。1937 年度（工女数 498 人）の生産量 132.9 トンに対し 1974 年度（工女数 100 人）には 373.4 トンとなり、生産量は 2.8 倍となりました（**図 11-1-2**）。その結果、富岡製糸場の工女数は減少傾向であったのに対し、富岡製糸場の生糸生産量は増加傾向にあったことが分かります。

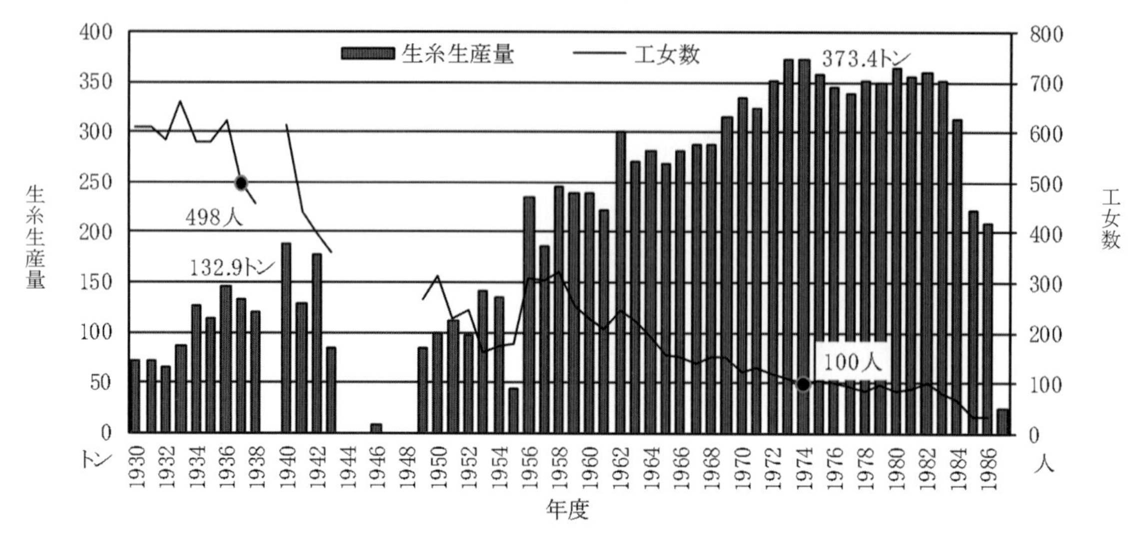

図 11-1-2　富岡製糸場の生糸生産量と工女数の推移

(4) 操業停止後の歴史的変遷

富岡製糸場の操業停止により、明治の洋風建築物として極めて価値の高い富岡製糸場の保存問題が浮上しました。国や県の文化財関係者は、富岡製糸場が①近代化のシンボル的存在であること、②赤レンガの建物が長いレンガと短いレンガを交互に積み上げていくフランス式の工法でつくられていること、③規模が大きいこと、に注目していました。当時の群馬県文化財保護課は、吉井町（現在の高崎市吉井町）の多胡碑や太田市の天神山古墳と並んで群馬県で第一級の文化財として折り紙を付けました。また富岡市議会や群馬県議会でも重要文化財指定問題を取り上げられました。片倉工業は、昭和 62 年 2 月 13 日に操業打ち切りの方針を富岡工場の従業員に通達しました。富岡市が跡地利用を地域活性化につながるように配慮を求めたのに対し、片倉工業は上信越自動車道開通に視点を合わせて蚕糸資料館や博物館といった観光・レジャー施設として再利用する方針で今後の計画を煮詰めていくことを説明しました。同年 3 月 5 日の片倉工業富岡工場閉所式で柳沢晴夫社長は、歴史的・文化的価値が高く貴重であると評価されている建物・諸施設、及び創業以来の工場関係者の富国繁栄・殖産興業に心血を注いできた意気盛んな心が今後も脈々として受け継がれ、工場が物心両面で若々しく活気をもって生き永らえる管理運営を図る考えを示しました。

富岡製糸場の建物は、平成 17 年 9 月 30 日付で片倉工業から富岡市に寄付され、土地は平成 17 年と平成 18 年度の予算措置から 17 億円で富岡市が購入しました。富岡市は、富岡製糸場が重ねてきた歴史と多様な活用方法を検討するために「史跡・重要文化財（建造物）旧富岡製糸場 整備活用計画」を平成 24 年 10 月に作成しました。整備活用計画は、国指定史跡及び重要文化財である富岡製糸場の価値を維持・活用するために建造物の保存修理に合わせて段階的に整備する計画であるとともに、富岡製糸場が価値を維持しながらどのように活用されるべきかという施設全体の将来像を示すことを目的としていました。活用の基本方針は、富岡製糸場が持つ多様な価値と魅力を最大限に引き出すことであり、展示・公開に関わる活用、研修・教育の場としての活用、研究拠点・技術移転の場としての活用、柔軟な発想による空間を楽しむ活用、安全に配慮した活用、多様な分野の参加による活用などをあげています。また活用計画の概要をゾーン別に示し、各ゾーンで設定した主な活用案に基づき、課題を十分に検討した上で取り組むものとしていました（**図 11-1-3**）。

①情報発信ゾーン：展示・公開機能、柔軟な発想による楽しむ空間の提供機能

②研究ゾーン：研究・教育の場と機会の提供機能

③体験ゾーン：研究・教育の場と機会の提供機能、柔軟な発想による楽しむ空間の提供機能

④交流ゾーン：柔軟な発想による楽しむ空間の提供機能

⑤見学ゾーン：展示・公開機能、研究・教育の場と機会の提供機能、柔軟な発想による楽しむ空間の提供機能

⑥管理ゾーン：管理機能

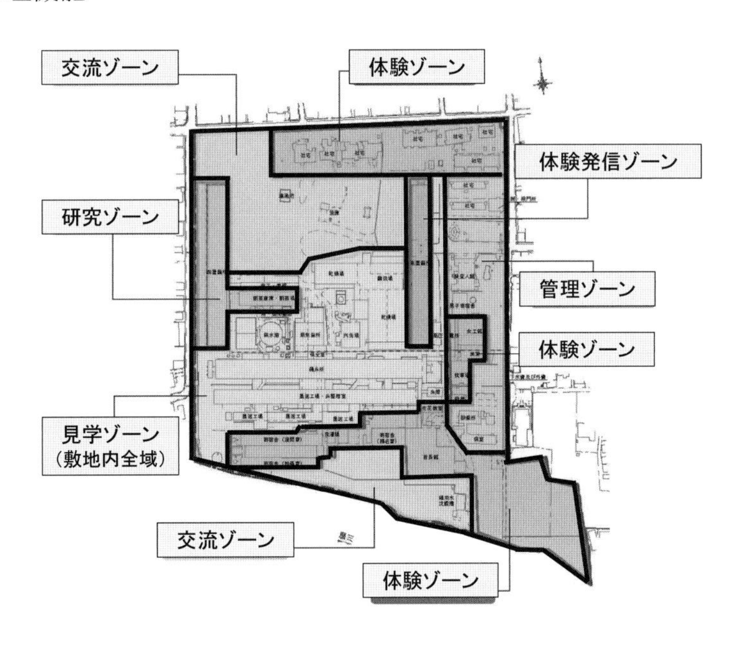

図 11-1-3　富岡製糸場のゾーン別活用計画
（出典：富岡市，史跡・重要文化財（建造物）旧富岡製糸場整備活用計画，2012）

> 富岡製糸場は歴史的にも産業的にも我が国を代表する産業遺産であり、日本の産業の基礎を築き、今は群馬県の重要な観光資源としてその地位を確立しています。この貴重な資産を後世に残すことはもちろんのこと、富岡製糸場を活用した新たなレガシー（遺産）を創り上げることが私たちの責務であると思います。

参考文献

西尾敏和・湯沢昭・塚田伸也・森田哲夫：富岡製糸場の生糸生産量の推移に関する一考察―片倉工業の原料繭購入と生糸生産のデータを活用―，日本地域政策研究，No.15，pp.98-103，2015

11-2　世界遺産緩衝地帯の保全

(1) 景観計画の策定

景観の整備・保全を目的とする我が国で初めての総合的な法律として、景観法が平成16年に施行されました。景観法に基づく景観行政団体は、景観行政を進めるための景観計画を策定し、景観行政を実施すべき区域やその区域に必要な計画事項を定めています。

図11-2-1は、群馬県内の景観計画策定済の市町村を整理したものです。平成28年8月現在、17市町村が景観計画を策定しており、世界遺産構成資産を有する富岡市、伊勢崎市、藤岡市及び下仁田町においても景観計画が策定され、世界遺産緩衝地帯の適切な保全が行われています。

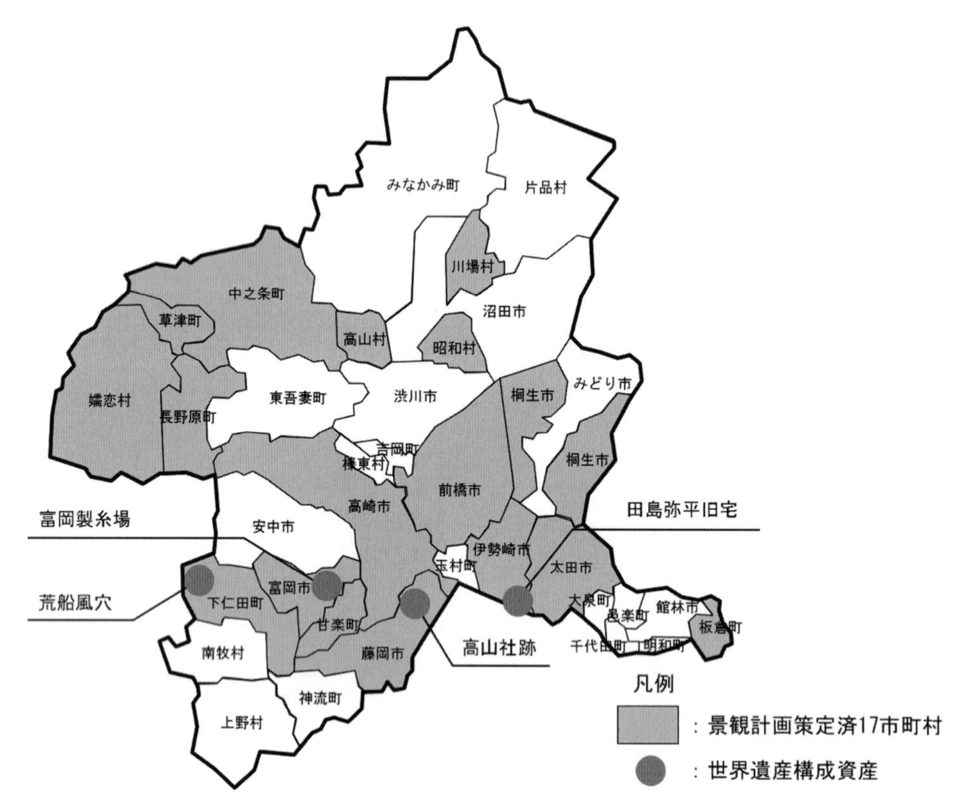

図11-2-1　景観計画策定済の市町村（群馬県内）

(2) 景観条例及び屋外広告物条例

景観計画により良好な景観を保全していくためには、これに合わせて景観条例及び屋外広告物条例を施行し、市町村独自の景観行政及び屋外広告物行政を一体的に進めていくことが効果的です。屋外広告物法は、景観法の施行に合わせて大幅に改正され、いわゆる政令市・中核市以外の市町村においても、景観計画の中で「屋外広告物の表示及び屋外広告物を掲出する物件の設置に関する行為の制限に関する事項」を定めた市町村は、これに即した市町村独自の屋外広告物条例を制定できることになっています。**表11-2-1**は、世界遺産構成資産を有する管理団体の景観条例及び屋外広告物条例を整理したものであり、富岡市、伊勢崎市、藤岡市及び下仁田町では、市町独自の景観条例及び屋外広告物条例を施行して世界遺産緩衝地帯の保全を図っています。

表 11-2-1　景観条例及び屋外広告物条例

世界遺産構成資産	管理団体	景観条例	屋外広告物条例
富岡製糸場	富岡市	富岡市景観条例	富岡市屋外広告物条例
田島弥平旧宅	伊勢崎市	伊勢崎市景観まちづくり条例	伊勢崎市屋外広告物条例
高山社跡	藤岡市	藤岡市景観条例	藤岡市屋外広告物条例
荒船風穴	下仁田町	下仁田町景観条例	下仁田町屋外広告物条例

(3) 自治体間で連携した景観形成の取組み

良好な景観や適切に表示された屋外広告物の環境を整えることは、観光客の周遊性や利便性を高めることにも効果的に寄与します。富岡製糸場と絹産業遺産群については、景観に配慮した分かりやすい統一感のある公共デザインの整備を進めるため、「公共サイン表示に関するガイドライン」を定め、統一的なデザインによる構成資産への誘導が行われています。

写真 11-2-1 は、田島弥平旧宅の周辺に表示されている案内標識を示しており、英語標記、ピクトグラム標記、景観に配慮した色彩（こげ茶色の表示面に白文字の標記）等が導入されており、これらのデザインは、全ての構成資産での統一が図られています。各市町独自の良好な景観形成に加えて、今後は自治体間で連携した、より広域的な景観形成の取組みを進めことが効果的であると考えます。

写真 11-2-1　富岡製糸場と絹産業遺産群の案内標識（一例）

> 市町村独自の景観計画、景観条例及び屋外広告物条例の施行により、良好な景観を形成していくことが重要です。また、良好な景観の形成は、行政区域を超えて、自治体間で連携した広域的な取組みが効果的になる場合もあります。今後は、富岡製糸場と絹産業遺産群の案内標識のように、自治体間で連携し、統一されたデザインで広域的な景観形成を図っていくことも重要です。

参考文献

橋本隆・湯沢昭：景観法に基づく景観行政の制度設計に関する研究，日本地域政策研究，第 6 号，pp. 305-312, 2008

11-3　富岡製糸場の産業遺産としての価値

(1) 富岡製糸場の産業遺産的価値

富岡製糸場の産業遺産的価値は大きく二つに分類することができ、一つは官営模範器械製糸工場としての価値であり、もう一つは日本の製糸業を象徴する工場としての価値です（**表 11-3-1**）。

①官営模範器械製糸工場としての価値

歴史的価値としては、明治政府により生糸の生産拡大と品質向上に取り組む産業育成の象徴、器械製糸業の発展を促進した模範工場、旧支配層の士族を短期間で近代社会を支える人材に転換できた士族授産の拠点、産業革命を経たヨーロッパ繊維工業の技術移転が行われた東アジア最初期の工場としての価値があげられます。

建造物的価値としては、官営工場として操業時の建造物が現存する唯一の完全な遺構、木骨の骨組に煉瓦の壁を用いる明治初期の木骨煉瓦造が現存する唯一の遺構、横須賀製鉄所のフランス人技師バスチャンを傭聘して横須賀製鉄所にもたらされたヨーロッパ系の技術（大スパントラス構造の小屋組、煉瓦積の壁、明かりを採り入れるガラス窓など）を伝える唯一の遺構、1875年に横浜製作所で製作・建造された国産最古期の鉄製構造物「鉄水溜」があげられます。

生産システム的価値としてあげられるのは、日本式にアレンジした繰糸器・揚返機が全国へ普及し、殺蛹・繭乾燥の技術が諏訪などの地域に伝播し、糸質の向上に貢献したボイラーによる蒸気と蒸気機関の技術が多くの器械製糸工場で導入され、石炭の煤煙を空中放散する役目をもつ鉄製煙突と下水道の遺構がほぼ完全に残存していることです。

工場制度的価値は、全寮制（工女が寄宿舎で共同生活）・労働時間7時間45分・能率給（工女の給料）などのヨーロッパ方式を用いた労働体制、1873年頃からのフランス人医師の常駐や1880年から工女のための夜間学校の開設などの福利厚生です。

②日本の製糸業を象徴する工場としての価値

三井時代には設備の増強と繭乾燥法の改良を行って生産拡大を図り米国向けに輸出し、原時代には蚕種の改良を行い優良な原料繭の大量確保に努めました。片倉の経営では大型の自動繰糸機を導入して生産拡大を図り、戦後の最盛期には二交替制を導入して生産拡大を図りました。建造物は、官営に始まり三井・原・片倉と時代を経た各時代の主要な工場建造物が残存し、建造物から建築技術の変遷や工場システムの変遷をたどることができます。機械設備は、1987年の操業停止後のものが遺存していますが、工場設備一式がそのまま保存されている事例は他になく、我が国の現役製糸工場がほとんど消滅しつつある現在、産業遺産として貴重な施設です。

(2) 富岡製糸場の産業遺産的価値と周辺地区の評価

富岡製糸場の産業遺産的価値を評価する目的で、観光客と地域住民を対象としたアンケート調査を実施しました。調査対象とした観光客は富岡製糸場の見学者であり、出場時に調査票を直接配布しました。地域住民を対象とした調査は、富岡製糸場の周辺地区から無作為に抽出した1,500世帯に調査票を配布し、両調査とも郵送で回収しました。

表 11-3-1　富岡製糸場の産業遺産的価値

価値		価　値　の　内　容
官営模範器械製糸工場としての価値	歴史的価値	政府による産業育成の象徴
		器械製糸業の発展を促進した模範的価値
		士族授産の拠点
		ヨーロッパ繊維工業の技術移転が行われた東アジア最初の工場
	建造物的価値	官営工場唯一の完全な遺構
		明治初期の木骨煉瓦造唯一の遺構
		ヨーロッパ系の技術と日本の技術と折衷融合させた遺構
		明治初期の鉄製構造物
	生産システム的価値	フランス式から日本式にアレンジした繰糸器・揚返機の導入
		殺蛹・繭乾燥のための巨大な繭倉庫
		蒸気機関の導入による器械製糸業の発展への影響
		環境衛生面からの鉄製煙突および下水道の遺構が完全に残存
	工場制度的価値	全寮生や寄宿舎、労働時間の導入などヨーロッパ方式の採用
		フランス人医師の常駐や工女のための夜間学校の開設などの福利厚生
日本の製糸業を象徴する工場としての価値	歴史的価値	三井時代は設備の増強と繭乾燥法の改良を行い米国向けに輸出
		原時代は蚕種の改良を行い優良な減量繭の大量確保に尽力
		片倉時代は大型の自動繰糸機や二交代制を導入し生産拡大
	建造物的価値	官営・三井・原・片倉と各時代の主要な工場構造物が残存
		建造物から建築技術の変遷や工場システムの変遷をたどることが可能
	生産システム的価値	機械設備は1987年の操業停止時のものが遺存
		工場設備一式がそのまま保存されている唯一の施設
		我が国の現役製糸工場が消滅しつつある現在貴重な存在

表 11-3-2　産業遺産的価値の評価項目

評価項目	因子名称
工女のための女子教育の先駆け	工場制度的価値
工女のための労働規約の先進性	
工女のための全寮生の導入	
下水道の整備による環境面からの評価	
明治初期の木骨煉瓦づくりの建築	建造物的価値
ヨーロッパ建築技術を現在に伝える施設	
創業時の建築物が残る貴重な施設	
洋式と日本の技術を融合させた施設	
日本の製糸業の技術普及の原点	歴史的価値
明治初期の産業育成の拠点	
工女は修得技術を全国展開の役割	
器械製糸業の発展に寄与	生産ｼｽﾃﾑ的価値
当時の最先端の西洋技術の導入	

表 11-3-3　周辺地区評価分析の評価項目

周辺地区評価のための項目	因子名称
休憩所の設置状況は	ハード対策
トイレの整備状況は	
歩行時の安全性は	
富岡製糸場までの行きやすさは	
富岡製糸場の管理状況は	
お土産の種類の多さは	ソフト対策
観光情報（観光案内）の提供は	
店員や職員の接客態度は	
まちなかの景観は	景観
まちなかの歴史や文化的な雰囲気は	
まちなかの賑わいは	
まちなかの清潔感は	清潔感
まちなかのゴミの散乱状況は	

表 11-3-2 は、産業遺産的価値を評価するための調査項目です。これらの調査項目について 5 段階評価（重要ではない、あまり重要ではない、何とも言えない、多少重要である、重要である）をしてもらい、その結果を用いて因子分析を行った結果、4 つの因子を抽出することができました（工場制度的価値、建造物的価値、歴史的価値、生産システム的価値）。同様に**表 11-3-3** は、富岡製糸場周辺地区の評価のための評価項目です。

図 11-3-1 は、富岡製糸場の産業遺産的価値を観光客と地域住民ごとに評価した結果であり、いずれの因子共に地域住民の方が高い評価となっています。富岡製糸場の産業遺産的価値は、地域住民と比較して全体的に観光客の評価が低く、中でも工場制度的価値と生産システム的価値には

明らかな有意差が認められます。これらの価値は建築物などのように直接的には観察できるものではないため、特に観光客に対してアピールできるような工夫が必要であると思われます。例えば、観光客が施設見学だけではなく当時の工女のための教育内容の展示や座繰りなどの体験可能なメニューの提供などが考えられます。

図 11-3-2 は、観光客と地域住民による富岡製糸場周辺地区の評価結果を示したものです。図から明らかなように、全ての潜在変数について地域住民よりも観光客の評価が高い結果となりました。その理由としては、観光客の多くが自動車を利用して来訪しており（87.5%が自動車利用）、駐車場から富岡製糸場までを移動するだけで、周辺地区をあまり見ていないためと考えられます。ただし、いずれの因子共に平均点が低く、中でも景観については地域住民の平均点が 51 点となっており（観光客は 62 点）、これからの観光まちづくりにあたっては歴史性や文化性を活かした景観まちづくりの必要性が高いことが分かります。

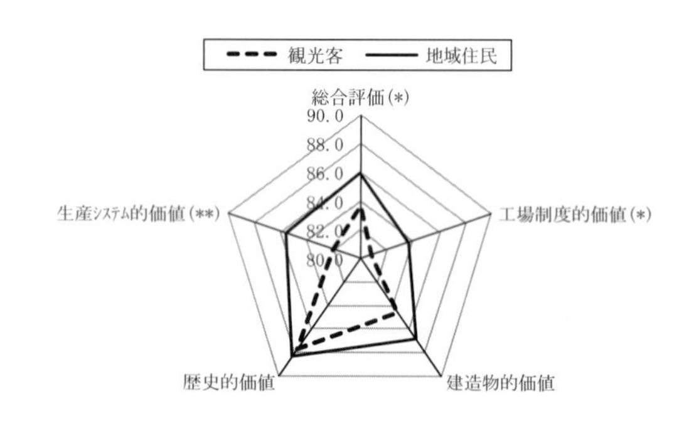

*5%　**1%有意水準

図 11-3-1　富岡製糸場の価値評価結果

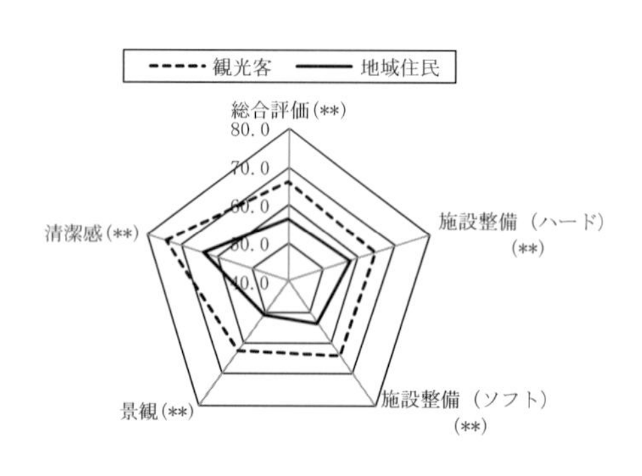

*5%　**1%有意水準

図 11-3-2　富岡製糸場周辺地区の評価結果

(3) 観光客増加による地域への影響

表 11-3-4 は、富岡製糸場が世界遺産に登録され、観光客の増加が地域に与える影響を分析するための質問項目です。富岡製糸場へ観光客の来訪による影響を評価（全く思わない、あまり思わない、何とも言えない、多少は思う、非常に思う）するための 27 項目の内容と因子分析の結果を示したものです。因子分析から 6 つの因子が抽出され、各々「経済効果」「交流効果」「まちづくり効果」「活性化効果」「環境効果」「定住効果」としました。観光客の増加が地域経済やまちづくりにどのように波及していくかを分析する必要があると考えため、6 つの因子間の関係を明らかにする手法として共分散構造分析を適用しました。

図 11-3-3 の結果から、観光客の増加により地域間交流が盛んになり（交流効果）、道路や公共施設の整備、景観の改善が進み（まちづくり効果）、その結果、地元特産品の販売増加や商店街の活性化（経済効果）へ影響を与え、さらに地域コミュニティの活性化や人口増加（活性化効果）へ影響し、最終的には自動車の増加による様々な環境改善（環境効果）や永住意識の醸成（定住効果）へと影響があると思われています。これらの分析結果は地域住民の主観的評価に基づいており、観光客の増加が最終的には環境効果や定住効果に結び付くとの期待に繋がっているものであり、今後の観光まちづくりを進めて行く上では有用な結果であると思われます。

以上の結果から富岡製糸場への観光客の増加により、一時的には交通渋滞や排気ガスの増加等による環境悪化が懸念されますが、富岡市が今後観光まちづくりを目指し、地域の環境効果や定住効果を実現させるためには、「まちづくり効果（景観改善や公共施設整備等）」の実現が不可欠となるため、地域住民にとって特に評価の低い「施設整備（ハード・ソフト）」や「景観」の改善が必要であると思われます。

表 11-3-4　観光客増加による影響項目

記号	項　目	因子名称
A1	地元産業が活性化する	経済効果
A3	働く場所が増加する	
A2	地元商店街が活性化する	
A5	地元特産物の販売が増加する	
A4	地域経済が活性化する	
A14	富岡市のｲﾒｰｼﾞｱｯﾌﾟにつながる	交流効果
A16	富岡市が全国的に知れ渡る	
A10	他の地域との交流が盛んになる	
A9	まちがにぎやかになる	
A13	まちの景観が改善される	まちづくり効果
A15	道路や公共施設の整備が進む	
A6	まちづくりが進む	
A8	空き店舗・空き住宅が減少する	
A7	富岡市民が元気になる	活性化効果
A12	地域コミュニティが活性化する	
A11	富岡市の人口が増える	
A17	環境が悪化する	環境効果
A18	交通事故が増加する	
A19	違法駐車が増加する	
A20	ごみが増加する	
A21	自動車騒音や排気ガスが増加する	
A22	交通渋滞が増加する	
A23	まちの治安が悪化する	
A24	富岡製糸場は地域の誇りである	定住効果
A25	富岡製糸場の世界遺産登録に賛成である	
A26	現在の所に住み続けたい	
A27	富岡市は住みやすい所である	

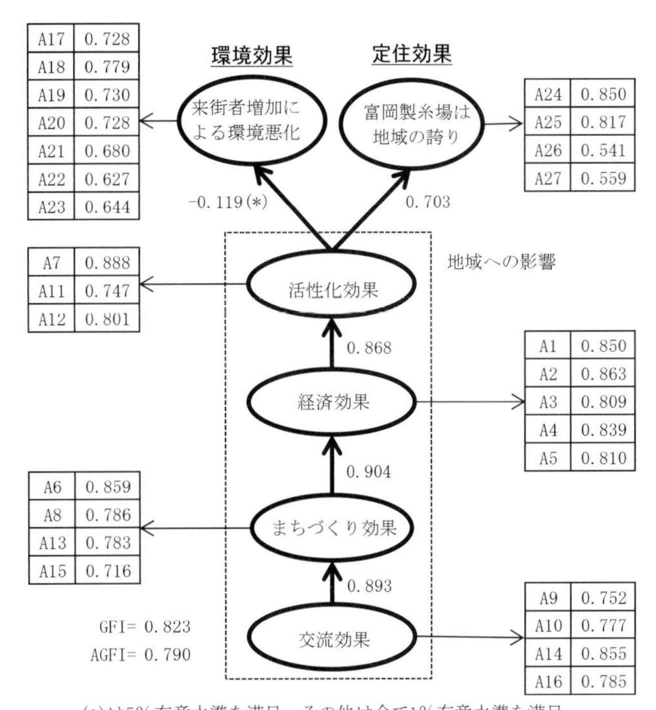

図 11-3-3　観光客増加による地域への影響

> 富岡製糸場は、歴史的価値、建造物的価値など様々な価値を持っています。しかし、観光客は製糸場や周辺地区の価値を十分感じていないと考えられるため、製糸場の展示の工夫や周辺地区の歴史性や文化性を活かしたまちづくりが重要です。富岡製糸場への観光客の来訪増加により、一時的に交通渋滞や違法駐車などの環境悪化も懸念されますが、周辺地区の施設整備や景観対策などを講じることにより、環境改善や定住効果が得られると考えます。

参考文献

西尾敏和・塚田伸也・森田哲夫・湯沢昭：富岡製糸場の産業遺産的価値評価と観光まちづくりに関する検討，日本建築学会計画系論文集，vol.79，No.705，pp.2507-2516，2014

11-4　富岡製糸場と周辺地区の観光まちづくり

(1) 富岡製糸場の観光まちづくりの取り組み

観光客の受け入れの体制としては、富岡製糸場の運営は富岡市の世界遺産部が行い、見学券の販売や案内をまちづくり会社、監視・警備をシルバー人材センター、市営駐車場の案内や交通整理を警備会社が行っています。見学者受け入れは、団体の場合、インターネット予約による料金決済や時間別管理の徹底が導入されています。解説ガイドツアーは、団体が 3,500 円、個人が 200 円です。トイレの増設、見学コースの拡大と区分化が導入されています（**表 11-4-1**）。

平成 27 年度（2015 年度）の特徴的な事業のうち、富岡製糸場 CG（コンピュータ・グラフィックス）映像ガイドの構築では、スマートグラスに投影する解説ツアーを開始しています。平成 28 年度（2016 年度）から団体観光客を対象に 1 団体当たり 5,000 円（21 名以上は 2 班に分かれるため 6,000 円）で催行しており、個人客にはスマートフォンに装着する紙製の簡易ゴーグルを 1 台 800 円（税別）で販売しています（**図 11-4-1**）。製糸場に近い妙義山への誘客を目的に 5,000 円で 10,000 円分の利用ができるプレミアム旅行券を発行しました。また、12 月～2 月の来場を促進するために、入場券に地元で利用できる 400 円の商品券を付けました。平成 27 年度（2015 年度）から 3 年間実施の地域資源を活用した観光地魅力創造事業では、アンケート調査からニーズを把握する事業計画策定・マーケティング、観光客・外国人に対応したサイン計画策定、市内を結ぶ観光地周遊交通実証運行に取り組んでいます。

表 11-4-1　富岡製糸場の見学者受け入れ体制

	2014年度まで	2015年度
団体予約方法	インターネット予約の他にFAXや郵送などで対応	インターネット予約による料金決済や時間別管理の徹底が導入
見学券の販売	富岡製糸場の正門内に1箇所のみ	まちなか観光物産館でも販売
解説ガイドツアー	無料で団体が事前予約 個人が定時に自由参加 解説員の手配が市職員	団体が3,500円でインターネット予約決済 個人が自販機で200円のチケット購入 解説員の手配が業者
売店や案内など	市職員と一部委託業者	委託業者
便益施設	トイレは1箇所	トイレは1箇所から2箇所増設
見学コース	建物内で激しい混雑がみられた	見学コースの拡大と区分化が導入

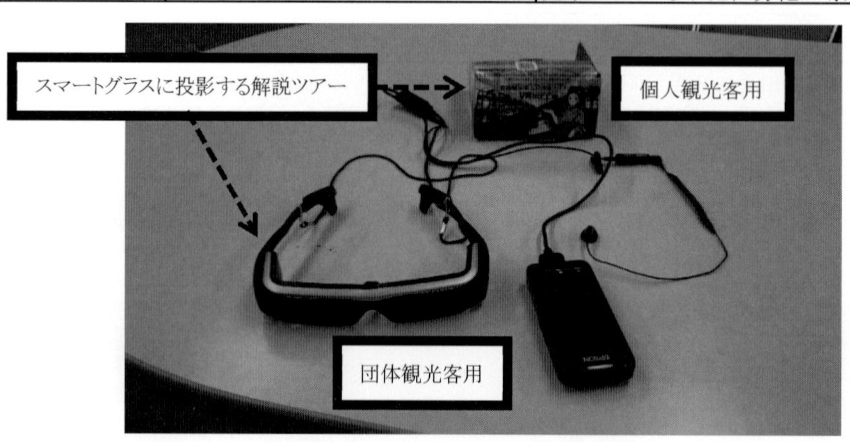

図 11-4-1　富岡製糸場 CG 映像ガイド

⑵ 富岡製糸場と周辺地区の観光まちづくりの課題

富岡製糸場と周辺地区の観光まちづくりの課題として、以下の3点が考えられます。

①観光客数の閑散期が見られること

富岡製糸場の観光客数は、平成17年度の年間2.1万人から、世界遺産に登録された平成26年度には133.8万人へと63.7倍と急激に増加しました。団体は平成26年度に前年度比2.9倍に増加して31.3万人、個人も前年度比4.9倍に増加して102.5万人でした。平成26年度の月別入込客数の推移から、夏休みの8月、10月～11月の行楽シーズンにピークが見られ、12月から4月は閑散期が見られます（**図 11-4-2**）。今後は、閑散期における入込客の増加が課題です。そのためには、製糸場と周辺地区に加え、軽井沢など近隣の観光地との連携が考えられます。

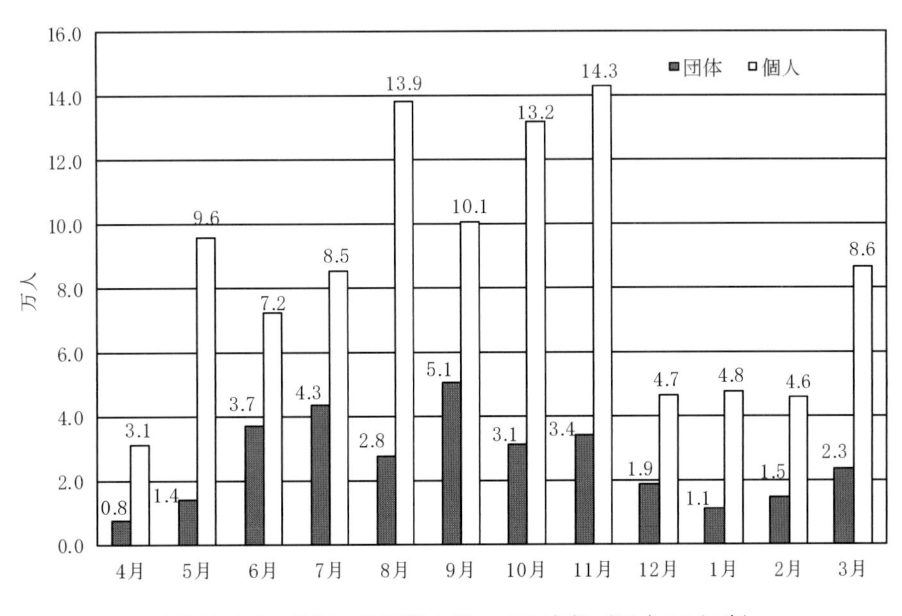

図 11-4-2　月別の富岡製糸場の入込客数（平成26年度）

②団体観光客の滞在時間が短いこと

富岡製糸場周辺の通り別の土地利用（**表 11-4-2**）について見ると、製糸場が操業していた昭和44年（1969年）には事業所が多く、操業停止後の平成10年（1998年）には、住宅や駐車場・空地が増加しました。その後、一般公開、世界遺産暫定リスト入りした平成25年（2013年）を経ても、住居や駐車場・空地との混在化が進み、街並みとしての統一性が低下しました。現在は、商業施設としての利用が増加する兆しが見えています。

観光客の滞在時間（**図 11-4-3**）は、平成25年7月に実施したアンケート調査結果によると、団体客が平均79分、個人客が平均115分でした。解説員によるガイドツアーが約40分、500m圏内に点在する駐車場から徒歩での移動が往復約20分であることを考えると、自由時間は団体客の場合約20分、個人客の場合は約60分となり、特に団体客の自由行動時間が少ないことが分かりました。今後は、製糸場や周辺地区で周遊してもらい、より長い時間楽しんでもらえる仕組みづくりが必要です。

③自家用車の利用率が非常に高いこと

富岡製糸場までの観光客の利用交通手段は、平成25年7月に実施した観光客対象のアンケート調査結果によると、自家用車73.3%、鉄道8.1%でした。群馬県における公共交通機関の輸送分担率は、国土交通省の旅客地域流動調査結果（**図11-4-4**）によると、平成7年度（1995年度）8.2%、平成18年度（2006年度）4.7%です。自家用車は平成7年度89.9%、平成18年度93.3%です。群馬県における公共交通機関の輸送分担率が全国平均と比較して極めて低く、自家用車の輸送分担率が90%以上で推移しています。今後は、公共交通利用による来訪、製糸場周辺地区を回遊し歩いて楽しめる観光まちづくりの検討が必要です。

表11-4-2　富岡製糸場周辺通り別の土地利用の推移

通り名称	年	土地利用区画数(単位:区画)				通り名称	年	土地利用区画数(単位:区画)			
		事業所	住居	駐車場・空地	計			事業所	住居	駐車場・空地	計
上町通り	1969	74	19	0	93	宮本町通り	1969	52	12	0	64
	1998	59	24	10	93		1998	37	24	3	64
	2013	47	23	23	93		2013	37	12	15	64
城町通り	1969	45	10	2	57						
	1998	24	30	3	57						
	2013	24	21	12	57						

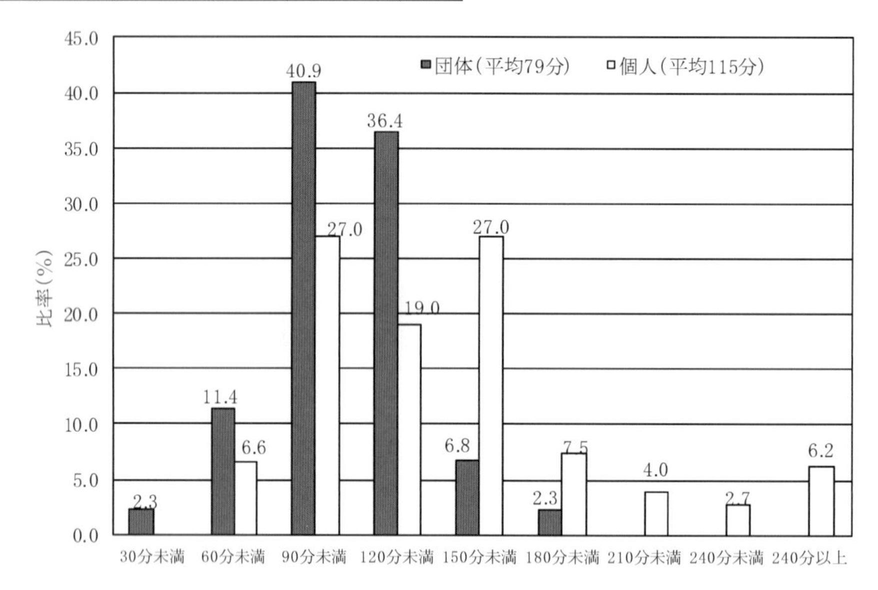

図11-4-3　富岡製糸場の周辺地区での団体・個人観光客の滞在時間

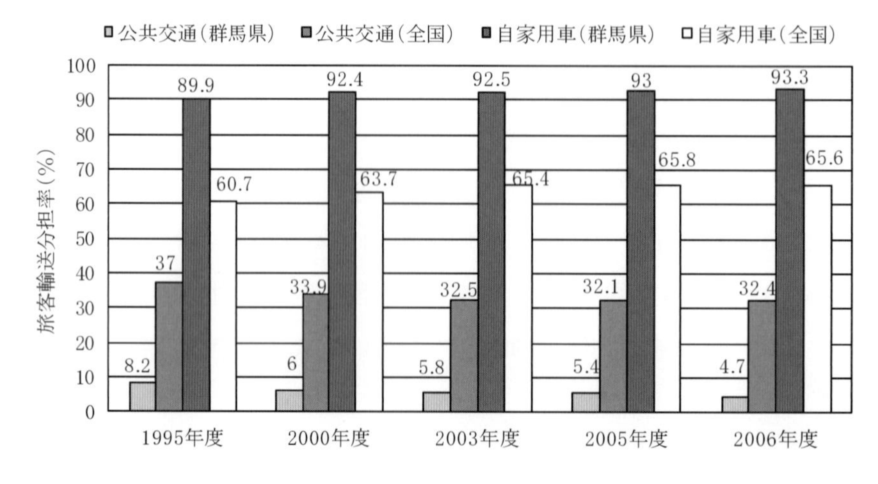

図11-4-4　群馬県と全国の旅客輸送分担率（出典：国土交通省，旅客地域流動調査）

(3) 富岡製糸場と周辺地区の観光まちづくりの方向性

富岡製糸場と周辺地区の観光まちづくりの課題に対する今後の方向性としては以下のようなことが考えられます。ここでは、施設整備を伴う公的なまちづくりではなく、住民参加による地域に密着したソフト対策重視の観光まちづくりを考えます。

①観光客数の閑散期を解消するための団体誘客活動

教育旅行経験が再訪意向に影響を及ぼす可能性があると考え、観光客数の閑散期を解消するための誘客活動として、中国などのアジアからの高等学校の修学旅行などの教育旅行の誘致及び受入体制の整備に取り組むことを提案します。群馬県国際戦略課や教育委員会、県立・私立高校、市町村、旅館やホテルなどの観光関連事業者を構成員とする官民連携による協議会の設立が考えられます。全国的に需要があるといわれる民泊を群馬県に導入します。一般家庭で一緒に食事を作り、養蚕体験などの体験活動を通して、地域住民との交流を深めることができると考えます。

②団体客の滞在時間拡大に向けた観光案内

団体客の滞在時間拡大に向けた観光案内として、解説員によるガイドツアーの内容・エリアを周辺地区まで拡大することを提案します。観光客や地域住民も愉しめる空間を創出するために、創業時の女性従業員「工女」の衣装を着用した観光ボランティアガイドの活用が考えられます。また、工女衣装をレンタルし、まち歩きを楽しんでもらったらどうでしょう。

③周辺観光地を含む周遊ルートの実現

富岡製糸場から軽井沢や草津温泉などの各地を移動するために、自家用車や観光バスを活用した周遊ルートの作成・実現を提案します。世界記憶遺産の国内候補に選定された多胡碑などの上野三碑といった史跡の周辺は狭隘道路や交通量が多く、安全性に配慮したルートを選定して決定した段階で、群馬県内外にパンフレットやホームページなどにより周知する方法が考えられます。また、個人客に対しては、上信電鉄を利用し、駅から歩いて楽しめるまちづくりをより促進することが考えられます。

世界遺産登録を機に、富岡や周辺観光地を含むまちづくりを再構築する必要があります。富岡製糸場と周辺地区の観光まちづくりの課題に対する今後の方向性として、①観光客数の閑散期を解消するための団体誘客活動、②団体客の滞在時間拡大に向けた観光案内、③周辺観光地を含む周遊ルートの実現を提案します。

参考文献

西尾敏和・塚田伸也・森田哲夫・湯沢昭：世界遺産としての富岡製糸場周辺地区の景観まちづくりに関する一考察，日本建築学会計画系論文集，Vol.80，No.717，pp.2597-2605，2015

第12章　防災まちづくり

12-1　温泉観光地の防災対策

(1) 群馬の災害経験

平成7年の阪神・淡路大震災、平成16年の新潟県中越大震災、平成23年の東日本大震災などの大震災が我々の記憶に刻まれています。群馬県は自然災害が少ないとよく言われています。しかし、我が国有数の火山である浅間山、県内のいくつもの断層の存在、気候変動による台風の襲来の増加など、災害が発生し大きな被害につながる可能性があります。

天明3年（1783年）の浅間山の大噴火では、大量の噴出物により火砕流や泥流などが発生し、県内に大きな被害をもたらし、泥流は吾妻川から利根川に流れ下りました。草津白根山も噴火活動中です。昭和6年（1931年）の西埼玉地震（マグニチュード6.9）では、高崎・渋川などで震度6を記録し、県内で死者が発生しました。昭和22年（1947年）のカスリーン台風では赤城山麓で大規模な土石流が発生するなどの大災害があり、県内で約600人の犠牲者が出ました。平成19年（2007年）の台風9号では、県北西部で土砂災害が起き、南牧村では多数の孤立集落が発生しました。また、群馬県は落雷や突風・竜巻の発生可能性が高い地域です。

何年か経つと災害の記憶は薄れてきますが、群馬県では過去に多くの災害が記録されています。今後も必ず災害は発生し、より大きな規模の災害となる可能性もあります。首都直下型地震が発生した場合には、群馬県は周辺県と連携し救援、復旧・復興に取り組むことになります。また、北関東は首都圏に立地する企業の本社機能や物流機能などのバックアップも期待されています。

(2) 温泉観光地の防災対策

群馬県の山間地域には多くの観光地があり、中でも草津温泉や伊香保温泉、四万温泉などといった全国的にも有名な温泉観光地があります。一方で、山間部の観光地では土砂崩れなどの災害の可能性があり、宿泊施設や観光施設の安全性の確保や観光客の避難などの対策が必要です。今後、高齢者や外国人の観光客が増加することが予想されますので、観光地の防災対策は喫緊の課題です。群馬県の主な温泉観光地の宿泊施設を対象に、防災対策に関するアンケート調査を実施しました（**表12-1-1**）。

表12-1-1　防災対策に関するアンケート調査概要

調 査 日	配布：平成21年8月　　回収：平成21年8月31日（郵送投函期限）
対象調査 宿泊施設	草津温泉(100)、四万温泉(39)、水上温泉(14)、伊香保温泉(52)、谷川温泉(20)、 猿ヶ京温泉(14)、老神温泉(18)、万座温泉(10)、鹿沢温泉(10)、湯宿温泉(3)、 湯桧曽温泉(5)、上牧温泉(5)、磯部温泉(10)
調査方法	配布：観光協会が配布　　回収：郵送回収
調査内容	建物形態・建物の耐震性、高齢者や障害者への配慮、自然災害に対する脅威、 防災計画の作成状況と内容、災害における危険箇所、災害に備えた飲料水と食料品、 施設における防災対策の現状
回 収 数	配布数：300票　　回収数：88票　　回収率：29.3%

調査の結果、建物の耐震性については、「耐震化を行っていなく非常に不安」「建物の一部耐震化で多少不安」が全体の52.3%を占めました。**図12-1-1**は、高齢者や障害者などへの配慮状況です。高齢者への配慮を実施している施設は多いですが、外国人、聴覚障害者や視覚障害者への配慮を行っている施設は少ないという結果になりました。災害への脅威の程度（**図12-1-2**）をみると、火災に対する脅威は高い結果となりましたが、その他の災害に対する意識は必ずしも高くはないことが分かります。また、災害時の備蓄状況としては、食料品については**51.2%**、飲料水は**55.2%**の施設で「ほとんど備蓄していない」という結果でした。

群馬県内の多くの温泉観光地は中山間地域にあり、地形的にも自然災害の影響を受けやすいと思われます。一方で、自然災害情報を積極的に公表することは観光客の減少につながる恐れがあるため、必ずしも十分ではありません。昨今の自然災害による被害は「想定外」ではすまされないですので、あらゆる自然災害に対する対策を講じておく必要があります。

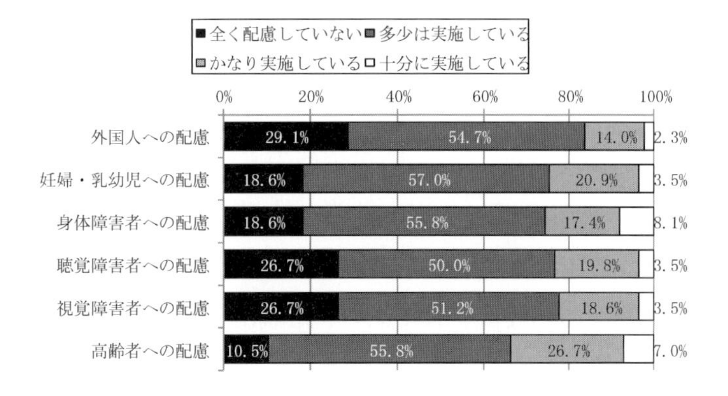

図12-1-1　高齢者や障害者への配慮

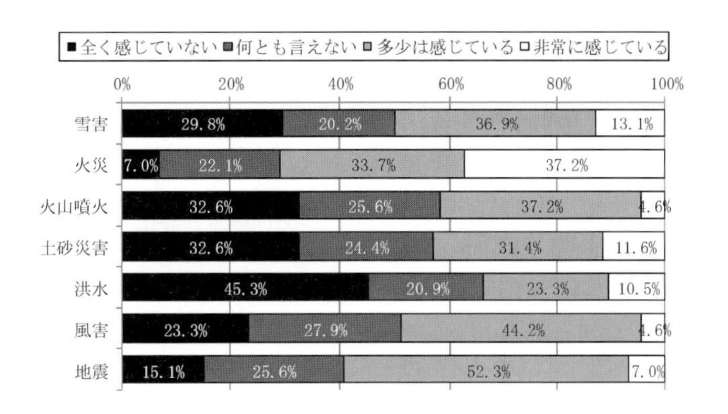

図12-1-2　自然災害への脅威の程度

自然災害が少ないと言われる群馬県ですが、これまで数多くの災害に見舞われてきた経験があります。地域住民を対象とした防災まちづくりはもとより、観光客を対象とした防災対策が求められ、外国人、聴覚障害者や視覚障害者への配慮、食料品・飲料水の備蓄が必要です。

参考文献

塚田伸也・湯沢昭・森田哲夫：中山間地域に位置する温泉観光施設の防災意識に関する検討，都市計画論文集，Vol.49，No.3，pp.765-770，2014

12-2　前橋の防災まちづくり

(1) 地区防災計画制度の創設

発生が懸念されている首都直下型地震や南海トラフ地震等の大規模地震に備えるために平成25年6月に災害対策基本法が改正され、市町村の一定の地区内の居住者及び事業者による自発的な防災活動に関する「地区防災計画制度（法第42条の3)」が創設されました。創設理由としては、平成7年1月に発生した阪神・淡路大震災が契機となり、地域における自発的な共助による防災活動の重要性が認識され、また東日本大震災を経て、共助の重要性が改めて認識されました。すなわち、市町村の行政機能が麻痺するような大規模広域災害が発生した場合、まずは自助による身の安全確保が重要であり、その上で地域コミュニティでの相互の助け合いが重要な役割を担うことになります。そのために地区防災計画制度の中に、地域コミュニティにおける共助の推進が新たに創設されました。

地域コミュニティにおける防災組織としては、自治会や町内会内に組織されている自主防災組織（法第5条の2）があります。自主防災組織とは、地域住民の連帯意識に基づき自主防災活動を行う組織であり、平常時においては、防災訓練の実施や防災知識の普及啓発等を行っており、災害時には、初期消火、避難誘導、救出・救護、情報の伝達、給食・給水、災害危険個所等の巡回などを行う組織です。平成24年4月1日現在では、全国1,742市区町村のうち、1,640市区町村で約15万の自主防災組織が設置されており、組織によるカバー率は77.4%となっています（群馬県78.4%、全国23位)。また家庭での火災予防の知識の修得や地域全体の防火意識の高揚等を目的とする「婦人（女性）防火クラブ」や「少年消防クラブ」「幼年消防クラブ」などがあります。

(2) 前橋市における自主防災組織の活動状況

表12-2-1は、地区防災計画における活動主体（自主防災組織や商店街連合会など）の地区防災活動の事例を示したものであり、平常時、発災直後、災害時及び復旧・復興時毎に具体的な対応例が示されています。平常時の活動としては、防災訓練や避難訓練、防災マップの作成、食料品の備蓄、防災教育等の普及啓発活動などがあります。発生直後（発生時から3日程度）の活動としては、地震による出火防止や初期消火、見回りや所在地確認、要支援者の保護や救出・救助活動などがあります。災害時（4日目以降）としては、情報収集・共有・伝達や避難所運営、在宅者の支援、給食・給水などが、また復旧・復興時の対応としては、被災者への支援や復旧・復興活動を促進するための協力体制の強化などが挙げられます。

図12-2-1は、前橋市における自主防災組織の年度別の設立状況を示したものです。前橋市の自主防災組織は阪神淡路大震災（平成7年1月）の教訓を受けて設立が始まったため、平成8年度には45件、平成9年度には24件が設立されました。その後は数件にとどまっていますが、平成16年10月に発生した新潟県中越地震の影響から平成18年度には37件、平成19年度には17件となり、平成24年度では前橋市内の全自治会数284の内180の自治会が自主防災組織を設置しています（組織率は63.4%、世帯のカバー率としては75.5%)。

表 12-2-1 地区防災計画における自主防災組織の防災活動の事例

平常時	発災直後（3日程度）	災害時（4日目以降）	復旧・復興時
共助	近助	共助	共助
・防災訓練、避難訓練（情報収集・共有・伝達） ・活動体制の整備 ・連絡体制の整備 ・防災マップの作成 ・避難路の確認 ・指定緊急避難所等の確認 ・要支援配慮者の確認 ・食料等の備蓄 ・救助技術の取得 ・防災教育等の普及啓発活動	・出火防止、初期消火 ・状況把握（見回り・住民の所在確認） ・要支援配慮者の保護 ・救出及び救助 ・率先避難、避難誘導、避難支援	・情報収集・共有・伝達 ・避難所運営、在宅避難者への支援 ・給食・給水 ・物資の仕分け・炊き出し ・災害危険個所の巡回	・被災者に対する地域コミュニティ全体での支援 ・行政関係者、学識経験者等が連携し、地域の理解を得て速やかな復旧・復興活動を促進
行政・消防団・各種地域団体・ボランティア等との連携			

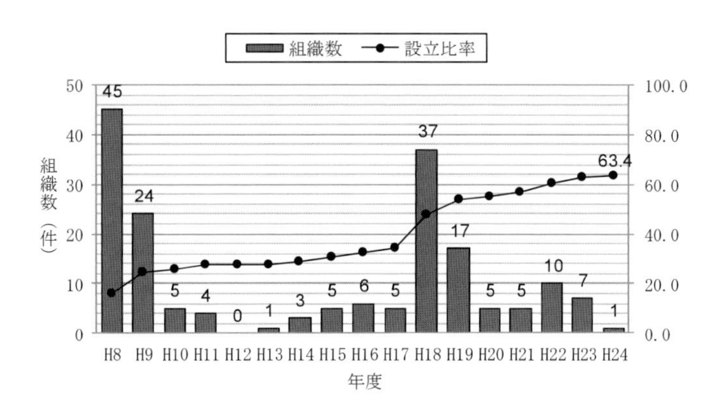

図 12-2-1 前橋市における自主防災組織の設立状況

(3) 東日本大震災前後の地区防災活動の変化

東日本大震災前後における地区防災活動の変容について共助の観点から検討し、課題を抽出することを目的とし、前橋市内の全ての自治会（284 自治会）を対象にアンケート調査を実施しました。調査の内容は、自治会の概要、地域コミュニティの現状、地区防災活動と防災用資機材の備蓄状況です（郵送配布・郵送回収方式）。なお、調査は平成 18 年 9 月と平成 25 年 8 月に実施し、平成 18 年調査を「事前」、平成 25 年調査を「事後」とします（東日本大震災は平成 23 年 3 月 11 日に発生）。

図 12-2-2 は、具体的な防災活動について実施していると回答した自治会の比率を表したものであり、事前の比率に増加分を加えたものです。従って、「事後＝事前＋増加」となり、全ての対策は事前と比較して事後の方が高い値となっていることが分かります。中でも「一時避難地としての公園や広場などの避難場所の確保」の増加率は 28.6%であり、自治会全体の 48.9%と約半数が確保されています。その他の対策は、いずれの活動も実施率は非常に低く、「飲料水や食料品・毛布などの備蓄状況」に至ってはほぼ皆無であることが分かります。

図 12-2-2 に示した 20 の調査項目について 5 段階評価（重要でない、あまり重要でない、何とも言えない、やや重要である、重要である）を行ってもらった結果を用いて因子分析を適用し、その結果 4 つの因子を抽出しました。それらの因子名称を各々「地区防災訓練」「地区安全点検」

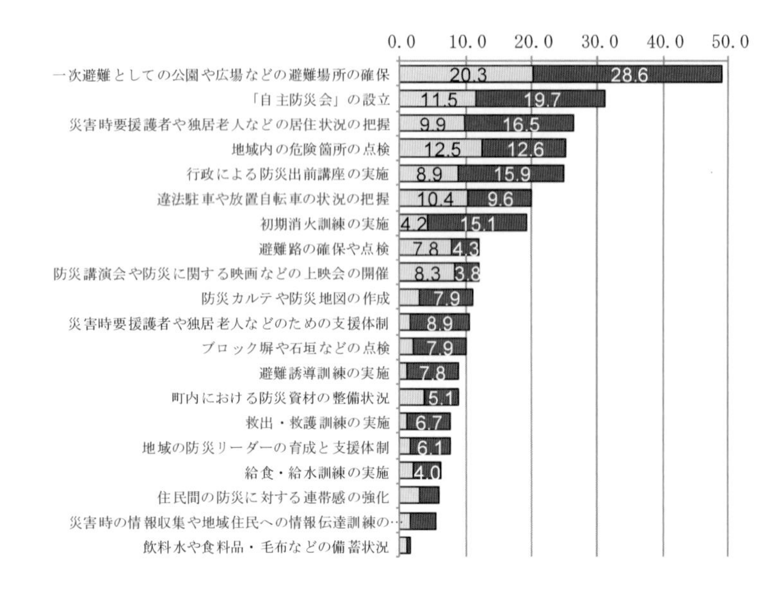

図 12-2-2 地区防災活動の実施状況及び増加率

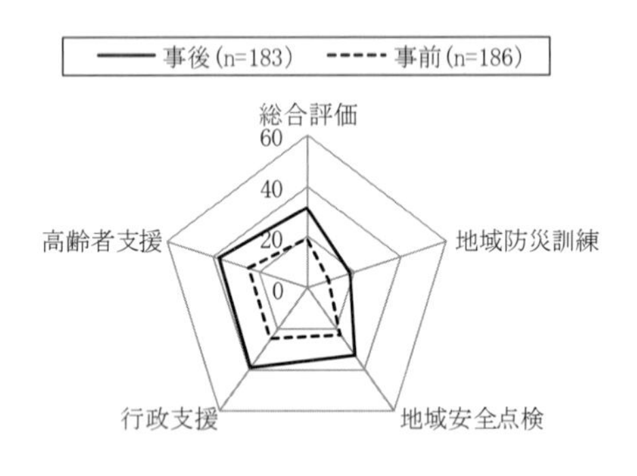

図 12-2-3 地区防災力に関する前後比較

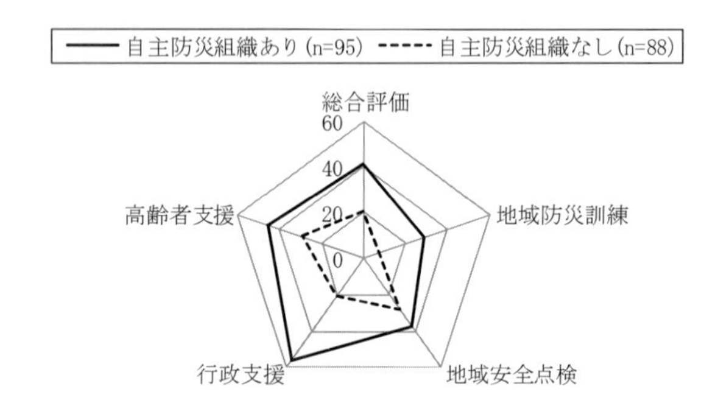

図 12-2-4 地区防災組織の有無による地区防災力

「行政支援」「高齢者支援」としました。それらの結果を用いて「事前」「事後」、及び事後においては自主防災組織の「有無」による比較分析を行った結果が**図 12-2-3** と**図 12-2-4** です。

図 12-2-3 からは、全ての因子と総合評価（地区防災力）の得点が事前と比較して事後の方が高い結果となりました。すなわち、事前と比較して事後の方が明らかに地区防災活動の実施状況は上昇していることが分かります。ただし、評価点は最大でも行政支援が 39.0 点、高齢者支援が 37.8 点と低い値であり、地区防災訓練に至っては 18.7 点と非常に低い値となっていることから判断して、共助による地区防災活動の現状としては、全体的に低水準にあることが分かります。**図 12-2-4** は、事後において、自主防災組織の有無による比較結果であり、自主防災組織が有る場合にはいずれの項目共に無い場合と比較して高い値となっていることが分かります。中でも「行政支援」の得点差が大きいことからも自主防災組織の重要性が認識できるものと思われます。

自主防災組織における防災用資機材の備蓄状況のとしては、自主防災組織が有る自治会における備蓄率は無い自治会と比較して高い値となっています。しかし一部の備品を除いて備蓄率は非常に低く、中でも医薬品の備蓄状況は全体でも 16.0%と非常に低い値であり、飲料水や食料に至っては自治会単位ではほとんど備蓄されていないことが明らかとなりました。なお、前橋市では、

「自主防災活動用資機材整備事業等補助金」制度があり、自治会単位で設置した自主防災組織に対して災害応急対策に必要な資機材の購入にあたっては一回限りですが、最大 15 万円の補助があります。以上の結果から、以下のようなことが課題であることが明らかとなりました。

①東日本大震災前と比較して事後の方が地区防災活動の実施状況は上昇しましたが全体的に低水準にあります。

②自治会内に自主防災組織が有る場合には、無い場合と比較して地区防災力は高くなり、中でも「行政支援」については大きな差が認められました。このことからも自治会内における自主防災組織の設立が課題です。

③自主防災組織の有無による防災用資機材の備蓄状況については、有る自治会における備蓄率は無い自治会と比較して高い値となりましたが、一部の備品を除いて備蓄率は非常に低い値であり、中でも飲料水や食料品などはほとんど備蓄されていないことが明らかとなりました。

(4) 地区防災活動活性化のための提案

自主防災組織の活動を活発化し、地区防災力を上げるために解決すべき課題以下の通りです。

①前橋市においては、地域防災計画の中で公助の役割として様々な防災対策やそのための体制は整ってはいますが、特に大震災直後の公助の限界は過去の災害からも明らかです。災害発生時から数日間は自主防災組織を中心とした地域コミュニティが地区防災力の要となるという前提で地区防災対策を講じる必要があります。行政は、災害に強い都市環境や防災体制の整備、行政と市民との協力による防災活動の促進などと合わせて「地区防災対策の仕組みづくり」を見直す必要があります。具体的な例としては、現在のような自治会単位での地区防災活動には限界があり、中でも防災用資機材や食糧・飲料水などの備蓄は、自主防災組織単位から小学校区単位（複数の自治会が含まれる）に切り替えることが現実的です。

②自主防災組織の活動は**表 12-2-1** にも示したように平常時、発災直後、災害時及び復旧・復興時により異なります。日頃の自治会活動の中で各世帯の状況（災害弱者の有無や世帯構成など）を最も把握しているのは自治会における「班（一般的には 10～20 世帯程度で構成）」であり、班は自治会の中におけるコミュニティの最小単位でもあります。従って、地区防災計画の策定にあたっては、発災直後の「近助」の役割が機能するような自主防災組織の検討が必要です。

> 東日本大震災では「想定外」とされた多種多様な被害が発生し、国民生活に大きな影響を及ぼしました。この経験を踏まえ自然災害は予測可能な最大限の規模に対する備えをすることが人命や財産を守るための唯一の方法であり、そのためには自助・共助・公助の役割分担が不可欠です。発災直後には公助による支援は困難であるという前提条件の下で、自助と共助・近助を基本とした地区防災計画の仕組みを見直す必要があります。

参考文献

塚田伸也，森田哲夫：東日本大震災前後における地区防災活動の変容と課題－群馬県前橋市を事例として－，都市計画論文集，No.51-3，pp.395-400，2016

12-3　東日本大震災－被害状況と避難行動－

(1) 東日本大震災－群馬からの支援－

平成 23 年 3 月 11 日 14 時 46 分に発生した東北地方太平洋沖地震は、日本における観測史上最大規模であるマグニチュード 9.0 を記録し、震源域は岩手県沖から茨城県沖までの南北約 500km, 東西約 200km の広範囲に及びました。この大地震は兵庫県南部地震で観測した地震エネルギーの約 1,450 倍であり、世界史上 4 番目に大きな巨大地震でした。

この大地震によって大規模な津波が発生し、最大で海岸から内陸 6km までが浸水しました。岩手県三陸南部、宮城県、福島県浜通り北部では津波高が 8m から 9m に達し、岩手県大船渡市では 1896 年に発生した昭和三陸地震の津波を上回る最大溯上高 40.0m を記録しました。この大震災による死者・行方不明者は約 2 万人に上りました。

群馬県から被災地へ物資の提供、群馬県内への避難者の支援、被災地自治体への行政職員の派遣など、様々な支援を行いました。ここでは、初期段階での被災地支援、調査の事例を紹介します。群馬工業高等専門学校では、平成 23 年 4 月 1 日に福島県いわき市にある福島工業高等専門学校への救援物資輸送といわき市の被災地調査を実施しました。いわき市は、福島第一原子力発電所の事故の影響があり、放射線量を計測しながらの活動となりました（**写真 12-3-1**）。いわき市から茨城県北部の海岸沿いを調査すると、そこにはこれまで見たことのない光景が広がっていました（**写真 12-3-2**）。

写真 12-3-1　福島工業高等専門学校への救援支援物資輸送（平成 23 年 4 月 1 日）

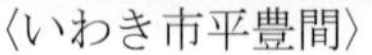

〈いわき市平豊間〉

〈小名浜港〉

写真 12-3-2　被災地調査（平成 23 年 4 月 1 日）

群馬工業高等専門学校では、被災地の状況をいち早く群馬県内に伝えようと、4 月 8 日に速報会を開催し、約 200 名が参加しました。この速報会は、学協会、大学、研究機関で開催された報告会のうちで最も早く開催された報告会の一つとなりました（**図 12-3-1**）。

日時：平成 23 年 4 月 8 日（金）16：30～18：00
場所：群馬工業高等専門学校　大講義室
　報告 1：福島高専への救援物資輸送・被災地調査
　報告 2：福島・北茨城沿岸の津波被害
　報告 3：千葉・東京・埼玉の液状化被害
　報告 4：千葉県銚子周辺の津波被害
　報告 5：利根川河川水の放射性物質調査－最上流から河口まで
主催：群馬工業高等専門学校　後援：土木学会関東支部群馬会

図 12-3-1　群馬高専 東日本大震災被害調査速報会

(2) 東日本大震災－避難行動調査－

本調査の調査対象地域は、岩手県山田町と宮城県石巻市とし、**表 12-3-1** に示す調査を実施しました。山田町は岩手県下閉伊郡にあり、震災前の平成 23 年 3 月 1 日時点で人口 19,270 人、7,182 世帯、面積 263km² の町です。宮城県石巻市は平成 22 年 10 月 1 日時点での人口は 160,826 人、57,871 世帯、市域の総面積は 556km² の都市です。

表 12-3-1　津波避難行動調査の実施方法

		岩手県山田町	宮城県石巻市
調査期間		平成23年6～9月	平成23年10～12月
調査員稼働日数		延べ70人日	延べ40人日
調査対象	ヒアリング調査	184名（浸水範囲人口の約1.6%）	279名（浸水範囲人口の約0.2%）
	ポスティング調査	〈実施なし〉	797名（浸水範囲人口の約0.7%）
ヒアリング調査場所		避難所、仮設住宅、浸水範囲の周辺住宅	
ポスティング調査配布先		仮設住宅	
調査項目		個人属性（性別、年齢、職業）、地震発生直後の状況、避難行動	
調査員		東日本大震災津波避難合同調査団（約30名）	

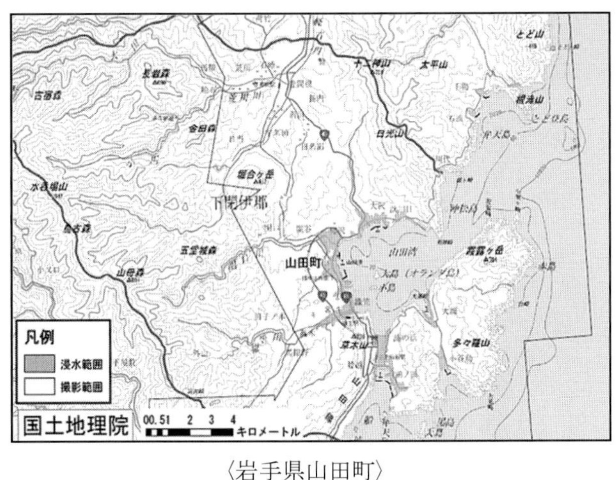

〈岩手県山田町〉　〈宮城県石巻市〉

図 12-3-2　津波による浸水範囲（資料：国土交通省国土地理院）

両市町の浸水範囲（**図 12-3-2**）や津波被害状況（**表 12-3-2**）に示すように、石巻市は、山田町と比べ到達した津波高は小さいのに対し、浸水面積が広く市域面積の約 13.1%が浸水しました。一方、山田町では、石巻市よりも津波か高かったのにも関わらず浸水面積の割合は町域面積に対して 1.9%と低いです。可住地についてみると、山田町は 19.2%、石巻市では 30.1%が浸水しています。山田町のリアス式海岸における浸水に対し、石巻市は平野部における津波浸水です。

表 12-3-2　山田町・石巻市の津波被害状況

	山田町	石巻市	資料等
人口　**a**	19,270	160,826	山田町(平成 23.3.1)、石巻市(平成 22.10.1)、住民基本台帳
世帯数	7,182	57,871	
高齢化率　%	33.1	27.0	
面積　km² 　**b**	263	556	総務省地域別統計データベース
可住地面積　km² 　**c**	26	242	
津波高　m	6～19	5.8～10.4	国土交通省国土地理院資料
浸水面積　km² 　**d**	5	73	
浸水面積割合　%	1.9	13.1	**d/b**
可住地浸水面積割合　%	19.2	30.1	**d/c**（浸水範囲は全て可住地と仮定）
建物被害率　%	54.2	61.0	家屋被害率は全壊・一部損壊・浸水を含む(市町資料)。犠牲者数(県資料)は平成 25 年 10 月 31 日。
浸水範囲人口　**e**	11,418	112,276	
犠牲者　死亡(含関連死)	676	3,512	
犠牲者　行方不明	149	445	
犠牲者　合計　**f**	825	3,957	
犠牲者比率　%	4.3	2.5	**f/a**
浸水範囲人口あたり犠牲者比率　%	7.2	3.5	**f/e**
浸水面積あたり犠牲者数　人/km²	165	54	**f/d**

(3) 東日本大震災－避難行動の実態－

図 12-3-3 に震災前の年齢階層別構成比と大震災による年齢階層別の死亡者構成比を示しました。この図から両市町とも 60 代から急激に死亡者の構成比が上昇することが分かります。

表 12-3-3 に 60 歳以上の人の避難開始までの行動を示します。山田町、石巻市とも「勤務先や外出先から一度自宅に戻った」は 10.3%でした。「何もせず直ぐに避難を始めた」は山田町で 18.3%、

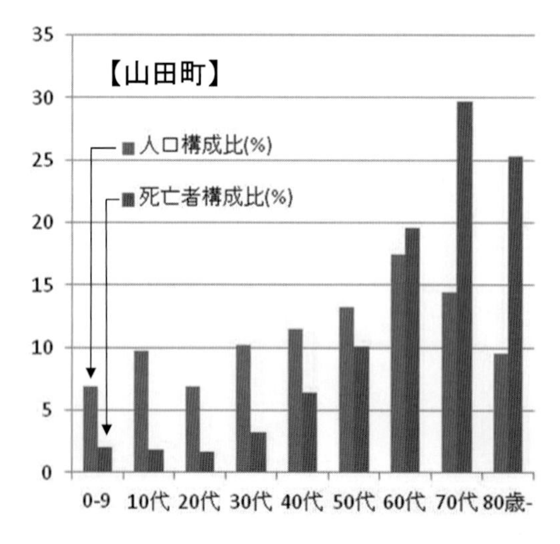

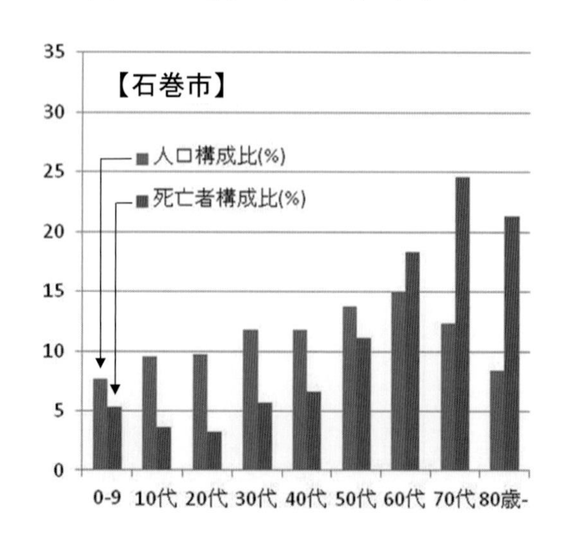

図 12-3-3　年齢階層の死亡者構成比

石巻市で 19.7%であり同程度でした。他の年齢階層と比較すると、山田町で「避難のため荷物をまとめた（35.7%）」「戸締りをした（12.7%）」、石巻市で「避難のため荷物をまとめた（16.6%）」「地震で散らかった家具や物を片づけた（13.7%）」が多く、避難開始が遅れた可能性があります。避難開始までの時間（**図 12-3-4**）を見ると、両市町とも 20 歳代、高齢者が避難開始まで時間がかかっています。**図 12-3-5** で避難前に自宅に帰った人の割合（帰宅率）をみると、40 歳未満の人が帰宅していたことが分かります。このように、高齢者は荷物をまとめたり、40 歳未満の人は家族を迎えに行くことにより避難開始が遅れたと考えられます。

表 12-3-3　60 歳以上の避難開始までの行動割合

	山田町　%	石巻市　%
勤務先や外出先から一度自宅に戻った	10.3	10.3
外出先から自宅に家族を迎えに行った	3.2	1.5
家族を迎えに行った（学校や施設などへ）	1.6	3.6
家族の帰りを待っていた	5.6	2.2
海の様子を見に行った	（選択肢なし）	1.1
避難のための荷物をまとめた	35.7	16.6
戸締まりをした	12.7	1.8
地震で散らかった家具や物を片づけた	7.1	13.7
家族や知人に電話・メールをした	1.6	3.3
覚えていない	1.6	1.3
何もせず直ぐに避難を始めた	18.3	19.7
近所の人に声をかけ、避難を勧めた	0.8	12.5
様子をみていた近所の人と話し合った	（選択肢なし）	7.7
要介護者の避難の手伝いをした	1.6	3.3
集団避難のための準備をした	（選択肢なし）	1.4
合　計	100.0	100.0

（網掛け）：他の年齢階層よりも高い項目（統計的に有意）

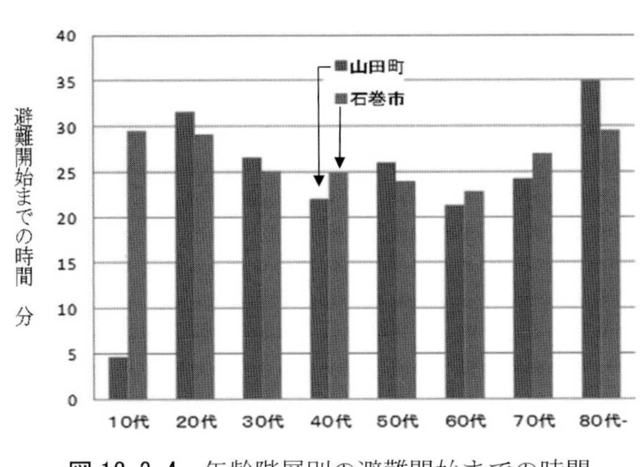

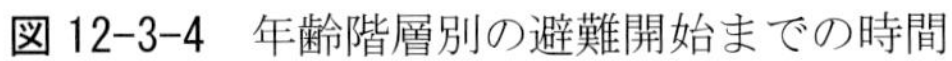

図 12-3-4　年齢階層別の避難開始までの時間

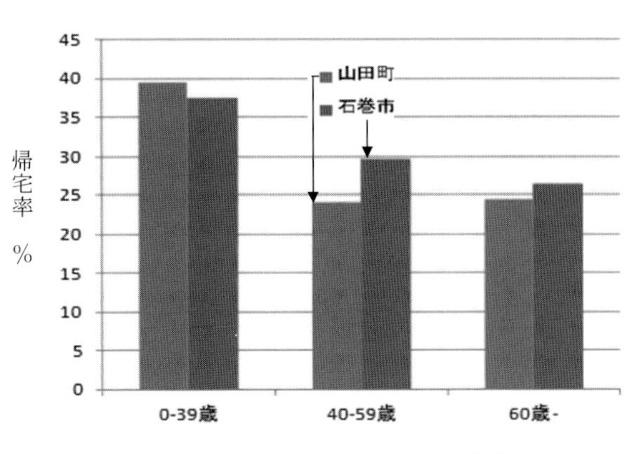

図 12-3-5　年齢階層別の帰宅率

> 阪神・淡路大震災、東日本大震災の経験から、災害時には他地域からの支援が有効であることが明らかになりました。群馬でも日頃の備えに加え、できる限り早く避難を開始することが重要であり、高齢者や障害者も避難しやすいまちづくりが求められます。

参考文献

群馬工業高等専門学校：群馬高専東日本大震災被害調査速報会報告書，2011

Tetsuo MORITA, Shinya TSUKADA, Akira YUZAWA: Analysis of Evacuation Behaviors in Different Areas before and after the Great East Japan Earthquake, International Journal of GEOMATE, Vol. 11, Issue 25, pp. 2429-2434, 2016

12-4　東日本大震災－犠牲者を少なくするために－

(1) 復興計画による防災対策の効果

平成 23 年の東日本大震災による宮城県石巻市の人的被害は、死者 3,140 人、行方不明者 452 人、死者・行方不明者 3,592 人であり、最大の被害を受けた市町村でした。ここでは、石巻市を対象に、津波避難行動調査のデータ（12-3 参照）を用い避難シミュレーションを行い、犠牲者を少なくするための防災対策を検討します。

石巻市は、平成 24 年 12 月に震災復興基本計画を策定しました。基本的な考え方に示されている三つの基本理念の第一は「災害に強いまちづくり」です。計画に示されている防災対策を**表 12-4-1** に示しました。これら対策を基本にシミュレーションケースを設定します。「津波減災施設の復旧・復興」として、海岸保全施設の整備、河川施設の整備、高盛土道路の整備、防潮林の整備が示されていますが、大規模な施設整備には長期を要しますので、ここでは、大規模な施設整備を伴わない防災対策の効果を分析することとします。はじめにに石巻市の避難行動特性を整理します。**表 12-4-2** に地震発生時（3 月 11 日金曜日、14 時 46 分）の所在地を示しました。自宅にいた人は 51.2%であり、仕事場にいた人（屋内、屋外）は 27.2%、その他の施設・建物にいた人は 12.3%、移動中（徒歩、自転車・バイク、鉄道、バス）の人は 9.1%でした。**図 12-4-1** には年齢階層別の避難の際の交通手段を示しました。30 歳代から 50 歳代の人は、自動車を運転して避難している人が多く、20 歳未満と 60 歳以上の人は徒歩や自動車に同乗し避難している人が多い傾向があります。

表 12-4-1　石巻市震災復興計画における防災対策

防災施設の整備	防災拠点・機能の整備、避難所の配置・運営の見直し、津波避難ビル等の設置・機能整備
情報伝達手段の整備	防災行政無線等の強化、IT・携帯電話回線のバックアップ機能強化、安否確認等システムの整備
防災対策の見直し	地域防災計画の見直し、防災教育の強化、地域コミュニティの自主防災組織の機能強化、安全かつ円滑に避難できる避難路の設定、女川原子力発電所等の安全確保
震災記録の継承	災害アーカイブの公開と記録展示施設の整備、 慰霊碑の建立や震災施設の保存
津波減災施設の復旧・復興	海岸保全施設の整備、河川施設の整備、高盛土道路の整備、防潮林の整備

表 12-4-2　地震発生時の所在地

自宅（商店等自営業で自宅が職場の人も含む）	51.2%
屋内の仕事場（会社、工場、店舗等）	19.9%
屋外の仕事場（港、作業場、田畑、船の中）	7.3%
学校（生徒・学生として）	0.5%
病院、福祉施設、介護施設（利用者として）	3.8%
上記以外の建物の中	8.0%
歩いたり、自転車などで移動中だった	1.9%
車・バイクを運転中だった	6.9%
鉄道やバスなどに乗っていた	0.3%
その他	0.2%
合計	100.0%

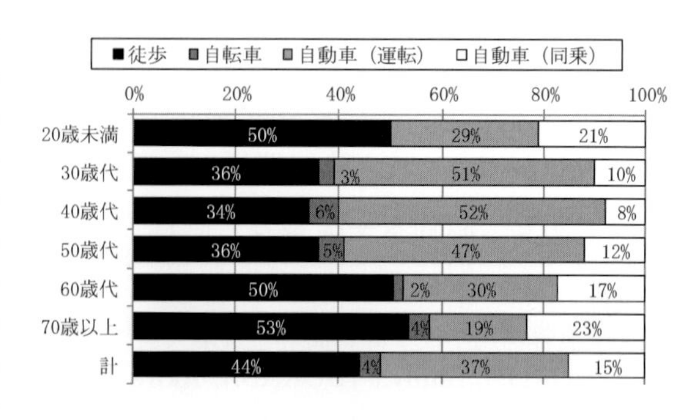

図 12-4-1　年齢階層別の避難交通手段

図 14-4-2 に避難シミュレーションの流れを示しました。東日本大震災時と同じ場所に人々が存在し（人口分布）、家屋が全壊した浸水域内を対象とします。津波避難行動調査の結果から避難しない人（5%）は犠牲になったとします。避難した人については、年齢階層別の避難開始時刻、避難手段、避難速度を条件とし、浸水域内から避難できなかった人を犠牲になったとします。

避難シミュレーションのケース設定を**表 12-4-3** に示しました。ケース 1 の人口分布は東日本大震災時と同じ地震と津波が発生した場合とします。ケース 2 は、大震災時よりも避難訓練を強化し、避難開始時刻を早くするケースです。津波避難行動調査の結果では、避難開始までの時間は平均 19.5 分後であったのに対し、毎年避難訓練に参加していると答えた人に限定すると平均 16.4 分後であったため、3 分早く避難を開始するとしました。ケース 3 は避難ビルを整備するケースです。避難ビルの配置は、内閣府の津波避難ビル等に係るガイドライン（2005 年）を参考にしました。ケース 4 は、避難訓練の強化と避難ビルの整備の両方を行うケースです。

図 12-4-3 にシミュレーション結果を示しました。ケース 1 の犠牲者の予測結果は 3,651 人となり、実績の犠牲者数（死者・行方不明者数）3,592 人と比較すると、十分な再現精度が得られました。避難訓練を強化するケース 2 の犠牲者数は 2,730 人となり、ケース 1 に対し 921 人、約 25% 減少し、日頃の避難訓練の効果が確認されました。浸水域に避難ビルを整備するケース 3 の犠牲

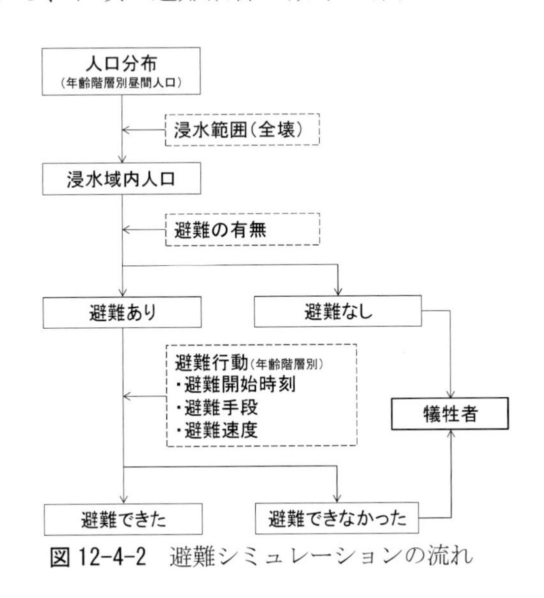

図 12-4-2　避難シミュレーションの流れ

表 12-4-3　避難シミュレーションのケース設定

ケース	設定条件
ケース 1	東日本大震災時の避難行動を再現
ケース 2	避難訓練の強化
ケース 3	避難ビルの整備
ケース 4	避難訓練の強化　＋　避難ビルの整備

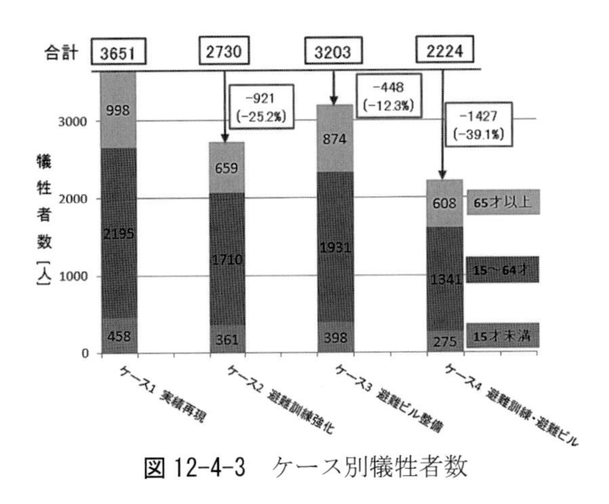

図 12-4-3　ケース別犠牲者数

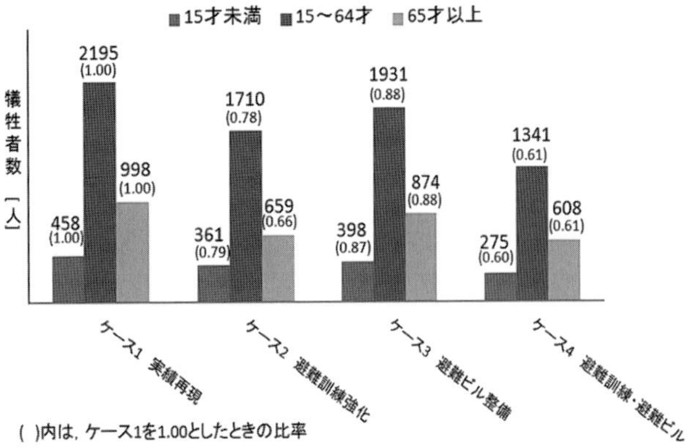

図 12-4-4　年齢階層別の犠牲者数

者数は3,203人となり、ケース1に対し448人、12.3%減少し、避難ビルの整備効果が確認されました。避難訓練の強化と避難ビルの整備を行うケース4の犠牲者は2,224人となりケース1に対し1,427人、39.1%減少するという結果となりました。

年齢階層別にみると（**図12-4-4**）、実績再現ケース1に対し、避難訓練を強化するケース2では、高齢者の犠牲者数が他の年齢階層よりも減少しており、高齢者に対する効果が大きいことが分かります。ケース3、ケース4については、各年齢階層で犠牲者が減少する結果となりました。

(2)コンパクトなまちづくりによる復興の効果

被災自治体の復興計画をみると、将来のまちづくりの方針として、居住地やその他の都市機能を、津波被害の可能性の高い海岸付近から高台へ移転するとしています。住宅の高台移転は、津波災害を小さくすることが期待できる一方で、震災前の居住地や従業地である海岸付近から離れた地区への移転となるため、通勤距離が長くなること、移転先の確保などいくつかの懸念があげられています。つまり、防災性の向上とともに、生活面での検討が必要です。

復興計画について防災性と生活面の両面から評価するとともに、コンパクトなまちづくりの効果（**表12-4-4**）を分析します。防災性については、犠牲者数、避難距離、浸水建物数、生活面については人口密度、通勤距離、交通によるエネルギー消費で評価します。対象地域には、岩手県南三陸町（志津川地区）を選びました。シミュレーションは、前節と同じ方法で行いました。

2012年3月の南三陸町の復興計画では、**図12-4-5**に示す土地利用構想が示されています。居住地を高台に移転し防災性を高め、海岸付近は商業・観光、業務機能を集積させるという計画です。居住地はコンパクトにまとまっていますが、通勤・通学や買物の利便性はどうなるでしょうか。東日本大震災時と復興計画による人口分布を算出し**図12-4-6**に示しました。大震災の発生した金曜日の午後3時頃（ケース1）、復興計画の土地利用が実現した場合（ケース2）にも、海岸付近に人口が分布しています。ケース2に加え、海岸沿いの中心部の犠牲者を減らすため中心部を22haかさ上げしたケース3を設定しました。さらに、通勤・通学、買物の利便性を高めるため防災性の高まった中心部に高台から人口を戻すケース4を設定しました。

シミュレーションの結果（**表12-4-5**）、ケース2の復興計画により犠牲者数は減少しますが、生活面では平均避難高低差が大きくなり、通勤距離が長くなります。中心部をかさ上げすると（ケ

表12-4-4　復興計画の評価指標

分類	設定意図	評価指標
防災性	犠牲者が少ない	犠牲者数
	避難しやすい	平均避難距離、 平均避難高低差
	建物の被害が少ない	浸水建物数
生活面	人口分布	居住地の人口密度
	生活範囲が広すぎない	平均通勤距離 （自動車利用）
	環境負荷が小さい	交通エネルギー消費 （通勤・自動車利用）

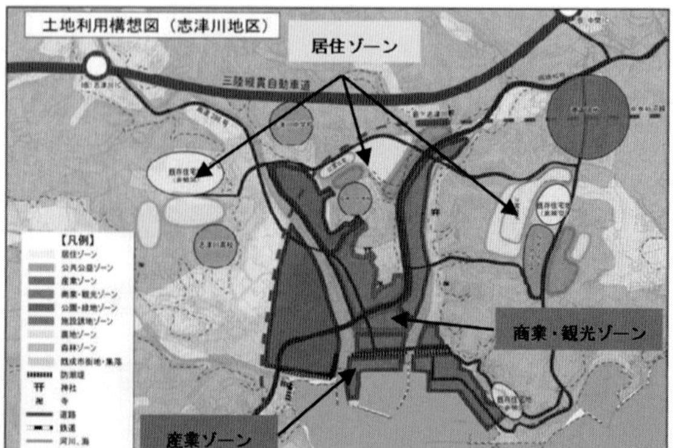

図12-4-5　南三陸町復興整備計画における土地利用構想

ース 3)、防災面では犠牲者数、平均避難距離、平均避難高低差、浸水建物件数が減少し大幅に改善されますが、生活面では改善は見られません。さらに、中心部に人項集約するコンパクトなまちにすると（ケース 4)、通勤距離、交通エネルギー消費が減少し、防災面、生活面とも改善します。これらケースは極端なケースですが、まちづくりを検討する重要な知見になります。また、コンパクトなまちにすると賑わいは生まれますが、ケース 4 の人口密度は都市部のニュータウン並みになっていますので検討が必要です。

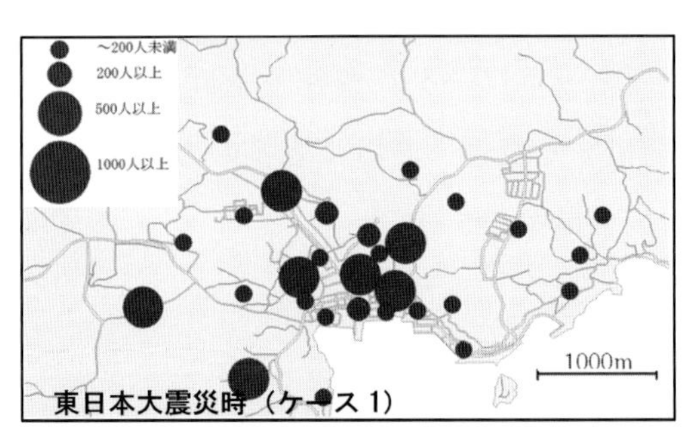

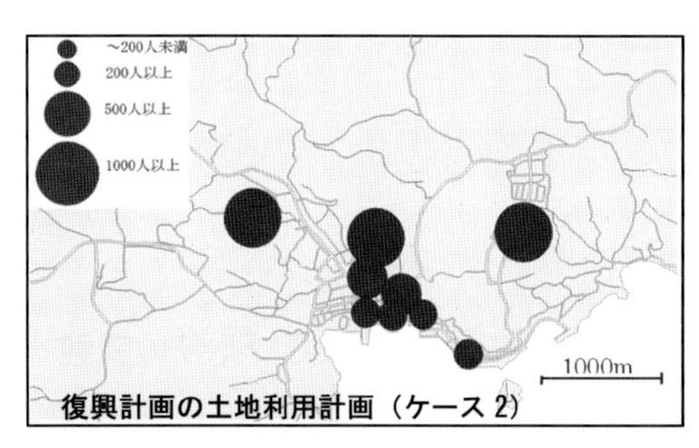

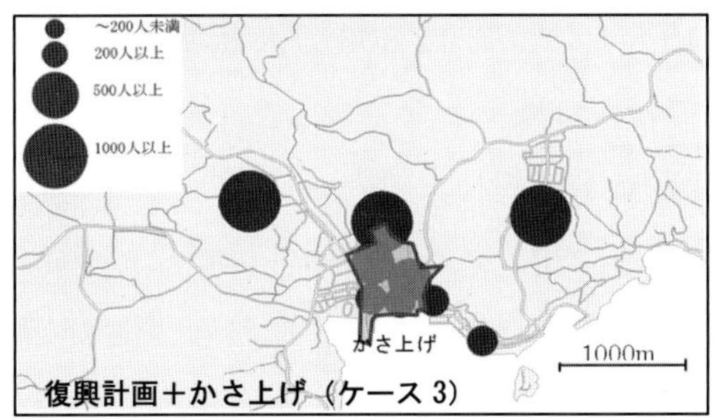

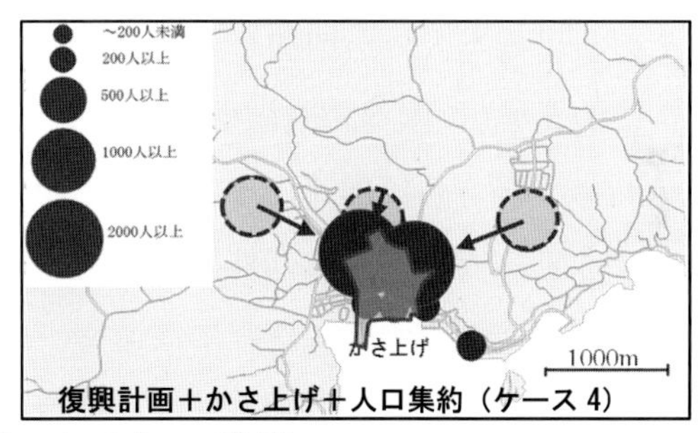

図 12-4-6　シミュレーションのケース設定

表 12-4-5　コンパクトなまちづくりによる評価結果（南三陸町志津川地区）

	ケース	ケース 1	ケース 2	ケース 3	ケース 4
	復興計画の土地利用	(大震災時)	○	○	○
	中心部のかさ上げ			○	○
	中心部へ人口集約				○
防災性	犠牲者数	186 人	88 人	9 人	9 人
	平均避難距離	1.44km	1.33km	0.50km	0.50km
	平均避難高低差	25.4m	30.0m	0m	0m
	浸水建物数	1,957 戸	283 戸	38 戸	38 戸
生活面	居住地の人口密度	15 人/ha	61 人/ha	61 人/ha	94 人/ha
	通勤距離（自動車）	15.0km	17.0km	17.0km	6.5km
	交通エネルギー消費（通勤・自動車利用）	5,233 kcal/人日	5,903 kcal/人日	5,903 kcal/人日	2,261 kcal/人日

津波災害に備えるためには、大規模な防災施設整備に加え、避難訓練や避難ビルなどきめ細やかな対策が有効です。防災施設整備や高台移転などの防災対策ばかりに偏ると安全性は向上しますが、生活が不便になる可能性があるため、コンパクトなまちづくりなど、防災を考慮した都市構造を検討する必要があります。

参考文献

森田哲夫・長谷川弘樹・塚田伸也・橋本隆・湯沢昭：避難行動データに基づく防災対策の効果分析－東日本大震災を対象として－，社会技術研究論文集，Vol.12，pp.51-60，2015

森田哲夫・細川良美・塚田伸也・湯沢昭・森本章倫：津波被害を考慮した地域構造に関する研究，社会技術研究論文集，Vol.11，pp.1-11，2014

第13章　コンパクトシティ·プラス·ネットワーク型都市構造を目指して

第1章から第12章を振り返ると、まちづくりには様々な視点があることが分かりました。鉄道やバスなどの公共交通の視点、子どもや高齢者の視点、歩行者や自転車の視点、中心市街地、観光地、山間部からの視点、風景や水・緑の視点、地球環境や防災の視点など、まちづくりで取り組むべき課題は、広く深いことを示してきました。これら課題に共通する考え方は、まちを「コンパクト」に変えていくこと、公共交通など交通の「ネットワーク」を作り上げることに集約できそうです。本書の総括として本章では、群馬から発信する交通・まちづくりの方向性として「コンパクトシティ・プラス・ネットワーク型都市構造」を提案します。

(1) 少子高齢社会におけるまちづくりの課題

我が国における第1回国勢調査は大正9年（1920年）であり、その時の人口は約5,596万人でした。その後は年々人口が増加し、平成22年（2010年）には約12,806万人となりましたが、平成27年（2015年）の国勢調査結果では歴史上初めての人口減少となりました（約12,711万人）。今後は人口減少がさらに加速することが予想されています。これまでの人口増加社会では、特に都市に集中する人々のために郊外型大規模住宅団地の建設や公共施設の郊外移転などが各地で発生し、それに対応するために新たに鉄道やバス路線が新設されました。すなわち、従来の交通計画は与えられた（あるいは計画された）都市計画の中で公共交通を提供するというものであり、需要追随型としての整備が行われてきた経緯があります。本格的な人口減少や高齢社会の到来、また中山間地域の過疎問題など都市計画だけでは対応できない状況になっております。さらには平成の大合併により、市町村の区域も拡大し一つの行政区域内に都市と過疎が共存するような事態も発生しています。

このような社会構造の変化に対応するため、多くの都市においてはコンパクトなまちづくりを目指しており、そのためには従来の都市計画と交通計画を同時かつ戦略的に展開することが求められています。このことを公共交通指向型都市開発（TOD：Transit Oriented Development）と言い、公共交通機関の整備に基盤を置き、自動車に依存しない地域を目指した都市計画です。具体的な都市構造が「コンパクトシティ・プラス・ネットワーク型」です。その背景には次のようなことが考えられます。

①人口減少：拡大から縮小へ方向転換して、都市構造を再構築する。

②少子高齢化：高齢社会においては自動車の利用が困難となる世帯が多くなるため、公共交通機関と徒歩で利用可能な施設は不可欠となり、利便性の高い地域に公共施設等を集中させる。

③経済的合理性：郊外化が進むと道路・上下水道の整備といった建設費用や維持管理するための費用も増大するため、都市施設の集中や縮小が必要となる。

④環境問題：人の移動を公共交通機関に転換して、自動車利用を減少させることにより地球温暖化問題などに対応する。

⑤防災上の取り組み：津波や土砂崩れなどの自然災害に対し、危険性が高い沿岸部・中山間部から、危険性が低い地域へ人々や施設を移動させる。

(2)「コンパクトシティ・プラス・ネットワーク型」の集約型都市構造

図 13-1 は、「コンパクトシティ・プラス・ネットワーク型」の集約型都市構造の例を示したものです。各々「多極ネットワーク型」「串と団子型」「あじさい型」と称しており、その地域の実情に合わせて公共交通整備と土地利用を想定しています。どのような都市構造を選択するかは、その都市の歴史や文化、さらには都市施設配置や公共交通の整備状況により異なりますが、いずれも公共交通軸を中心とした集約型の都市構造を目指していることは共通しています。すなわち人口減少・高齢化が進む中、特に地方都市においては、地域の活力を維持するとともに、医療・福祉・商業等の生活機能を確保し、高齢者が安心して暮らせるよう、地域公共交通と連携して、コンパクトなまちづくりを進めることを目指します。

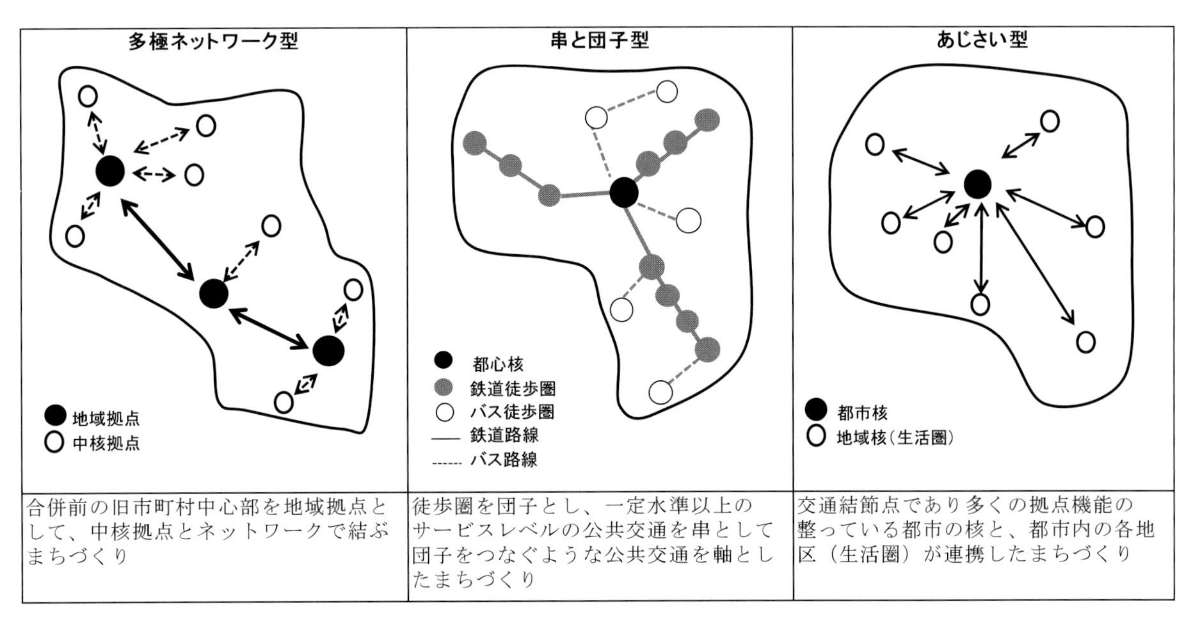

図 13-1　コンパクトシティ・プラス・ネットワーク型都市構造の概念

(3)「コンパクトシティ・プラス・ネットワーク型」を支える公共交通

一般的に地方都市における地域公共交通としては、鉄道と路線バスがその役割を担っていますが、近年では従来の路線バスの運行に加えて、コミュニティバスやデマンドバスなど多様な運行形態の公共交通が運用されています。**図 13-2** は、公共交通機関の輸送密度と利用者（特定、非特定）との関係を図示したものです。ここで定義した「不特定」とは何の条件もなしに利用可能な交通機関であり、「特定」とは利用者の条件により利用が可能な交通機関です。例えば鉄道や路線バスなどは誰でも自由に利用可能ですが、公共交通空白地有償運送や福祉有償運送などは、一定の条件の人しか利用できず（例えば高齢者や障害者など）、また利用するためには事前に登録をしておく必要があります。

表 13-1 は、道路運送法による交通機関の分類と群馬県内の事業者数を示したものです。旅客自動車運送事業とは、乗合バスとタクシーの運行に関する事業であり、一般乗合旅客運送事業は乗合バスや乗合タクシーが該当します。その内容は**表 13-2** に示す通りであり、路線定期運行、路線不定期運行及び区域運行があります。近年各地域で導入されているデマンドタクシー（またはデマンドバス）は区域運行に該当し、その具体的な運行形態は「**2－5**　群馬県内のデマンドバスの運行状況」で記述した通りです。一般乗用旅客運送事業はタクシー事業に該当し「**3－2**　高齢者や障害者の外出支援としてのグループタクシーの導入」で紹介したグループタクシーはこれに該当します。

我が国では自家用自動車による有償運送は原則として禁止されており、災害のため緊急を要するときを除いて、国土交通大臣の許可又は登録を受けなければなりません。しかし過疎化の進行による生活交通の後退、高齢化の進展による移動制約者に対する福祉輸送の需要が急増しています。一方で、バス・タクシー事業者においては、運転者不足や経営の悪化などから、十分な輸送サービスが提供できない状況となっています。このような場合は、地方公共団体の長から登録を受けた市町村や NPO 等が自家用車を使用して有償で運送できる制度が 「自家用有償旅客運送登録制度」であり、その運行形態には「市町村運営有償運送」「公共交通空白地有償運送」「福祉有償運送」があります。群馬県内の運行状況については「**3－1**　自家用有償運送による新たな展開」で紹介しました。

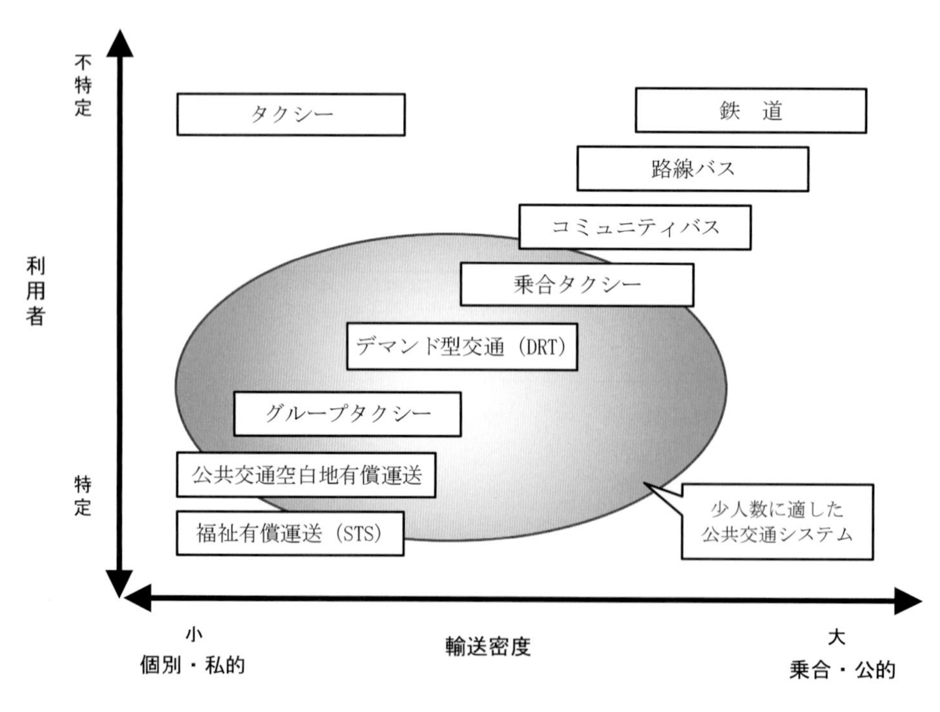

図 13-2　公共交通機関の特徴

表 13-1　道路運送法による交通機関の分類と群馬県内の事業者数

道路運送法による分類			事業者数
旅客自動車運送事業	一般乗合旅客自動車運送事業	路線定期運行	28事業者
		路線不定期運行	
		区域運行	
	一般貸切旅客自動車運送事業		91事業者
	一般乗用旅客自動車運送事業		66事業者
	特定旅客自動車運送事業		8事業者
自家用有償旅客運送	市町村運営有償運送	交通空白輸送	6市町村
		市町村福祉輸送	該当なし
	公共交通空白地有償運送		4事業者
	福祉有償運送		95事業者
例外許可	災害の場合その他緊急を要する時		

（注）事業者数は平成25年3月31日現在の群馬県内の実績値

表 13-2　一般乗合旅客自動車運送事業の定義

運行態様	定　義
路線定期運行	路線と時刻を定めて定期的に運行する形態 路線バス・コミュニティバス等
路線不定期運行	路線は定めるが時刻の設定が不定期な運行形態 空港型・観光型乗合タクシー等
区域運行	路線を定めず旅客の需要に応じて運送を行う運行形態 デマンドバス、デマンドタクシー等

(4) 群馬から発信「コンパクトシティ・プラス・ネットワーク型」

本格的な人口減少・高齢社会の到来に向けて「コンパクトシティ・プラス・ネットワーク型」の都市構造が各地で模索されています。国ではこのような地方の動きを支援する目的で、「地域公共交通の活性化及び再生に関する法律の一部を改正する法律（平成 26 年 11 月 20 日施行）」や「都市再生特別措置法の一部を改正する法律（平成 23 年 10 月 20 日施行）」により、立地適正化計画制度の導入を図りました。立地適正化計画制度とは、「コンパクトシティ・プラス・ネットワーク型」の都市構造を実現するための国の支援制度であり、その意義と役割は次の通りです。

①都市全体を見渡したマスタープラン：立地適正化計画は、居住機能や医療・福祉・商業、公共交通等の様々な都市機能の誘導により、都市全域を見渡したマスタープランとして位置づける。

②都市計画と公共交通の一体化：居住や都市の生活を支える機能の誘導によるコンパクトなまちづくりと地域交通の再編との連携によるまちづくりを進める。

③都市計画と民間施設誘導の融合：民間施設の整備に対する支援や立地を誘導する仕組みづくり、インフラ整備と土地利用規制など立地適正化計画との融合による新しいまちづくりが可能になる。

④市町村の主体性と都道府県の広域調整：都道府県は、立地適正化計画を作成している市町村の意見に配慮し、広域的な調整を図ることが期待される。

⑤市街地空洞化防止のための選択肢：居住や民間施設の立地を緩やかにコントロールでき、市街地空洞化防止のための新たな選択肢として活用することが可能となる。

図 13-3 は、前橋市における都市計画と地域公共交通の一体化を想定したものです。前橋市の場合は、鉄道の整備状況や都心核・地域核などのまちづくりの方針から判断して JR 両毛線や上毛電気鉄道沿線は「串と団子型」、前橋南部地区などは「多極ネットワーク型」の都市構造が適していると思われます。従って、JR 前橋駅を中心とした都心核と地域核の一つである大胡地区間には新たな交通システムとしての LRT の建設（**写真 13-1**）、また前橋南部地区の地域核とは BRT などの公共交通システムの導入、さらには上電の大胡駅や両毛線の駒形駅などの鉄道駅周辺には居住誘導区域の設定による住宅や公共施設等の誘導などが考えられます。また都心核には LRT や路線バスの端末交通としてコミュニティサイクルや超小型モビリティなどの導入を進めることにより、都心における回遊性や観光客の利便性の向上を図ることが可能となります。

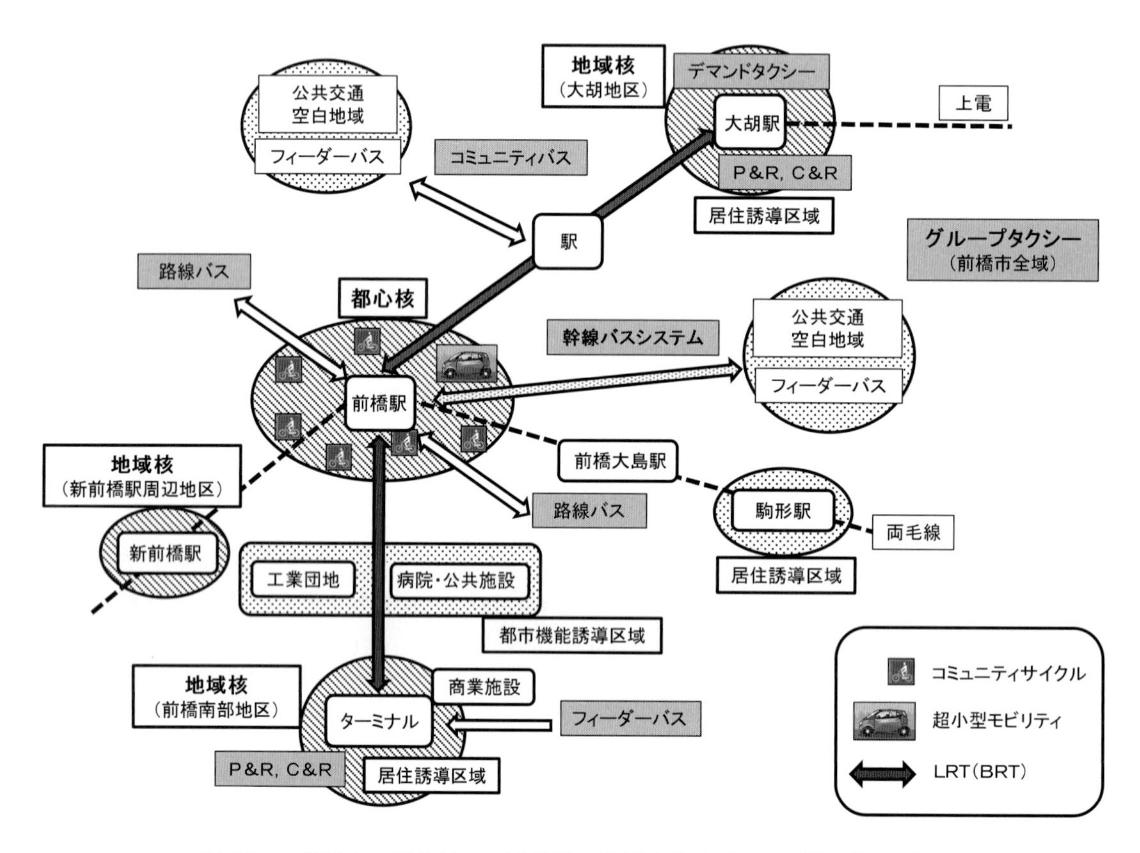

図 13-3　前橋市の都心核と地域核間の地域公共交通及び居住誘導区域

写真 13-1　LRT の例（富山ライトレール）

あ と が き

前橋工科大学は前橋市立の公立大学として平成9年4月に開学し、平成25年4月からは公立大学法人前橋工科大学として新たな出発を迎えました。その母体は、前橋市立工業短期大学であり創設は昭和28年4月まで遡ります。工学部社会環境工学科の地域・交通計画研究室は、湯沢昭教授が平成11年4月に赴任と同時に開設したものであり、定年を迎えた平成28年3月までの17年間に学部卒業生93名、博士前期課程修了生25名、博士後期課程修了生4名（本書著者の塚田伸也、橋本隆、目黒力、西尾敏和）を輩出しました。この間、本書で紹介したように、様々な教育研究活動を展開し、群馬のまちづくりを支援し、群馬からまちづくり提案を発信してきました。

平成28年4月からは森田哲夫教授が教育研究にあたっています。研究室名「地域・交通計画研究室」を引き継ぎ、湯沢名誉教授の教育研究基盤に新たなページを付け加えたいと考えています。研究テーマは、①定量的な予測・評価に基づく都市・交通計画に関する研究、②調査データを用いた生活・行動分析、③総合的な都市計画による環境評価に関する研究、④地域や市民参加による都市計画策定プロセスに関する研究、⑤計画史・計画者、歴史・文化から見た都市計画に関する研究を掲げています。今後も、研究室学生、研究室ゆかりの研究者と群馬のまちづくりに資する教育研究、まちづくり活動を進めていきます。

第7章に示したように、まちづくりに市民が関与するのは当然の時代になり、市民が自ら計画を提案したり、まちづくりに主体的に関わっていくことが重要です。まちづくり活動は楽しい作業です。皆さんも行政や市民団体などが募集しているまちづくりワークショップに参加し、まちづくりの提案をしてみてください。本書がそのきっかけになったとしたら、この上ない喜びです。読者の皆さんに、群馬の各地でお会いできることを楽しみにしています。

本書には数多くの調査データ・資料を使用しています。アンケート調査や社会実験にご協力いただきました皆さまに感謝申し上げます。

本書の刊行にあたり、「平成28年度前橋工科大学地域活性化研究事業（地域活性化課題）」の支援を受けました。この研究事業への課題提案にあたり、技研コンサル株式会社の協力を得ました。ここに記し謝意を表します。

平成29年3月　森田　哲夫

地域・交通計画研究室の卒業研究論文・修士論文・博士論文リスト

卒業年度	番号	氏　名	卒業研究論文題目
平成12年度（1回生）	1	阿部　浩之	前橋市におけるコミュニティバス導入計画ワークショップに関する研究
	2	神田　智史	都市構造と移動交通手段に関する要因分析
	3	鈴木　雅之	代替路線バス沿線住民の外出状況とＣＶＭによるバス評価
	4	橋本　康弘	イベント開催時に見る中心市街地活性化の評価と今後の課題
	5	藤井　俊男	老人福祉センターの利用者特性を考慮した施設の適性配置問題
	6	村上　幸雄	中心市街地活性化対策としてのＴＭＯの現状と前橋市の課題
	7	山下　知幸	自転車事故の実態を考慮した歩道整備と自転車利用促進のための課題
	8	桃崎　秀二	イベント開催時におけるパークアンドバスライドの実態と課題
	9	宮島　淳生	バリアフリー度における街路評価基準の検討
	10	金井　崇治	立川町通りのコミュニティ道路化に関する交通学的検討
平成13年度（2回生）	11	岩井　孝仁	上毛電鉄利用者におけるＣ＆Ｒ，Ｐ＆Ｒの実態と利用促進のための課題
	12	大塚　真一	バス路線沿線におけるバス利用者の現状とＣ＆ＢＲの導入可能性の検討
	13	福田　剛	コミュニティバス社会実験の評価と本運行実施への課題
	14	藤澤　洋平	行政職員の通勤交通実態と公共交通機関への転換可能性に関する検討
	15	笠原　圭介	地方都市における公立大学の役割と経済効果の計測
	16	堀越　恵一	中心市街地活性化のための前橋ＴＭＯ構想の現状と課題
	17	石澤　知子	利用者意識による住区基幹公園の評価に関する検討
平成14年度（3回生）	18	萩原　康夫	群馬県における家庭ゴミ処理の実態とゴミ減量対策の検討
	19	宮本　佳和	前橋市コミュニティバスの利用実態と中心市街地活性化のための課題
	20	河野　達典	前橋市へのバス路線フレッシュアップ事業適用に関する課題
	21	瀧上　幸治	中心市街地における迷惑駐輪の実態と利用者意識の分析
平成15年度（4回生）	22	小野塚　允	土地利用の変化からみる中心市街地の現状と活性化のための課題
	23	今野美輝子	中山間地域におけるデマンドバス導入可能性の検討
	24	畑　雄一郎	前橋市におけるゴミ集積所の現状把握と改善策の検討
	25	山口　章吾	前橋市コミュニティバスの利用者増加と中心市街地活性化のための課題
	26	大野　渉	個人の通勤実態を考慮したＰ＆ＢＲ導入可能性の検討
	27	横山　満	大室公園の再評価と公園利用に関する利用者意識の検討
平成16年度（5回生）	28	岩間　佳之	総合公園の利用者意識による評価構造の検討及び費用対効果の計測
	29	大島　明子	バリアフリーのための歩道橋の評価と改善策
	30	大場　隆弘	わたらせ渓谷鐵道の利用者特性と沿線住民意識
	31	久保　剛	住民の防犯意識と防犯対策に関する検討
	32	昆野　由理	日帰り温泉施設の利用実態と今後の課題
	33	嶋崎　裕也	大館能代空港の整備効果と評価に関する一考察
	34	渡邉　晴彦	デイサービス利用者におけるタウンモビリティ利用可能性に関する検討
平成17年度（6回生）	35	赤松　真以	公営駐車場の料金値下げとイベント開催による中心市街地活性化の検討
	36	伊戸川絵美	住民意識による防災意識の現状と評価
	37	戸澤　正和	ポテンシャルモデルを用いた地域構造の分析
	38	箱島孝太郎	人口低密度地区におけるデマンドバス導入可能性の検討
	39	藤田　裕也	都市計画道路整備優先順位決定のための評価フローの作成
平成18年度（7回生）	40	川原　徹也	群馬県における大規模小売店舗立地の状況と商業形態の変容に関する検討
	41	久保田裕一	地方都市における集合住宅の立地動向と都心回帰促進に関する検討
	42	樋口　正志	安全・安心まちづくりにおける地域コミュニティの役割に関する検討
	43	深澤　夏美	前橋市中心市街地における回遊行動の変化と活性化のための商業者意識構造分析
	44	本柳　康弘	道交法改正による前橋市中心市街地における駐車行動の変化
平成19年度（8回生）	45	池田　峰志	中山間地域における公共交通のあり方に関する一考察
	46	伊藤　拓也	前橋市におけるフルデマンドバスの現状と評価
	47	大下　敦毅	富岡市における歴史的建造物を活用したまちづくりの検討
	48	白井健太郎	前橋駅北口広場におけるバリアフリーに基づく整備計画の検討
	49	福田　順一	複合型大規模商業施設と中心市街地商店街における消費行動と消費者意識の分析
平成20年度（9回生）	50	草谷　昂嗣	公共施設の立地による効果と歩行者回遊行動への影響
	51	小松　渉	SWOT分析による観光地の現状と課題　－群馬県安中市を事例として－
	52	田中　千晴	郊外型住宅団地居住者の定住･転居意向に関する研究
	53	西澤　友貴	中山間地域におけるソーシャル･キャピタル醸成による地域力向上の検討
	54	舩田　裕子	東吾妻町におけるバス交通の再編に関する検討
	55	山崎　哲治	群馬県における事業所の動向と特性
	56	黒澤　和樹	藤岡市におけるデマンドバス運行に関する調査検討
平成21年度（10回生）	57	黒澤　勇希	区画整理事業による新旧住民の地域コミュニティ再生に関する検討
	58	鈴木　政也	中心市街地の空き店舗・空き住宅の現状と対策
	59	竹本　直哉	バス交通現状調査によるバス交通再編の検討-群馬県沼田市を事例として-
	60	二ノ宮淳充	土砂災害に対する四万温泉の防災対策の検討
	61	原　さゆり	都市型マンションの立地動向と都心回帰促進に関する有効性の検討
	62	村山　敬之	通勤時のパーク＆ライド利用促進に関する検討

平成22年度 (11回生)	63	井坂　真之	群馬県における福祉有償運送の実態と利用者の将来予測
	64	太田　良子	市民農園の開設実態と効果に関する検討
	65	松永　賢治	まちなか博物館設置による中心市街地への影響
平成23年度 (12回生)	66	柴野　翔太	富岡市における乗合タクシーの利用実態と再編
	67	高橋　宏幸	買い物困難者を対象とした交通支援に関する検討-前橋市を事例として-
	68	古井　洋輝	歴史的資産を活用したまちづくりに関する検討-天狗岩用水を事例として-
	69	宮崎　立樹	自家用有償旅客運送の利用実態と課題
	70	山本　祐之	道の駅の地域連携機能としての農産物直売所の現状と課題
平成24年度 (13回生)	71	蟻川　渉	JR上越線新駅設置のための需要予測-群馬県吉岡町を事例として-
	72	井鍋　佳奈子	吉岡町における公共交通の利用実態と対策案の検討
	73	大鹿　拓寛	買い物困難者対策としての交通支援策の検討
	74	小河原　志織	甘楽町における乗合タクシーの利用実態とデマンドバス導入可能性の検討
	75	鈴木　光衛	群馬県におけるグリーン・ツーリズムの現状と課題
	76	堂本　明寛	前橋市における有価物回収事業の現状と課題
	77	名渕　弘人	中心市街地活性化対策としての学生を対象としたシェアハウスの検討
平成25年度 (14回生)	78	石井　麻貴	富岡製糸場の観光客による評価と課題について
	79	市川　志乃	高齢者・障害者の外出特性と外出支援に関する検討
	80	内田　倫彦	富岡製糸場を核とした富岡市中心部のまちづくりに関する検討
	81	松本　恵輔	群馬県における福祉有償運送事業の実態と利用者評価
	82	間宮　崇弘	自主防災組織と住民の防災対策における現状と課題
	83	山口　圭	北関東自動車道の開通による地域産業への影響
平成26年度 (15回生)	84	浅川　勝太郎	自転車専用道の設置と歩者分離式信号導入による自動車交通流への影響
	85	小林　礼雄	前橋市における開発許可条例(都市計画法34条11号)の運用状況と課題
	86	平間　赳尋	不審者情報の地域特性と防犯対策の検討
	87	藤井　諒	鉄道端末交通としてのコミュニティサイクル導入の提案
	88	松本　一希	小規模離島における地域コミュニティの現状と課題 -岡山県笠岡市六島を事例として-
平成27年度 (16回生)	89	英木　沙也香	前橋中心市街地における歩行者交通量の推移と諸指標との関係
	90	遠藤　祐	前橋市におけるグループタクシー導入の検討
	91	多田　陽介	前橋市の郊外型住宅団地における空き家の実態と対策に関する調査研究
	92	牧野　康宏	上毛電気鉄道の利用促進のための対策に関する検討
	93	村岡　優	前橋市におけるＬＲＴ導入可能性の検討

修了年度	番号	氏　名	修　士　学　位　論　文　題　目
平成14年度	1	阿部　浩之	まちづくり施策のプロセスにおける住民参加に関する研究
	2	塚田　伸也	公園の利用特性・施設管理に関する総合的研究
平成15年度	3	根岸　幸夫	家庭ゴミ減量対策とゴミ集積所の利用実態に関する研究
	4	宮下　忠仁	水道水の評価と高度浄水処理のための費用便益分析
平成16年度	5	宮本　佳和	中心市街地の土地利用の変化と公共交通機関の評価に関する研究
平成17年度	6	大野　　渉	地方都市におけるバス交通の評価と利用促進施策に関する研究
	7	橋本　　隆	人口減少社会におけるｺﾝﾊﾟｸﾄｼﾃｨの重要性と市町村合併後の都市計画区域に関する研究
平成18年度	8	岩間　佳之	地方都市の都市公園の評価と指定管理者制度に関する研究
	9	三分一　淳	オープンガーデン事業における実施者の意識構造の変容に関する研究
	10	西尾　敏和	近代化産業遺産としての旧富岡製糸場の評価に関する研究
	11	林　　光伸	地方都市におけるデマンドバスの導入実態と課題に関する研究
	12	前田　裕一	防犯自己判断システムによる防犯まちづくりに関する研究
平成19年度	13	伊戸川絵美	ソーシャル・キャピタルによる地域力再生に関する研究
平成20年度	14	川原　徹也	大規模複合型商業施設の立地に伴う消費者意識の変化と消費行動に関する研究
平成21年度	15	祝　　新宇	日本における人口移動の構造分析に関する研究
平成22年度	16	田中　千晴	前橋市における都市部と郊外間の住み替え意向と住宅政策に関する研究
	17	西澤　友貴	中山間地域における市町村乗合バスの運行評価に関する研究
平成23年度	18	黒澤　勇希	住民参加型のまちづくりにおけるソーシャル・キャピタルの役割に関する研究
平成25年度	19	山本　祐之	「道の駅」の地域振興機能に関する研究
平成26年度	20	大鹿　拓寛	移動制約者のためのタクシーの活用に関する研究
	21	加藤　明裕	群馬県におけるデマンドバスの運行実態と評価に関する研究
	22	程　宇明	行政職員を対象としたモビリティ・マネジメント導入に関する研究
	23	ファン　バン　トアン	前橋市におけるコンパクトシティのためのLRT導入に関する研究
平成27年度	24	内田　倫彦	防災公園を核とした防災ネットワーク形成に関する研究
	25	高橋　秀平	群馬県みなかみ町における観光客の評価と経済効果に関する研究

修了年度	番号	氏　名	博　士　学　位　論　文　題　目
平成20年度	1	塚田　伸也	都市公園における利用と管理の評価構造に関する研究
平成25年度	2	橋本　隆	市町村合併による都市計画区域再編に関する研究
平成27年度	3	目黒　力	地方都市における地域公共交通の実態と外出支援に関する研究
	4	西尾　敏和	富岡製糸場の歴史的変遷と観光まちづくりに関する研究

地域・交通計画研究室の学術研究論文リスト（平成28年3月まで）

番号	著 者 名	論 文 題 目	掲 載 誌	巻号・頁・年
1	須田・湯沢	波浪予測に基づく外海シバースの待ち行列に関する基礎的研究	土木学会論文報告集（土木学会）	No. 339, pp. 177-185, 1983
2	須田・湯沢	外洋波浪の影響を受ける港湾工事の工程管理と波浪予測	土木計画学研究・論文集	No. 1, pp. 235-242, 1984
3	須田・湯沢	メッシュ式工程管理モデルによる港湾工事の工程管理	土木学会論文集（土木学会）	No. 359, pp. 71-80, 1985
4	須田・湯沢	地方都市の港湾再開発地区の分類手法	土木計画学研究・論文集（土木学会）	No. 3, pp. 121-128, 1986
5	須田・湯沢・長沢	生活環境施設整備の総合的評価手法の開発	土木計画学研究・論文集（土木学会）	No. 377, pp. 97-105, 1987
6	湯沢・須田	ヒューリスティック・アプローチによる建設機械投入台数の決定	土木計画学研究・論文集（土木学会）	No. 389, pp. 103-110, 1988
7	湯沢・須田	地震による港湾機能の経済被害予測	土木計画学研究・論文集（土木学会）	No. 401, pp. 79-88, 1989
8	松本・湯沢・須田	地域開発による社会構造の変容に関する研究	都市計画論文集（日本都市計画学会）	No. 24, pp. 109-114, 1989
9	湯沢・須田・高田	コンジョイント分析の交通機関選択モデルへの適用に関する諸問題	土木学会論文集（土木学会）	No. 419, pp. 51-60, 1990
10	湯沢・須田・高田・境	意識データと行動データとの比較検討及びプロミネンス仮説の妥当性について	都市計画論文集（日本都市計画学会）	No. 25, pp. 571-576, 1990
11	湯沢・須田	コンジョイント分析の適用性に関する実証的研究	土木計画学研究・論文集（土木学会）	No. 8, pp. 257-264, 1990
12	湯沢・須田・平田・長尾	空間的干渉を考慮した最適スケジューリングネットワーク作成方法の開発	土木学会論文集（土木学会）	No. 425, pp. 135-144, 1991
13	伊藤・湯沢・須田	企業立地に着目した交通施設の経済効果の計測	都市計画論文集（日本都市計画学会）	No. 26, pp. 499-504, 1991
14	湯沢・須田	東北地方における国際航空旅客の構造分析と航空需要予測	都市計画論文集（日本都市計画学会）	No. 27, pp. 289-294, 1992
15	湯沢・須田・西川	不確実性を考慮した都心部商業地区の回遊行動のモデル化	土木学会論文集（土木学会）	No. 458, pp. 73-80, 1993
16	日高・湯沢・須田	ニューラルネットワークによる資源配分を考慮したスケジューリング問題の解法	土木学会論文集（土木学会）	No. 458, pp. 101-109, 1993
17	田北・湯沢・須田	企業における業務交通と通信の代替性を考慮した情報メディア選択モデルの開発	都市計画論文集（日本都市計画学会）	No. 28, pp. 403-408, 1993
18	湯沢・須田	過疎地域における社会的人口動態の構造分析	都市計画論文集（日本都市計画学会）	No. 28, pp. 649-654, 1993
19	湯沢・花安・折田	斜面安定工事における工法選定のための意思決定プロセスの構造化	建設ﾏﾈｼﾞﾒﾝﾄ研究論文集（土木学会）	No. 1, 1-10, 1993
20	酒井・湯沢	カマキリの卵ノウによる最大積雪深予測の可能性	日本雪工学会誌（日本雪工学会）	Vol. 10, No. 1, pp. 2-10, 1994
21	湯沢・須田	コンジョイント分析におけるプロファイルの設定方法とその課題	土木学会論文集（土木学会）	No. 518, pp. 121-134, 1995
22	田北・湯沢・須田	ニューメディアと交通の代替性を考慮した社内および社外間情報メディア選択モデル	土木計画学研究・論文集（土木学会）	No. 12, pp. 93-99, 1995
23	折田・加藤・湯沢	DEMATEL法による定期市問題の構造化に関する研究	都市計画論文集（日本都市計画学会）	No. 30, pp. 505-510, 1995
24	湯沢・須田	冬季観光交通による交通渋滞対策としてのP&BRの適用可能性	土木計画学研究・論文集（土木学会）	No. 13, pp. 949-955, 1996
25	酒井・湯沢	地理的特性を考慮した最大積雪深予測の実際	土木学会論文集（土木学会）	No. 551, pp. 1-10, 1996
26	湯沢	スキー客による交通渋滞対策としての交通需要マネジメントの適用	日本雪工学会誌（日本雪工学会）	Vol. 13, No. 1, pp. 20-30, 1997
27	Orita・Yuzawa	Studies on the Influence of accumulated snow affecting route choice behavior	Snow Engineering（世界雪工学会）	1997
28	湯沢・渡辺・須田	パワーセンター開業による消費行動の分析と商業地選択モデルの作成	土木計画学研究・論文集（土木学会）	No. 14, pp. 297-304, 1997
29	湯沢・北村・青山	積雪寒冷地における高齢者のための生きがい対策と施設整備の課題	日本雪工学会誌（日本雪工学会）	Vol. 14, No. 1, pp. 26-35, 1998
30	湯沢・折田・須田	NPOによる地域活性化の可能性と課題	土木計画学研究・論文集（土木学会）	No. 15, pp. 259-266, 1998
31	湯沢	スキーリゾート地域におけるリゾートマンションの利用実態と活用方法	日本雪工学会誌（日本雪工学会）	Vol. 15, No. 1, pp. 25-34, 1999
32	北村・湯沢	中山間豪雪地域における緊急時を考慮した道路整備優先順位の評価方法	日本雪工学会誌（日本雪工学会）	Vol. 15, No. 3, pp. 211-221, 1999
33	湯沢	中山間地域における新規鉄道開業による地域計画的課題	都市計画論文集（日本都市計画学会）	No. 34, pp. 67-72, 1999
34	北村・湯沢・深澤	新潟県東頸城地域（豪雪地帯）をモデルとしたバス輸送確保に関する検討	日本雪工学会誌（日本雪工学会）	Vol. 17, No. 1, pp. 3-18, 2001
35	熊野・亀野・湯沢	ポケットパークの活用と管理における自治体の動向と評価	ランドスケープ研究（日本造園学会）	Vol. 64, No. 5, pp. 675-678, 2001
36	阿部・湯沢	ワークショップにおける合意形成プロセスの評価	都市計画論文集（日本都市計画学会）	No. 36, pp. 55-60, 2001
37	湯沢・藤井	利用者特性を考慮した老人福祉センターの配置問題	都市計画論文集（日本都市計画学会）	No. 36, pp. 427-432, 2001

38	湯沢・桃崎	イベント開催時におけるP&BR利用者の滞在時間に関する一考察	交通工学研究発表会論文集（交通工学研究会）	No. 21, pp. 97-100, 2001
39	塚田・湯沢	住民意識から捉えた小公園の評価構造に関する検討	都市計画論文集（日本都市計画学会）	No. 37, pp. 907-912, 2002
40	湯沢・藤澤	行政職員の通勤実態と公共交通機関への転換可能性に関する検討	交通工学（交通工学研究会）	Vol. 38, No. 2, pp. 49-58, 2003
41	湯沢・宮本・阿部	前橋コミュニティバスの導入経緯と本格運用後の現状と課題	日本地域政策研究（日本地域政策学会）	Vol. 1, pp. 105-112, 2003
42	塚田・湯沢	小規模公園の管理実態とその評価に関する考察	ランドスケープ研究（日本造園学会）	Vol. 66, No. 5, pp. 719-722, 2003
43	根岸・湯沢	家庭ごみ削減に向けた消費者の現状意識と協力意識に関する検討	環境情報科学論文集（環境情報科学センター）	No. 17, pp. 283-288, 2003
44	湯沢・滝上	中心市街地における迷惑駐輪の現状と駐輪対策に関する検討	交通工学（交通工学研究会）	Vol. 38, No. 6, pp. 42-52, 2003
45	大野・湯沢	個人の通勤実態を考慮したP&BR導入可能性に関する研究	交通工学研究発表会論文集（交通工学研究会）	No. 24, pp. 269-272, 2004
46	塚田・湯沢	大公園における利用者の評価構造に関する検討	都市計画論文集（日本都市計画学会）	No. 39-3, pp. 193-198, 2004
47	宮本・湯沢	土地利用変化からみた中心市街地の将来予想と回遊行動の現状把握	都市計画論文集（日本都市計画学会）	No. 39-3, pp. 661-666, 2004
48	塚田・湯沢	市街地の成立要件から捉えたまちづくりの住民満足度と課題について	都市計画論文集（日本都市計画学会）	No. 40-3, pp. 763-768, 2005
49	橋本・湯沢	市町村合併後の都市計画区域の地域格差と住民意識に関する研究	都市計画論文集（日本都市計画学会）	No. 40-3, pp. 91-96, 2005
50	湯沢・星・塚田	公営日帰り温泉施設の利用実態と効果に関する一考察	都市計画論文集（日本都市計画学会）	No. 40-3, pp. 913-918, 2005
51	橋本・湯沢	高齢者の住民意識に基づくシルバーコンパクトシティの重要性に関する実証的研究	日本地域政策研究（日本地域政策学会）	No. 4, pp. 127-134, 2006
52	塚田・湯沢	前橋市の総合公園を事例とした地方都市における市街地大公園の利用的課題	ランドスケープ研究（日本造園学会）	Vol. 69, No. 5, pp. 597-600, 2006
53	大野・湯沢	価格感度測定法を用いたバス交通の評価に関する研究	土木計画学研究・論文集（土木学会）	No. 23, pp. 651-657, 2006
54	橋本・湯沢	市町村合併後の都市計画区域の地域格差と自治体意識に関する研究	都市計画論文集（日本都市計画学会）	No. 41-3, pp. 601-606, 2006
55	林・湯沢	デマンドバス導入のための需要予測と運行形態の評価に関する研究	都市計画論文集（日本都市計画学会）	No. 41-3, pp. 55-60, 2006
56	宮下・湯沢	河川表流水を利用する水道水のおいしさに係る指標開発に関する一考察	環境情報科学論文集（環境情報科学センター）	No. 20, pp. 297-302, 2006
57	橋本・湯沢	市町村合併後の都市計画区域の併存状況と規制誘導の重要度に関する実証的研究	日本地域政策研究（日本地域政策学会）	Vol. 5, pp. 153-160, 2007
58	三分一・湯沢・熊野	オープンガーデン実施者の開放性に関する意識構造の検討	ランドスケープ研究（日本造園学会）	Vol. 70, No. 5, pp. 391-396, 2007
59	橋本・湯沢	市町村合併後の都市計画区域の地域格差と財政負担に関する研究	都市計画論文集（日本都市計画学会）	No. 42-3, pp. 865-870, 2007
60	Tsukada・Yuzawa	A Study of the Development of City Parks in Japan since the 1970's	Journal of landscape Architecture in Asia（韓国造園学会）	Vol. 3, pp. 54-59, 2007
61	橋本・湯沢	景観法に基づく景観行政の制度設計に関する研究	日本地域政策研究（日本地域政策学会）	Vol. 6, pp. 305-312, 2008
62	伊戸川・湯沢	ソーシャル・キャピタルによる安全・安心まちづくりのための自己診断評価モデルの構築	都市計画論文集（日本都市計画学会）	No. 43-1, pp. 22-27, 2008
63	塚田・湯沢	都市公園における指定管理者の選考基準の現状と評価構造の分析	日本建築学会計画系論文集（日本建築学会）	Vol. 73, No. 631, pp. 1923-1928, 2008
64	川原・湯沢	複合型商業施設の立地による中心商店街への影響に関する検討	都市計画論文集（日本都市計画学会）	No. 43-3, pp. 427-432, 2008
65	塚田・森田・湯沢	利用と空間構成の移り変わりから捉えた敷島公園計画案の評価に関する基礎的考察	ランドスケープ研究（日本造園学会）	Vol. 72, No. 5, pp. 849-854, 2009
66	塚田・湯沢・森田	都市計画道路の再評価の現状と評価の検討 - 群馬県前橋市を事例として -	都市計画論文集（日本都市計画学会）	No. 44-3, pp. 241-246, 2009
67	三分一・湯沢	自宅の庭の維持管理と開放・閉鎖する意識の差異に関する検討（英文）	日本建築学会計画系論文集（日本建築学会）	Vol. 75, No647, pp129-138, 2010
68	田中・湯沢	ライフステージの異なる世帯属性の変化と生活環境評価を考慮した郊外型住宅団地居住者の定住・転居意向に関する検討 - 前橋市を事例として -	都市計画学会論文集（日本都市計画学会）	No. 45-1, pp. 79-86, 2010
69	森田・塚田・湯沢	観光地の都市計画道路見直し検討への交通マイクロシミュレーションの適用	交通工学研究発表会論文集（交通工学研究会）	No. 30, CD-ROM, 2010
70	田中・湯沢	地方都市における世帯のライフステージによる都心と郊外間の住み替え意向に関する検討 - 前橋市を事例として -	都市計画論文集（日本都市計画学会）	No. 45-3, pp. 259-264, 2010
71	塚田・森田・湯沢	地方都市における煉瓦蔵の活用から捉えた評価に関する検討 - 群馬県前橋市における酒造煉瓦蔵を事例として -	日本建築学会計画系論文集（日本建築学会）	Vol. 76, No. 659, pp. 83-90, 2011
72	塚田・湯沢・松井・桜沢	群馬県前橋市中心市街地における広瀬川河畔緑地の再整備の評価について	造園技術報告集（日本造園学会）	Vol. 74, No. 6, pp. 18-21, 2011
73	目黒・湯沢	財政負担に考慮した市町村乗合バスの段階的運行方式の評価に関する検討	都市計画論文集（日本都市計画学会）	Vol. 46, No. 1, pp. 77-87, 2011

74	塚田・森田・湯沢	委員会の発言から捉えた歩行者の交通空間整備における検討	交通工学研究発表会論文集（交通工学研究会）	No. 95, CD-ROM, 2011
75	湯沢	地域力向上のためのソーシャル・キャピタルの役割に関する一考察	日本建築学会計画系論文集（日本建築学会）	Vol. 76, No. 666, pp. 1423-1432, 2011
76	湯沢	市民農園の利用者特性と効果に関する一考察	日本建築学会計画系論文集（日本建築学会）	Vol. 77, No. 675, pp. 1095-1102, 2012. 5
77	Hashimoto・Yuzawa・Morita・Tsukada	Changes in the Residents' Consciousness due to Environmental Improvements After Consolidation of Municipalities	International Journal of GEOMATE	Vol. 2, No. 2(SI. No. 4), pp. 235-240, 2012. 6
78	Tsukada・Morita・Yuzawa	Inquiry of the Parks in the Characteeristics and Use of Park throouth Urban Revival Planning Projects in Maebashi City	International Journal of GEOMATE	Vol. 3, No. 1(SI. No. 5), pp. 285-289, 2012. 9
79	塚田・森田・湯沢	子どもの通学に対する保護者の犯罪不安感と取り組みに関する検討	交通工学研究発表会論文集（交通工学研究会）	No. 32, pp. 337-342, 2012. 9
80	塚田・森田・湯沢・橋本	近代詩人萩原朔太郎の撮影した写真が捉えた風景要素に関する検討	ランドスケープ研究（日本造園学会）	No. 5, pp. 89-94, 2012. 10
81	Nishio・Tsukada・Morita・Yuzawa	A Study on the Supply of Construction Materials and Fuel for Tomioka Silk Mill	Journal of landscape Architecture in Asia（韓国造園学会）	Vol. 13, pp. 90-95, 2012. 10
82	山本・湯沢	道の駅のおける地域振興機能としての農産物直売所の現状と効果に関する一考察	都市計画論文集（日本都市計画学会）	Vol. 47, No. 3, pp. 985-990, 2012. 10
83	橋本・湯沢・森田・塚田	市町村合併の観点から捉えた計画系研究の変遷と展望	日本建築学会計画系論文集（日本建築学会）	Vol. 78, No. 685, pp. 653-662, 2013. 4
84	塚田・森田・橋本・湯沢	地方都市の河川緑地における風景の評価に関する一考察	日本建築学会計画系論文集（日本建築学会）	Vol. 78, No. 686, pp. 875-882, 2013. 4
85	塚田・森田・橋本・湯沢	群馬県中学校の校歌を事例としたテキスト分析により導かれる山岳の景観言語の検討	ランドスケープ研究（日本造園学会）	Vol. 76, No. 5, pp. 727-730, 2013. 5
86	湯沢	家庭ごみの減量対策としての有価物集団回収の実態と課題-群馬県前橋市を事例として-	日本建築学会計画系論文集（日本建築学会）	Vol. 78 No. 693, pp. 2329-2337, 2013. 11
87	森田・細川・塚田・湯沢・森本	津波被害を考慮した地域構造に関する研究	社会技術研究論文集(社会技術研究会)	Vol. 11, pp. 1-11, 2014. 4
88	森田・塚田・今野・湯沢	群馬県におけるLED道路照明実証実験と道路利用者による評価	交通工学研究発表会論文集(交通工学研究会)	No. 34, pp. 163-168, 2014. 8
89	塚田・湯沢・森田	吉岡町を事例とした公共交通の整備方向に関する検討	交通工学研究発表会論文集(交通工学研究会)	No. 34, pp. 437-444, 2014. 8
90	塚田・森田・橋本・湯沢	前橋市を流れる天狗岩用水の認知と環境価値の評価に関する検討	ランドスケープ研究(日本造園学会)	Vol. 7, pp. 141-147, 2014. 9
91	塚田・湯沢・森田	中山間地域に位置する温泉観光施設の防災意識に関する検討	都市計画論文集(日本都市計画学会)	Vol. 49, No. 3, pp. 765-770, 2014. 10
92	西尾・塚田・森田・湯沢	富岡製糸場の産業遺産的価値と観光まちづくりに関する検討	日本建築学会計画系論文集（日本建築学会）	Vol. 79, No. 705, pp. 2507-2516, 2014. 11
93	塚田・森田・西尾・湯沢	自由記述データに着目した限界自治体における生活質評価に関する分析 - 群馬県南牧村を対象として -	日本建築学会計画系論文集（日本建築学会）	Vol. 80, No. 708, pp. 361-368, 2015. 2
94	Meguro・Yuzawa	Examination about the Possibility of the Introducution of the Group Taxi for the Purpose of the Outing Support of the Elderly and Disabled Persons	日本地域政策研究(日本地域政策学会)	No. 14, pp. 82-89, 2015. 3
95	塚田・牛田・森田・湯沢	前橋市の子ども向けイベントを事例としたミュージックシステムの開発および活用における課題の検討	ランドスケープ研究(日本造園学会)	Vol. 78, No. 8, pp. 154-157, 2015. 5
96	塚田・湯沢・森田・西尾	農村体験型施設たくみの里を事例とした魅力評価	ランドスケープ研究(日本造園学会)	Vol. 78, No. 5, pp. 723-726, 2015. 5
97	森田・長谷川・塚田・橋本・湯沢	避難行動データに基づく防災対策の効果分析 - 東日本大震災被災地の石巻市を対象として-	社会技術研究論文集(社会技術研究会)	Vol. 12, pp. 51-60, 2015. 4
98	目黒・湯沢	高齢者・障害者のための外出支援の現状と対策	日本建築学会計画系論文集（日本建築学会）	Vol. 80, No. 714, pp. 1843-1852, 2015. 8
99	塚田・牛田・森田・湯沢	M[you]sicシステムの稼動と歩行者空間の評価	交通工学研究発表会論文集(交通工学研究会)	No. 35, pp. 481-485, 2015. 9
100	西尾・塚田・森田・湯沢	富岡製糸場の生糸生産量の推移に関する一考察 -片倉工業の原料繭購入と生糸生産のデータを活用して-	日本地域政策研究(日本地域政策学会)	No. 15, pp. 98-103, 2015. 9
101	森田・塚田・湯沢	住民とドライバーからみたLED道路照明の評価 -群馬県における実証実験から-	交通工学（交通工学研究会)	Vo. 50, No. 4, pp. 42-47, 2015. 10
102	塚田・森田・湯沢	生活質の満足度を背景とした用水の評価とまちづくりの考察　－前橋市総社地区－	土木学会論文集G（環境）(土木学会)	Vol. 71, No. 6, pp. 279-286, 2015. 10
103	内田・湯沢・塚田	表明選好法による都市基幹公園の防災機能の便益評価に関する検討	都市計画論文集（日本都市計画学会)	Vol. 50, No. 3, pp. 409-415, 2015. 10
104	西尾・湯沢・塚田・森田	世界遺産としての富岡製糸場周辺地区の景観まちづくりに関する考察	日本建築学会計画系論文集（日本建築学会）	Vol. 80, No. 717, pp. 2597-2605, 2015. 11
105	Morita. Tsukada. Yuzawa	Analysis of evacuation behaviors in different areas before and after the Great East Japan Earthquake	International Journal of GEOMATE	Vol5(1), pp. 657-661, 2015. 11
106	Tsukada. Morita. Yuzawa	Study on assessing the value of the Tenguiwa Irrigation Canal	International Journal of GEOMATE	Vol5(1), pp. 678-671, 2015. 11
107	目黒・湯沢	地域理学療法における福祉有償運送の活用とその課題	理学療法科学（理学療法科学学会)	Vol. 31, No. 1, pp. 131-135, 2016. 2
108	目黒・湯沢	デマンド型交通の運行形態と導入の課題検討　-群馬県を事例として-	日本地域政策研究(日本地域政策学会)	No. 16, pp. 82-89, 2016. 3

著者略歴

〈編著者〉

湯沢　昭（ゆざわ　あきら）　前橋工科大学名誉教授　工学博士、技術士（建設部門）

専門分野：地域・都市計画

略歴：福島工業高等専門学校土木工学科卒業（1971 年 3 月）
株式会社横河橋梁製作所（1971 年 4 月～1974 年 3 月）
東北大学工学部助手・講師（1974 年 4 月～1992 年 3 月）
長岡工業高等専門学校助教授・教授（1992 年 4 月～1999 年 3 月）
前橋工科大学工学部教授（1999 年 4 月～2016 年 3 月）
前橋工科大学名誉教授（2016 年 4 月～）

森田　哲夫（もりた　てつお）　前橋工科大学工学部社会環境工学科教授、博士（工学）

専門分野：都市計画、交通計画

略歴：早稲田大学理工学部土木工学科卒業（1989 年 3 月）
早稲田大学大学院理工学研究科修士課程修了（1991 年 3 月）
財団法人計量計画研究所（1991 年 4 月～2006 年 3 月）
群馬工業高等専門学校助教授・教授（2006 年 4 月～2013 年 3 月）
東北工業大学工学部教授（2013 年 4 月～2016 年 3 月）
前橋工科大学工学部教授（2016 年 4 月～）

〈著者（50 音順）〉

塚田　伸也（つかだ　しんや）　前橋市建設部公園緑地課係長、博士（工学）、技術士（建設部門）

専門分野：公園計画、緑地計画

略歴：日本大学生産工学部土木工学科卒業（1992 年 3 月）
前橋工科大学大学院工学研究科修士課程修了（2003 年 3 月）
前橋市公園緑地部公園緑地課（1992 年 4 月～2003 年 3 月）
前橋市都市計画部都市計画課（2003 年 4 月～2009 年 3 月）
前橋市都市計画部まちづくり課（2009 年 4 月～2013 年 3 月）
前橋市建設部公園緑地課（2013 年 4 月～）

西尾　敏和（にしお　としかず）　群馬県立高崎工業高等学校教諭、博士（工学）

専門分野：土木史、建築史

略歴：近畿大学理工学部土木工学科卒業（1999 年年 3 月）
前橋工科大学大学院工学研究科修士課程修了（2007 年 3 月）
前橋工科大学大学院工学研究科博士後期課程修了（2016 年 3 月）
群馬県立大泉高等学校教諭（1999 年 4 月～2002 年 3 月）
群馬県立藤岡北高等学校教諭（2002 年 4 月～2008 年 3 月）
群馬県立高崎工業高等学校教諭（2008 年 4 月～）

橋本　隆（はしもと　たかし）　伊勢崎市企画部企画調整課街づくり推進係長、博士（工学）、技術士（建設部門）
専門分野：都市計画、景観計画
略歴：秋田大学鉱山学部土木工学科卒業（1994年3月）
前橋工科大学大学院工学研究科修士課程修了（2006年3月）
前橋工科大学大学院工学研究科博士後期課程修了（2014年3月）
不動建設株式会社（1994年4月～2003年3月）
伊勢崎市都市計画部都市計画課（2003年4月～2011年3月）
群馬県県土整備部都市計画課（2011年4月～2012年3月）
伊勢崎市企画部企画調整課（2012年4月～）

目黒　力（めぐろ　つとむ）　群馬パース大学保健科学部理学療法学科准教授、工学（博士）
専門分野：生活環境学、交通計画
略歴：北海道大学医療技術短期大学理学療法学科卒業（1991年3月）
山口大学工学部社会建設工学科卒業（1998年3月）
山口大学大学院理工学研究科修士課程修了（2000年3月）
前橋工科大学大学院工学研究科博士後期課程修了（2016年3月）
医療法人尚仁会　真栄病院（1991年4月～1994年3月）
医療法人社団泉仁会　宇部第一病院（1994年4月～1998年3月）
学校法人山口コア学園　山口コ・メディカル学院専任講師（1998年4月～2002年3月）
群馬パース大学保健科学部理学療法学科講師（2002年4月～2011年3月）
群馬パース大学保健科学部理学療法学科准教授（2011年4月～）

執筆担当

氏名	担当
湯沢　昭	2-1, 2-2, 2-4, 3-2, 3-3, 3-4, 4-1, 4-2, 4-3, 4-4, 5-1, 5-2, 6-5, 7-4, 9-4, 12-2, 13
森田　哲夫	1-1, 1-2, 1-3, 1-4, 5-3, 5-4, 6-1, 6-2, 6-3, 6-4, 7-1, 7-2, 7-3, 12-1, 12-3, 12-4
塚田　伸也	8-1, 8-2, 8-3, 8-4, 9-1, 9-2, 9-3
西尾　敏和	11-1, 11-3, 11-4
橋本　隆	10-1, 10-2, 10-3, 10-4, 11-2
目黒　力	2-3, 2-5, 3-1

群馬から発信する交通・まちづくり

2017年3月18日　発行

編著者　湯沢　昭・森田哲夫（前橋工科大学 地域・交通計画研究室）
公立大学法人前橋工科大学
〒371-0816　群馬県前橋市上佐鳥町460番地1
著　者　塚田伸也・西尾敏和・橋本　隆・目黒　力

発　行　株式会社上毛新聞社
〒371-8666　群馬県前橋市古市町一丁目50番21号